new astronomy library

新天文学ライブラリー 5

ガンマ線バースト
Gamma-Ray Burst

河合誠之 + 浅野勝晃
Kawai Nobuyuki　Asano Katsuaki

日本評論社

新天文学ライブラリー刊行によせて

　近代科学の出発点としての歴史と，つねに新たな世界観を切り拓く先進性，その二つを合わせもった学問が天文学です．しかしその結果として，歴史的な研究から最新の発見に至るまで学ぶべきことが多く，特に新たに研究を始めようとする学生の皆さんにとっては，すぐれた教科書シリーズが待ち望まれていました．

　日本評論社からすでに出版されている「シリーズ現代の天文学」全17巻は，天文学の基礎事項を網羅したすぐれた概論的教科書として定着しています．さらに，それらと相補的に個々のテーマをじっくりと解説した書籍が必要ではないかとの考えから，この「新天文学ライブラリー」は生まれました．

　編集委員である私たちが特に留意したのは，

- 概論的教科書では紙面の関係で結果を示すだけになりがちな部分であっても，それらが基礎的な事項の積み重ねとしてすっきり理解できるように説明すること
- 単なる式の羅列ではなく，それらの導出と物理的説明や解釈を通じて，じっくり読めば十分な達成感が得られること
- 複数の著者ではなく，一人あるいは少数の著者が執筆することで，行間からそれぞれの著者の科学観が伝わること

の3点です．そしてこれらは本シリーズの特長そのものでもあります．

　私たちが天文学を志した頃には，このような発展を遂げるとは予想もできなかったテーマ，さらにはそもそも存在すらしていなかったテーマが，今回一冊の本になっている場合も少なくありません．その意味では私たち編集委員は，本シリーズから多くのものを学んだ幸運な最初の読者だというべきでしょう．「新天文学ライブラリー」を読んだ方々が，未だ知られていない新世代の天文学の扉を開いてくれることを心から期待しています．

　　　　　　　　　編集委員　須藤 靖（委員長），田村元秀，林 正彦，山崎典子

はじめに

　ガンマ線バーストは宇宙で最も激しい爆発現象である．本書ではこの謎の現象の観測的な特徴を紹介し，その解釈と起源を議論し，更に遠方宇宙を探る探針としての役割を紹介する．ここでガンマ線バーストについて学ぶことは，この特殊な現象のみを理解するだけにとどまらない．ブレーザーやパルサー星雲などの高エネルギー天体には，多くの未解決問題が残されている．相対論的なジェットの生成，高エネルギー粒子の加速，電磁波放射，磁場の増幅・散逸といった物理機構がそれである．ガンマ線バーストは，これらの未解決問題すべてが該当する，高エネルギー天体現象の親玉のような存在である．他の高エネルギー天体現象について考えてみる際にも，ガンマ線バーストの理論研究の成果や観測結果は，大いに役立つであろう．

　本書の第1章を読んでいただくとわかるが，ガンマ線バースト研究の歴史は，科学的方法による現象解明の絶好の例となっている．バーストの規模や発生源も含めて，当初は何もかもわからなかったものが，観測と理論が協同して研究を進めることで，巨星の重力崩壊に伴う，相対論的なジェットからの放射という描像にたどり着いたのである．そこには目的に最適化された観測の計画と工夫があり，観測結果を解釈する理論的検討の積み重ねがあったのである．理論解釈は新たな観測的予言を生み，それに基づいて新たな観測計画が提案されてきた．こうした健全な科学的研究の道程は，他の分野にとっても教訓的なものであろう．2017年にはガンマ線バーストと同期した重力波も検出され，ガンマ線バースト研究は新たなステージに入った．こうして現在も，世界中の研究者が新たな観測手法や理論を適用できないか，情熱を注いで検討している．その興奮が本書を通じて読者に伝わることを願っている．

　その一方で，超新星爆発などに比べると，その発生頻度は非常に低いため，銀河や星の進化にガンマ線バーストが与える影響はほとんど無視でき，激しい現象ではあるものの，結局は脇役に過ぎないと考える人もいる．しかし，ガンマ線バーストの中でも継続時間が1秒程度の短いものは，連星中性子星合体に伴う現象だとする解釈が有力で，これは宇宙に重元素を供給する重要な過程だと考え

られている．中性子星連星の合体では，核融合に好都合な中性子が豊富に含まれた物質が星間空間に放出される．その結果，通常の超新星爆発では生成が困難な重元素，たとえば甲状腺ホルモンの構成成分であるヨウ素，古代から貨幣や装飾品の材料として人類に利用されてきた金，原子力の燃料であるウランなどができる．ガンマ線バーストはこうした重元素が生まれたときの産声と考えることもできる．生命の起源や，我々人類の文化や科学技術についても思いが巡る．

　本書では全体の構想と第1章を河合が，第2章以降を浅野が主に担当している．大きな特徴として，この本では観測に関する章と理論に関する章を分けている．理論の詳細までじっくり読む時間がない読者でも，観測の章だけを読んでいただければ，ガンマ線バーストの全体像をつかむことができると考えている．一方で，理論の詳細をしっかり学びたい人のために，理論の章における物理的な説明はなるべくていねいに書いたつもりである．とはいえ，物理基礎理論の解説まではできていないので，「シリーズ現代の天文学」（日本評論社）などの教科書を適宜参照していただきたい．また，巻末になるべく多くの論文を参考文献として挙げておいたので，原典にあたって勉強したい方は是非参照していただきたい．本シリーズの第3巻『ブラックホール天文学』において，嶺重慎先生から相対論的ジェットの物理に関する宿題をいただいていた．もちろんこれは未解明の問題なので，透徹した説明をすることはできないが，筆者が可能な範囲で，輻射や磁場によってジェットを加速する機構を第4章や巻末の付録で議論した．逆にジェットの根元でエンジンの役割を果たしている，降着円盤の物理に関しては，嶺重先生の『ブラックホール天文学』を参照していただきたい．第6章では宇宙を探る道具としてガンマ線バーストを使う方法について議論した．宇宙論や星形成など他分野の話題を幅広く取り上げている．なお，この本の観測に関する知識は2017年10月時点のものに基づいている．この後にも，特に重力波分野などにおいて，さらなる発展があるかもしれないが，ご了承願いたい．

　この本の完成は，観測的・理論的研究を強力に推進してきた多くの先輩方を含む，日本の高エネルギー天文学コミュニティのおかげである．多くの共同研究者，学生の皆様，日本評論社の佐藤大器氏，編集委員の方々に心より感謝する次第である．

2018年10月
河合誠之・浅野勝晃

[付表]

本書では cgs ガウス単位系を用いる．物理定数及び補助単位は以下の通りである．

シンボル	値	意味
c	$2.99792458 \times 10^{10}$ cm s^{-1}	光速
$\hbar = h/(2\pi)$	1.055×10^{-27} erg s	プランク定数
G	6.674×10^{-8} g^{-1} cm^3 s^{-2}	重力定数
e	4.803×10^{-10} erg$^{1/2}$ cm$^{1/2}$	素電荷
$m_{\rm e}$	9.11×10^{-28} g	電子質量
$m_{\rm p}$	1.67×10^{-24} g	陽子質量
m_μ	1.88×10^{-25} g	ミュー粒子質量
m_π	2.49×10^{-25} g	荷電パイ中間子質量
	2.41×10^{-25} g	中性パイ中間子質量
$\sigma_{\rm T} = 8\pi e^4/(3m_{\rm e}^2 c^4)$	6.65×10^{-25} cm^2	トムソン散乱断面積
$M_\odot$	1.99×10^{33} g	太陽質量
pc	3.09×10^{18} cm	パーセク
yr	3.16×10^7 s	年
day	8.64×10^4 s	日
eV	1.60×10^{-12} erg	電子ボルト
K	1.38×10^{-16} erg	ケルヴィン
G	erg$^{1/2}$ cm$^{-3/2}$	ガウス
Hz	s^{-1}	ヘルツ
Jy	10^{-23} erg cm^{-2} s^{-1} Hz^{-1}	ジャンスキー

接頭辞

n	μ	m	k	M	G	T	P
10^{-9}	10^{-6}	10^{-3}	10^3	10^6	10^9	10^{12}	10^{15}

赤方偏移（z）と宇宙年齢（億年）の対応

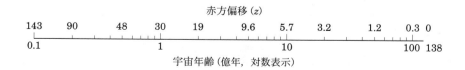

[本書で用いられる主な記号]

シンボル	意味
B	磁場
C	$n_e = C\varepsilon_e^{-q}$ で定義される電子密度の規格化定数
D_L	光度距離
$E_{\rm iso}$	球対称換算の全エネルギー
$E_{\rm j}$	ジェットの開口角で補正した真のジェットエネルギー
$E_{\gamma,\rm iso}$	球対称換算のガンマ線エネルギー
$F = \varepsilon\Phi$	エネルギーフラックスのスペクトル
$\mathcal{F} = \int F dt$	フルエンス
$F_{\max}$	スペクトル F 中の最大値
$\mathcal{G}$	無次元の因子, (4.102) 式
H_0	ハッブル定数
$L_{B,\rm iso}$	球対称換算の磁場によるエネルギー放出率
$L_{\rm iso}$	球対称換算のジェットのエネルギー放出率
$L_{\gamma,\rm iso}$	球対称換算のガンマ線光度
M	質量
$M_{\rm BH}$	ブラックホールの質量
$M_{\rm iso}$	球対称換算の質量
N_e	加速電子の総数
P	圧力
R	シェルの半径
R_0	火の玉の初期半径
$R_{\rm dec}$	シェルが減速を開始する半径, (4.212) 式
$R_{\rm jb}$	ジェットブレイクを起こす半径, (4.206) 式
$R_{\rm m}$	シェルが物質優勢になる半径, (4.52) 式
$R_{\rm ph}$	光球半径, (4.70) 式
$R_{\rm sp}$	シェルの厚みが膨らみだす半径, (4.54) 式
ΔR	シェルの厚み
T	温度
T_0	火の玉の初期温度
U	内部エネルギー密度
U_B, U_e, U_γ	磁場・加速電子・光子のエネルギー密度
V	体積
$\mathcal{Z}$	酸素の量で定義される金属量, 5.3 節参照
$e_{\rm m}$	エネルギー密度
$e_{\rm rad}$	輻射および電子・陽電子のエネルギー密度
f_γ, f_ν	光子・ニュートリノの分布関数

シンボル	意味
f_e	加速される電子の数の割合
g_{syn}	シンクロトロン関数
$g_{\gamma\gamma}$	無次元の関数, (4.10) 式
$g_{\mu\nu}$	時空の計量
$n_\pm$	電子と陽電子の数密度
n_e, n_γ	加速電子・光子の数密度スペクトル
n_{ex}	星間物質あるいは星周物質の陽子数密度
n_{inj}	注入時の加速電子数密度スペクトル
n_p	陽子の数密度
p	$n_{\mathrm{inj}} \propto \gamma_e^{-p}$ で定義される注入時の電子の冪指数
$p^\mu = (\varepsilon/c, \boldsymbol{p})$	粒子の四元運動量
q	$n_e \propto \gamma_e^{-q}$ で定義される電子の冪指数
r	球座標における動径
r_g	シュヴァルツシルト半径, (4.21) 式
t	時間
t_{ang}	角時間スケール, (4.16) 式
t_{br}	残光の緩慢減衰期の終了時刻
t_c	電子の冷却時間スケール
$t_{c,m}$	$\gamma_e = \gamma_m$ の電子の t_c
t_{dur}	即時放射の継続時間
t_{exp}	シェルの膨張時間スケール
t_{jb}	ジェットブレークの時刻
t_{obs}	残光の観測者の時間, (4.165) 式
t_{peak}	残光の明るさが最大になる時刻
t_{rad}	動径時間スケール, (4.13) 式
δt_{obs}	即時放射の時間変動
$u = \Gamma\beta_b$	四元速度
v	速度
v_A	アルヴェン速度
z	赤方偏移
Γ	シェルのローレンツ因子
Γ_0	シェルの初期ローレンツ因子
Γ_{12}	内部衝撃波での上流と下流の相対ローレンツ因子
Γ_m	衝突合体後のシェルのローレンツ因子
Γ_{sh}	外部衝撃波の波面のローレンツ因子
Π	偏光度
Π_p	無次元の因子, (4.188) 式
Φ	光子数フラックスのスペクトル

シンボル	意味
$\Omega_{\rm m}, \Omega_\Lambda$	宇宙論パラメータ（物質・暗黒エネルギー密度定数）
$d\Omega$	微小立体角
α	$\Phi \propto \varepsilon^\alpha$ で定義される低エネルギー側のスペクトル指数
	Band 関数 (2.4) のパラメータ
$\hat{\alpha}$	$F \propto t^{-\hat{\alpha}}$ で定義される残光の減光冪指数
$\alpha_{\rm SA}$	シンクロトロン自己吸収の吸収係数
β	$\Phi \propto \varepsilon^\beta$ で定義される高エネルギー側のスペクトル指数
	Band 関数 (2.4) のパラメータ
$\hat{\beta}$	$F \propto \varepsilon^{-\hat{\beta}}$ で定義される残光のスペクトル指数
$\beta_{\rm b} = v/c$	光速で規格化されたシェルのバルクな速度
$\hat{\gamma}$	比熱比
$\gamma_{\rm c}$	冷却による電子スペクトルのブレーク・ローレンツ因子
$\gamma_{\rm e}, \gamma_{\rm p}$	電子・陽子ローレンツ因子
$\gamma_{\rm m}$	注入時の電子最小ローレンツ因子
γ_q	$\min(\gamma_{\rm m}, \gamma_{\rm c})$
δ	シェルのドップラー因子
ϵ_B, ϵ_e	衝撃波で散逸されたエネルギーのうち，磁場・加速電子が担う割合
	4.5.3 節参照
ε	光子エネルギー
$\varepsilon_{\rm a}$	自己吸収による光子スペクトルのブレークエネルギー
$\varepsilon_{\rm c}$	冷却による光子スペクトルのブレークエネルギー
$\varepsilon_{\rm e}, \varepsilon_{\rm p}, \varepsilon_\nu$	電子・陽子・ニュートリノのエネルギー
$\varepsilon_{\rm m}$	$\gamma_{\rm m}$ に対応する光子スペクトルのブレークエネルギー
$\varepsilon_{\rm min}$	光子エネルギーの下限
$\varepsilon_{\rm pk}$	即時放射スペクトルのピークエネルギー，Band 関数 (2.4) のパラメータ
ε_q	$\min(\varepsilon_{\rm m}, \varepsilon_{\rm c})$
$\varepsilon_{\gamma\gamma}$	電子・陽電子対生成による光子スペクトルのブレークエネルギー
η	バリオン積載因子，(4.39) 式
θ	球座標における偏角，視線方向に対する運動方向の成す角度
θ_0	ジェットの初期開口角
$\theta_{\rm in}$	二体の粒子の入射角度
$\theta_{\rm j}$	ジェットの開口角
ν	光子の振動数
$\nu_{\rm a}$	自己吸収による光子スペクトルのブレーク振動数
ξ	無次元のパラメータ，(4.230) 式
$\xi_{\rm e}, \xi_{\rm p}$	電子・陽子の加速時間のパラメータ，(4.137) 式
ρ	質量密度
σ	磁化パラメータ，(4.74) 式

シンボル	意味
$\sigma_{\gamma\gamma}$	電子・陽電子対生成の断面積
τ_{SA}	シンクロトロン自己吸収に対する光学的深さ
τ_{T}	トムソン散乱に対する光学的深さ
$\tau_{\gamma\gamma}$	電子・陽電子対生成に対する光学的深さ
χ_p	無次元の因子，(4.174) 式

新天文学ライブラリー刊行によせて　i
はじめに　iii

第1章　観測の歴史　1

1.1　ガンマ線バーストの発見　1
1.2　中性子星説とぎんが衛星　3
1.3　BATSEによる観測　7
1.4　BeppoSAXと地上観測による残光の発見　11
1.5　HETE-2衛星の活躍　15
1.6　Swift以後の進展　17
1.7　重力波天文学の時代へ　19

第2章　即時放射の観測　23

2.1　発生頻度と強度分布　25
2.2　光度曲線と継続時間　31
2.3　スペクトル　39
2.4　各種の相関関係　46
2.5　高エネルギーガンマ線放射　51
2.6　偏光観測　55
2.7　視光閃光　58

第3章　残光の観測　63

3.1　光度曲線　64
3.2　スペクトルとモデル　81
3.3　可視残光の偏光　84
3.4　残光における相関関係　87

第4章　放射機構と運動学　89

4.1　概観　89
4.2　相対論的運動の必要性　91
4.3　中心エンジン　98
4.4　ジェットの加速　106

4.5 内部衝撃波と即時放射 118
4.6 代替モデル 132
4.7 高エネルギー粒子 138
4.8 残光 147

第5章 起源 179

5.1 赤方偏移の測定 179
5.2 超新星との関連 183
5.3 長い種族のバーストの発生環境 187
5.4 長い種族のバーストの親星 191
5.5 短い種族のバーストの発生環境 197
5.6 重力波放射 199

第6章 遠方宇宙の探針 211

6.1 赤方偏移の分布 211
6.2 宇宙の再電離 215
6.3 母銀河の星間ガス 218
6.4 星形成と物質進化の歴史 220
6.5 初代天体 225
6.6 宇宙論パラメータへの制限 229
6.7 背景放射と高エネルギーガンマ線 231
6.8 基礎物理理論の検証 238

付録 242

A.1 理想磁気流体の基礎方程式 243
A.2 軸対称定常系 246
A.3 磁気駆動風の振舞い 250
A.4 自転するブラックホール周囲の電磁場 254
A.5 ブランドフォード-ズナジェック過程 259

参考文献 265
索引 283

第1章 観測の歴史

1.1 ガンマ線バーストの発見

　ガンマ線バースト（gamma-ray burst; たびたび GRB と略される）は，宇宙の一点から非常に強いガンマ線が短時間降り注いでくる現象として発見された．1990 年代の BATSE 実験（後述）では，全天のどこかから毎日 1 個程度の頻度でガンマ線バーストが検出されていた．このように，ガンマ線バーストは，X 線やガンマ線を放射する高エネルギー天体としては早い時期に発見されたにも関わらず，その正体，すなわち発生源の天体や発生機構は長い間謎であった．

　最初の発見は，1960 年代米ソ冷戦のさなかに米国の核実験監視衛星 Vela によってなされた．よく「偶然発見された」と書かれることがあるが，この発見は予期されていなかったにせよ，決して偶然ではない．実験室で放射線計測に使うものと同規模の 10 cm 径ほどのガンマ線検出器を宇宙空間において計測すれば，数週間以内に確実に強いバーストが検出される．継続的にガンマ線を監視する初めてのミッションによって必然的に発見されたというべきであろう．

　Vela 衛星は複数の衛星が地球の周辺に配置され，それぞれが検知するガンマ線信号の時間差から，おおよその位置が推定できるようになっており，太陽でも地球でもない位置からガンマ線バーストがやってくることが分かった．

　この新しい現象の真のエネルギー規模を知るためには，発生源までの距離を知ることが必須である．発生源を既知の天体種族である恒星や銀河，超新星などに同定することができれば，距離や起源を調べる手がかりとなるが，ガンマ線バー

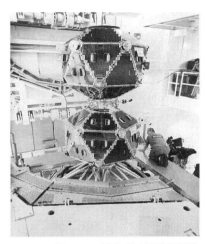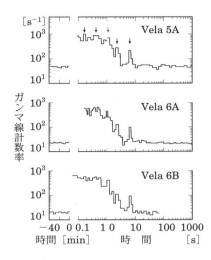

図 1.1　（左）核実験監視衛星 Vela．正 20 面体形状の衛星が複数台同時に打ち上げられた．（右）学術誌に最初に報告されたガンマ線バーストの光度曲線（Klebesadel *et al.* 1973, *ApJ*, 182, L85）．1970 年 8 月 22 日に発生し，3 台の Vela 衛星によって検出された．ほぼ 8 秒間続いた．

ストの場合にはそれが非常に困難であった．最大の問題は，ガンマ線放射がいつどこからやってくるか予期できず，短時間（典型的には数十秒）しか続かない上，ガンマ線の到来方向を精度よく決めることが，そもそも原理的に困難であるからである．光学観測ならば数秒角あるいはそれ以上の精度で位置を決定することは容易だが，ガンマ線はレンズや反射鏡を使って結像させることはできない．符号化マスク（入射穴を多数もつ一種のピンホールカメラ），すだれコリメーター，宇宙空間に大きな間隔で位置する衛星や惑星間探査機へのバースト到来時間差などのテクニックを使って，位置を決める試みからは，発生源候補となるような対応天体（たとえば超新星，X 線星，あるいはガンマ線バースト源を宿す銀河）は見つけられなかった．ガンマ線バーストとほぼ同時期に発見された X 線バーストの場合は，すだれコリメーターで決めた位置から繰り返し発生し，その場所に定常的な X 線源や微弱な光学天体があることから，普通の恒星と中性子星の連星系であることがすぐに分かったのとは対照的である．

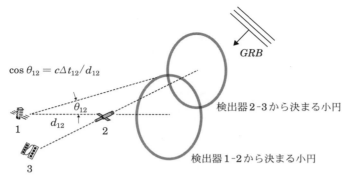

図1.2 IPNの概念図（Hurley *et al.* 2011, ApJS 196, 1）．地球周辺の人工衛星に加えて，金星周回衛星や太陽風探査機など太陽系規模の宇宙空間に配置した検出器での検出時刻の差からガンマ線バーストの到来方向を数分角の精度で決めることができる．2台の時間差からはその2台の位置を結ぶ軸を中心とする天球上の小円上に決まる．3台を使えば，小円2つの交点2箇所に決まり，多くの場合，地球低軌道衛星に対する地球の遮蔽条件から一つに決定できる．

後に，IPN（惑星間ネットワーク，図1.2参照）によって達成できる0.1度程度の位置精度で，ガンマ線バーストに伴う可視光残光が検出されるようになったが，インターネットが常用される前には，データの交換，解析に数ヶ月を要するのが普通であり，数時間〜数日で減光するGRB残光を見つけることは，この時代には不可能であった．

1.2 中性子星説とぎんが衛星

1979年3月5日に巨大な「ガンマ線バースト」GRB 790305が発生した．なお，ガンマ線バーストにはその発生年月日に基づいて，このような番号が振られることになっている．このガンマ線バーストの放射スペクトルは最初の短時間スパイクでは1 MeVにまで達し，通常のガンマ線バーストに近い．一方，短い激しいスパイク状の放射とその後の数分間にわたる周期的な脈動は他のガンマ線バーストには見られない特徴であり，この放射源が回転する中性子星であることを強く示唆する．また，その方向は小マゼラン雲の超新星残骸の位置と一致した．その後に同じ位置から繰り返し発生することなどもあって，普通のガンマ線バーストと

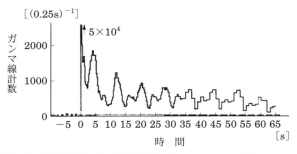

図 1.3　GRB 790305 の光度曲線（Mazets et al. 1979, SvAL, 5, 163）.

は別の種族であることが確定し「軟ガンマ線リピーター」と呼ばれるようになったが，中性子星の上で MeV に至る爆発的ガンマ線放射発生の実例として，ガンマ線バーストの起源に対する考えを固定する役割を果たした．

さらに，中性子星起源を示唆する観測結果として，ガンマ線スペクトル中のサイクロトロン共鳴構造の報告があった．同じ頃に強い磁場を持つ中性子星である降着駆動型 X 線パルサー Her X-1 からのサイクロトロン共鳴構造が硬 X 線領域の 50 keV 付近に発見されており，まさに共通の起源であることを示唆するものと考えられた．このエネルギーは磁場に換算して 10^{12} G 程度に相当し，電波パルサーの周期の変化から推定される中性子星の標準的な表面磁場強度とも一致する．

しかし，観測の統計精度とエネルギー分解能が高くないために，これらの初期の報告の信頼性には疑問が投げかけられていた．そこで，サイクロトロン共鳴スペクトルの確認を主要な目的としたガンマ線バースト検出器が日本の三番目の X 線天文衛星である「ぎんが」に搭載された．この検出器は，すでに気球実験でガンマ線バースト観測を行っていた日本のグループとガンマ線バーストを発見した米国ロス・アラモス研究所のグループの国際協力によって製作された．ガンマ線バースト観測の標準的なエネルギー範囲である軟ガンマ線領域（数十〜数百 keV）を観測するシンチレーション検出器に加えて，2–20 keV の X 線領域を比例計数管によってカバーし，3 桁近いエネルギー範囲を同時にカバーする初めてのガンマ線バースト観測装置であった．

ぎんが衛星自体の主要な観測装置は X 線連星や活動銀河核などを詳細観測する大面積比例計数管（日英国際協力で開発）であった．計画初期にたまたまロス・

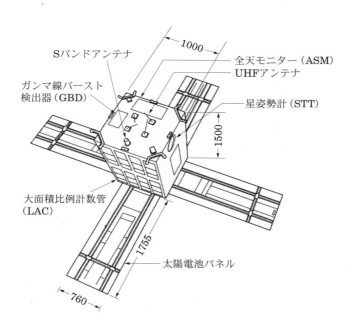

図 1.4 X 線天文衛星「ぎんが」の構成.

　アラモスを訪れた当時の日本の X 線グループのリーダー小田稔をロスアラモスの宇宙科学部門長のドイル・エバンスが，全ての X 線天文衛星はガンマ線バースト検出器を副次装置として搭載すべきと説得して，ごく軽量であれば，ということで搭載することになったというエピソードがある．

　ぎんが打ち上げ直後の 1987 年 3 月に早速検出されたガンマ線バーストのスペクトルには，20 keV 付近と 40 keV 付近にサイクロトロン吸収構造と解釈できるスペクトル構造が発見された（図 1.5 参照）．ぎんが衛星は 4 年余りの観測期間で，合わせて数例の同様な結果を報告し，ガンマ線バーストの強磁場中性子星起源説は確実なものと考えられることになった．その一方で，X 線領域の放射エネルギーの割合が（ガンマ線バーストの）ガンマ線領域での放射エネルギーに比べて小さいこと，中性子星表面の暴走的核反応である X 線バーストとの違い，また，到来方向分布が X 線連星や電波パルサーなどの既知の中性子星天体種族と

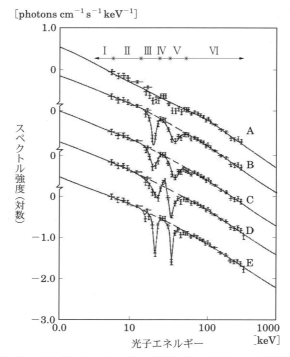

図 1.5　1987 年 3 月 3 日にぎんが衛星ガンマ線バースト検出器によって観測されたサイクロトロン共鳴構造を示唆するスペクトル (Fenimore *et al.* 1988, *ApJ*, 335, L71).

異なることなどは説明が難しいままであった．結局，90 年代末の残光の観測によって宇宙論的遠方起源が確立し，銀河系中性子星起源説は否定されることになる．ぎんがが観測したスペクトル構造を検出できる能力を持つ検出器はその後のミッションにも搭載されたが，高い信頼度でサイクロトロン共鳴構造が確認されることはなかった．光子統計及び検出器のエネルギー分解能とスペクトル応答の理解が完全ではなかったため，特定のスペクトルのモデルを前提とする解析手法によって，結果的に観測データを誤って解釈したと考えられている．

　ぎんが衛星が見つけたその他の観測成果としては，X 線が強いガンマ線バースト（X 線過剰 GRB）の発見，ガンマ線放射に数秒から数十秒先行する X 線領域での放射である X 線プリカーサーの発見，一般にガンマ線領域よりも X 線領域

の方で放射継続時間が長いことを見つけたことが挙げられる．これらについては現在でも完全には解釈が確立していないが，ガンマ線バーストの発生機構の重要な手がかりと考えられる．

1.3　BATSEによる観測

　1.1節で，ガンマ線の到来方向を決定するのは技術的に難しかったと述べた．しかし，対応する恒星や銀河を特定できるほどの精度はなくても，数度の誤差で多数のガンマ線バーストの天球上の到来方向分布を決めることができれば，発生源の種族に関する情報が得られる．たとえば，若いパルサーは銀河系円盤（天の川）上に多数が分布する．一方，古い恒星の多い球状星団は銀河系円盤から離れたところまで，ほぼ球対称に分布する．ガンマ線バーストが銀河系内で発生しているのであれば，その到来方向分布から少なくとも起源天体の種族が推測できるはず

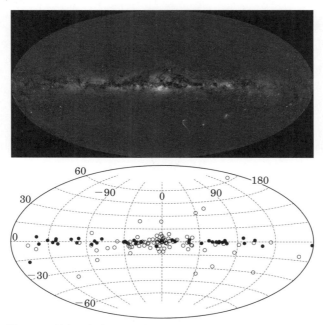

図1.6　（上）可視光による全天図．恒星が銀河面に集中して天の川を作っている．（下）X線連星の分布（Grimm *et al.* 2002, *A&A*, 391, 923）．同様に銀河面に集中している．

図 1.7　（左）コンプトン・ガンマ線天文台衛星．（右）それに搭載された BATSE 検出器．

である．特に高エネルギー現象の候補である磁場の強い若い中性子星に関係する現象であれば，銀河面や，星形成領域への集中が期待される．一方，X 線バーストのように古い中性子星が関連したり，星の密度の高い球状星団で起こる現象なら銀河系中心方向のバルジ領域や，銀河系を広く包むハロー領域に分布することが予想される．

　このような目的で，ガンマ線バースト到来方向を測定する BATSE という実験が米国のコンプトン・ガンマ線天文衛星（CGRO）に搭載された．BATSE 検出器の第一の目的は，8 つの方向に向けた大面積ガンマ線バースト検出器が受けた光子数の比から，到来方向を高い精度で決めることであった．光子数の統計からは，明るいガンマ線バーストであれば，10 分の 1 度程度の高い精度で位置を決定できるという推算であったが，太陽フレアや X 線連星を用いて検証すると，実際には，地球大気による散乱の効果などによる系統誤差を取り除けず，位置決定精度は数度程度であった．それでも，数年間の観測でガンマ線バーストの集合的な方向分布は，以下に述べるように，銀河系に属する既知の天体種族では説明できないことを明らかにするには十分であった．

　BATSE は 1991 年から 10 年間にわたって観測を行ったが，初めの数年の観測で，ガンマ線バーストの分布は全天でほぼ一様であることが明らかになった（図 1.8 の左図参照）．これによって，銀河円盤に集中しているパルサーのような若い

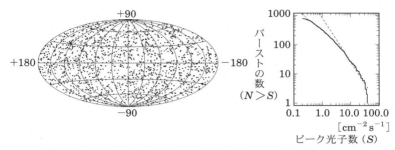

図1.8　(左) BATSE によって検出された 1637 個の銀河座標でのバーストの分布 (Paciesas et al. 1999, ApJS, 122, 465). ほぼ等方にやってきていることがわかる. (右) ガンマ線バーストピーク光子数の積算分布 (Meegan et al. 1996, ApJS, 106, 65). いわゆる $\log N$–$\log S$ 分布. 一様に分布する近傍天体であれば, 破線の $N(>S) \propto S^{-3/2}$ に従うはずだが, 暗いバーストの数がそれより少ない. 天体が宇宙論的距離まで分布していて, 宇宙膨張の効果が効いていると考えれば説明がつく.

中性子星の起源が否定された. また, 我々は銀河系の端に住んでいるので, 球状星団のような銀河系ハロー種族の天体が起源であったとしても, 天球面上の分布は非等方的になるはずであり, この説も否定されることとなった. ガンマ線バーストの起源は銀河系円盤の厚みより十分に近い太陽系近傍か, あるいは, 銀河系の外の遠方からやってきているかどちらかということになる. 距離が全然わからないため, そもそも爆発のエネルギー規模に関しても十桁の不定性があり, 爆発機構や起源を決めるのは不可能だった. さらに, 強度分布をもとにガンマ線バースト発生源の相対的な距離の分布を調べると, 宇宙空間の単位体積あたりの発生率が, 遠方では低いことがわかった (図 1.8 の右図参照). 天の川の外の近傍宇宙で発生するのであれば, 3 次元空間にほぼ一様に存在するはずであり, 方向分布が示唆する銀河系外起源説と矛盾する.

一方, 到来方向精度のために必要とされた BATSE の大きな面積は, ガンマ線光度曲線やスペクトルの観測においても有利であり, 重要な観測結果が多数得られた. その解析から得られた重要な項目を以下に列挙する.

- ガンマ線バーストの継続時間の分布は, 0.1 秒未満から数百秒までの広い範囲に渡る. 光子数の 90% が含まれる時間を継続時間の指標として T_{90} と定義する

と，$T_{90} = 2$ 秒付近のものは少なく，2 秒以下の短いバーストとそれより長い二つの種族の存在が示唆される．

- ガンマ線バーストの光度曲線（波形）が実に多様であり，多くのバースト波形は多数のパルス（ピーク）を示すが，軟ガンマ線リピーター GRB790305 で見られた厳密な周期性は存在しない．
- バースト中のパルスの形として，最も多いのは，直線的に短時間で立ち上がり，それよりも長い時間で指数関数的（$\propto \exp(-t/t_{\rm d})$）あるいは冪乗的（$\propto t^{-\hat{\alpha}}$）減衰を示す形状である（FRED: Fast Rise Exponential Decay と略称される）．
- スペクトルは一般的に二つの冪乗関数を滑らかに結合した関数形で表現することが可能で，低エネルギー側の光子指数（エネルギーあたりの微分光子数を $dN/d\varepsilon \propto \varepsilon^{\alpha}$ としたときの冪指数 α）の標準値は -1 前後，高エネルギー側の光子指数の標準値は -2.5 程度，スペクトル・エネルギー分布の極大となるのはその二つの領域の境目で，200 keV 付近に集中して分布する[*1]．
- バーストのフルエンス（放射フラックスの時間積分値 S）の積分頻度（いわゆる $\log N$–$\log S$，図 1.8 参照）の冪指数は，強いバースト（フルエンスが大きい）の領域では，$-3/2$ となりユークリッド空間に一様にバースト源が分布することを示すが[*2]，弱いバーストでは -1 あるいはそれよりも傾きが小さくなる（これは現在では宇宙論的効果により説明される[*3]）．

スペクトルの形状や光度曲線を説明するために相対論的なシェルからの放射という理論的解釈が提唱され，現在の標準的なモデルとなっている．継続時間の異なる二つのガンマ線バーストは，現在では起源が異なると考えられている．後述するように，長いバーストは大質量星の重力崩壊から生じることが確立している一方で，短いガンマ線バーストの起源は中性子星連星の合体が有力視されている．

[*1] ただし，この極大エネルギーの値は後の HETE-2 の観測ではもっと低い．得られる分布は観測装置の特性，つまり装置が高い感度をもつエネルギー帯域に依存することがわかっている．
[*2] 明るさをほぼ一定とみなしたとき，距離 D の光源からのフルエンス S は D^{-2} に比例して暗くなり，光源の数は D^3 で増えていくことから示される．
[*3] 宇宙の膨張により，遠くの天体ほど速い速度で我々から遠ざかっている．このときドップラー・シフトにより，フルエンスは D^{-2} よりも急激に暗くなる．体積の評価も変更を受ける．

1.4　BeppoSAXと地上観測による残光の発見

　ガンマ線バーストの発生源の謎を解く突破口は，1997年の残光（afterglow）の発見であった．イタリアとオランダが1996年に共同で打ち上げたX線天文衛星 *BeppoSAX* は主観測装置であるX線望遠鏡の他に，ガンマ線バースト監視装置GBMと，20度角という広い視野を撮像する広視野X線カメラWFCを2台備えていた．

　1997年2月28日のガンマ線バーストはWFCの視野内で発生したので，数分角の精度でその位置を決めることができた．地上からの司令によって数時間後にはX線望遠鏡がその方向に向けられ，それまでに知られていない比較的明るい（とはいってもガンマ線バースト本体に比べれば圧倒的に暗い）X線源が出現していることが見つかった．さらに3日後に再度観測すると，そのX線源は暗くなっていたことがわかった．可視光の地上望遠鏡によっても，バースト発生直後の画像と9日後の画像を比べると，同じ位置に暗くなった天体が見つかった．これらがX線残光および可視光残光である．残光については3章で詳しく紹介するが，星間物質を伝播する外部衝撃波モデルと呼ばれるもので説明されている．

　残光によって精密に位置が決められるとバースト発生源を宿す銀河（母銀河）

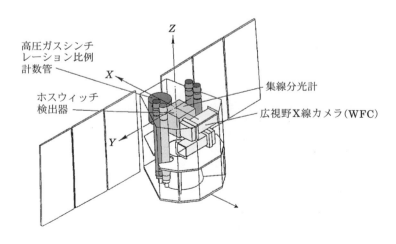

図1.9　X線天文衛星 *BeppoSAX* の構成．

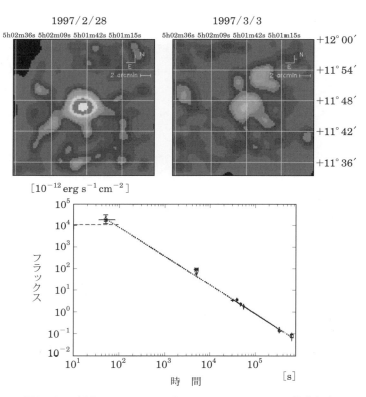

図 1.10　（上）*BeppoSAX* による GRB 970228 の X 線残光イメージ．左側が発生 8 時間後，右側が発生 3 日後（Costa *et al.* 1997, *Nature*, 387, 783）．（下）同じものの光度曲線．

が同定される．可視光残光を分光観測すると，発生源の視線上手前，つまり光源と地球との間にある物質による吸収線が確認できる（図 1.11 参照）．また，母銀河中のガスが発する輝線が観測されることもある．これを用いて母銀河の赤方偏移（すなわち宇宙論的距離）や物質組成が調べられる．母銀河の分類や母銀河内のバースト源の位置も，ガンマ線バーストを発生する天体に関する重要な手がかりとなる．

　残光の観測によって，ガンマ線バーストの大部分は，70 億光年より遠方で発生していることが明らかになった．宇宙の年齢が 140 億年弱であることを考えると，ガンマ線バーストの多くが発生した時代は現在よりも宇宙開闢のビッグバンに近

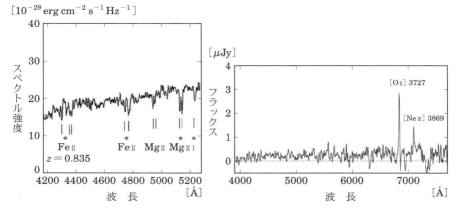

図1.11 （左）赤方偏移が初めて同定された GRB 970508 残光の可視光スペクトル（Metzger *et al.* 1997, *Nature*, 387, 878）. $z = 0.835$（*が付いている箇所）と 0.767 の二つの吸収線系がある. （右）GRB 970508 母銀河の可視光スペクトル（Bloom *et al.* 1998, *ApJ*, 507, L25）.

いことになる．これほど遠いため，ガンマ線バーストが全天に等方に分布しながら，遠方では少ないという問題も宇宙膨張の効果で説明できる．

ガンマ線バーストの正体についても理解が進んだ．宇宙論的遠方で発生しながら明るく観測されるためには，本来の発生エネルギーは莫大である．一方，現象の時間尺度は短いので，発生源は極めてコンパクトであることが要求される．理論家からは発生源として，大質量星の重力崩壊によるブラックホールの生成というコラプサー（＝崩壊星）説と，連星を形成している二つの中性子星の合体説という二つの説が唱えられていた．

残光から精密に決められたガンマ線バーストの発生位置は母銀河の中心にないことが多いため，活動銀河核のような銀河の中心にある巨大ブラックホールが起源である可能性が排除される．ガンマ線バーストの母銀河を調べると，小さく不規則な形状をしており，図1.11 の右に示されているように，その輝線から活発な星形成を示唆するものがほとんどであり，もう星形成を行っていない古い星しかない楕円銀河などから観測されることはない（後述する短いガンマ線バーストを除く）．寿命が短い大質量星が重力崩壊を起こして死ぬときにガンマ線バーストを起こすのであれば，観測的傾向は自然に説明できる．一方，中性子星連星が重

力波放射で軌道運動エネルギーを失って合体するまでには時間がかかるため，中性子星合体説は星形成領域で起きているという事実を説明できない．

　BeppoSAX の重要な貢献として，ガンマ線バーストの宇宙論的起源を明らかにする突破口を開いたことのほかに，明るい可視光閃光を伴った GRB 990123 の検出と位置決定，および，超新星 SN1998bw を伴った GRB 980425 の観測を挙げることができる．

　BeppoSAX による位置決定は，衛星データを 90 分ごとに地上局にダウンリンクしてからの地上解析によるので，最短でも 2 時間程度の遅れが生じる．一方，CGRO 衛星の BATSE を用いて，精度は数度と劣るものの，データ中継衛星を用いてバースト発生直後に到来方向を通報するシステム BACODINE の運用が始まっていた．カメラレンズと当時安価になってきた天文観測用 CCD カメラを組み合わせた地上ロボット望遠鏡 ROTSE は，BACODINE に反応して GRB 990123 の観測を行った．*BeppoSAX* によって決められた位置にはガンマ線強度と相関する可視光閃光（optical flash）が写っていた．

　このような初期光学観測は，正確な位置決定や放射機構の解明に有用なので，こうしたロボット望遠鏡は世界各地に作られていくようになり，後に *HETE*-2 や *Swift* 衛星の GRB 位置速報に対応して大活躍するようになる．この可視光閃光の起源も後の章で紹介するシンクロトロン衝撃波モデルの枠組みでは，逆行衝撃波起源として解釈可能であるが，なぜ一部のガンマ線バーストにのみ明るい可視光閃光を見せるのかはよくわかっていない．

　GRB 980425 は，滑らかな波形を持つ長いバーストであったが，通常の残光は観測されなかった．しかし，その誤差円にある近傍（$z = 0.008$）の銀河に数日後に極めて膨張速度が大きく電波の強い Ic 型超新星 SN1998bw が出現した．場所と時間的に一致し，ともに珍しい高エネルギー現象であることから，GRB 980425 と SN1998bw との関連は明らかであり，Ic 型超新星の母天体である外層を失った大質量星の重力崩壊によってガンマ線バーストが発生するというコラプサーモデルを支持する証拠と考えられる．一方，一般的なガンマ線バーストは赤方偏移 $z > 1$ で見つかることから，$z = 0.008$ という近傍で普通のガンマ線バーストが見つかる確率は極端に低く，また，距離を考慮したガンマ線光度も，通常のガンマ線バーストより 3 桁低いことから，このガンマ線バーストは通常の長いバースト

とは異質であり，長いバースト一般がコラプサーである証拠は，HETE-2 による GRB 030329 の検出を待つこととなる．

1.5 HETE-2 衛星の活躍

ガンマ線バーストを詳細に研究するためには残光の観測が不可欠である．残光はバースト発生からの時間におおよそ反比例して暗くなっていくため，人工衛星でガンマ線バーストを検出したら，その天球上の座標を直ちに地上に伝えて，残光がまだ明るいうちに見つけ出さなくてはならない．残光発見をもたらした BeppoSAX の場合は X 線望遠鏡を向ける前に WFC の地上での解析が必要だったために，位置通報にどうしても数時間の遅れがあった．日米仏の共同で製作さ

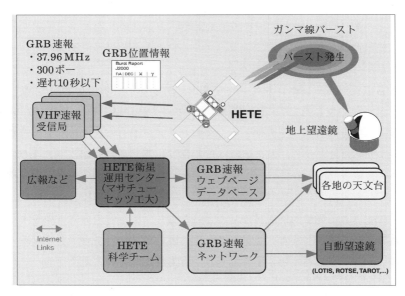

図 1.12　HETE-2 のバースト通報システム．衛星がバーストを検出すると，位置情報を含むそのデータは VHF の電波を用いて，シンガポールやフランス領ギアナなどの 12 箇所に設置された地上受信局の一つに送信される．このデータはインターネットを通じてマサチューセッツ工科大学のコントロールセンターに送られ，解析を行った後，バースト速報システム GCN を通じて世界中に速報が送られる．この速報に基づいて，連携する地上の望遠鏡が追観測を開始する．

れ，2000年に打ち上げられた HETE-2 衛星は，初めてガンマ線バースト観測を目的として開発された小型衛星である．この頃には BACODINE から発展した，インターネットを通じたバースト速報ネットワーク GCN（gamma-ray coordinates network）が本格運用されていた．HETE-2 はガンマ線バーストを検出すると機上で自動的にその位置を決定して，1分以内に地上に座標を通報する機能を持ち，GCN を通じて世界中の望遠鏡に速報することで，地上からの早期残光観測を可能とした．

2003年に HETE-2 衛星が検出した GRB 030329 の可視光残光スペクトルから，超新星特有の成分が観測されたことで，大質量星の重力崩壊がガンマ線バースト発生の原因となることは確実視されるに至った．GRB 03029 は $z = 0.18$ という低赤方偏移で発生したため，ガンマ線が強く，明るい光学残光が観測された．この残光は当初，GRB 残光に特有の構造のない冪乗型のスペクトルを示し，その光度も標準的なシンクロトロン衝撃波モデルにおおむね沿って冪乗型で減光していったが，一週間後に取得されたスペクトルには複雑な構造が見え始めており，そこから冪乗型のシンクロトロン放射成分を差し引くと，SN1998bw に酷似したスペクトルが出現した（5.2節の図 5.6 参照）．これは膨張速度の大きな Ic 型超新星起源と考えられる．その他のガンマ線バーストからも次々に同様の超新星成分が見つかったことから，ガンマ線バーストが Ic 型超新星を起こすような外層を失った大質量星（ウォルフ–ライエ星など）の重力崩壊に起因することが確実視されるに至った．ただ，ここで注意すべきことは，BeppoSAX と HETE-2 によって位置が決定されて光学対応天体が見つかったガンマ線バーストは（後述する1例を除き），全て長いバーストであることで，短いガンマ線バーストの起源に関しては後述するように連星中性子星の合体が有力視されているが決定的な証拠はまだ得られていない．

また，HETE-2 は X 線領域の観測装置によって，ガンマ線放射を伴わないが，その他のあらゆる点でガンマ線バーストと類似の現象，X 線フラッシュ（X-ray flash, XRF）が存在することを明らかにした．よく調べてみると，ガンマ線バーストのエネルギースペクトルも，BATSE の観測で示されたように，おおむね滑らかに繋がった2つの冪乗型の関数で表現できるが，その光子エネルギーのピークは，実は広く分布しており，X 線フラッシュに連続的につながることがわかっ

てきた．したがって，X線フラッシュはガンマ線バーストの特殊な場合と考えられる．その原因として，観測する視線方向が放射源である相対論的ジェットと大きな角度をなしているという説，ジェットのローレンツ因子が低いという説，ジェット中のバリオン組成が大きいという説，極めて遠方（高赤方偏移）にあるという説などが提唱されたが，赤方偏移が測られたものについて高赤方偏移説が否定されたことを除き，決着に至っていない．

HETE-2 によって即時位置速報が可能になったことで，長時間にわたって光学残光が観測される例が増え，必ずしもモデルが予測する単調な減光を示さず，かなり時間が経ってから増光を示すものも見つかってきた．外部衝撃波モデルの枠内でこのことを説明するのは難しく，相対論的ジェットを駆動するエンジンが数時間，場合によっては1日以上活動し続けると考えざるをえない．しかし，その物理的実体は現在も理解されていない．

HETE-2 のもう一つの特筆すべき成果は短いバースト，GRB 050709 の観測である．その位置速報に基づいて X 線観測衛星 Chandra によるより高い感度での観測で暗い X 線残光が発見され，さらにハッブル宇宙望遠鏡により母銀河とその周縁部にある光学残光が撮像され，地上分光観測によりその銀河は $z = 0.16$ にある星形成銀河であることがわかった．引き次いで報告された Swift による GRB 050724 と合わせて，初めて短いガンマ線バーストの母銀河の同定に成功した．また，X 線光度曲線には，ガンマ線領域には存在しない 100 秒間にわたって継続する放射成分が検出された（2.2 節の図 2.9 参照）．この正体はまだ解明されていないが，短いバーストの起源への重要な手がかりと考えられている．

1.6 Swift 以後の進展

HETE-2 に続いて大きくガンマ線バーストの研究を進展させたのは，2004 年 11 月 20 日に打ち上げられた Swift[*4] 衛星である．この衛星は，米英伊が中心となって開発し，ガンマ線バースト発生から数十秒以内に位置速報し，さらに残光の追観測までを自律的に行うように設計されている．15–150 keV に感度を持つ BAT 検出器は広視野で宇宙を監視し，ガンマ線バーストが発生すると符号化マスクにより数分角の精度で位置を決める．その位置を地上へ速報するとともに，

[*4] 2017 年に亡くなったこの衛星の代表研究者の名前をとってニール・ゲーレルス Swift 天文台と 2018 年に改名されたが，本書では Swift 衛星と表記する．

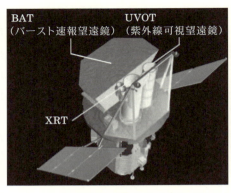 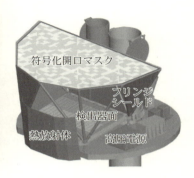

図 1.13　*Swift* の構成（左）およびその BAT 検出器の詳細（右）．Gehrels *et al.* 2004, *ApJ*, 611, 1005 より．

衛星本体の向きを数十秒で変えて，0.2–10 keV に感度を持つ X 線 CCD カメラを搭載する XRT 及び口径 30 cm の紫外可視の望遠鏡である UVOT によって追観測を行う．

　Swift の観測結果については 2 章と 3 章で述べるが，その最大の成果は最初の数千秒に渡る初期残光の観測である．X 線の光度曲線は事前の予想とは異なり，初期には暗く，その減光率も緩やかなものであった．可視光残光の振舞いも含め，それらの複雑な振舞いは従来の外部衝撃波モデルでは説明ができず，その理解は混沌としたものになった．爆発源のエンジンが予想よりも長期間働いていることとなり，*Swift* 以後には，ガンマ線バーストの描像に対して大きな見直しが求められることとなった．その他の発見としては，$z = 6.29$ の GRB 050904 や $z = 8.2$ の GRB 090423 などの遠方のバースト，非常に明るい可視光の放射を伴う GRB 080319B，1 万秒以上の非常に長い継続時間を持つ超長継続ガンマ線バースト（ultra-long GRB）などが挙げられる．

　2016 年現在も活躍しているもう一つのガンマ線観測衛星は，米日欧によって 2008 年 6 月 11 日に打ち上げられた *Fermi* ガンマ線宇宙望遠鏡である．*Fermi* には GBM と LAT の二つの観測装置が搭載されている．GBM は 8 keV–30 MeV に感度を持つ，14 個のシンチレーション検出器からなり，検出光子数の比からガンマ線バーストの位置を決める．位置決め精度は *Swift*/BAT に劣るものの，*Swift* では観測できない高エネルギー側に感度を持つ．その広い視野により，

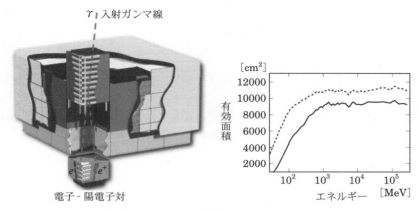

図 1.14 （左）Fermi/LAT の模式図（Atwood et al. 2009, ApJ, 697, 1071）．上部のシリコンストリップセンサーで対生成された電子・陽電子の軌跡を追い，到来方向を決め，下部のカロリメータでエネルギーを測る．（右）LAT の有効面積（Band et al. 2009, ApJ, 701, 1673）．破線が機上での値．

Swift/BAT よりも高い頻度でガンマ線バーストを検出している．LAT は 20 MeV から 300 GeV に感度を持つ，高エネルギーガンマ線検出器である．

先に述べた CGRO にも EGRET という 30 GeV にまで感度を持つ高エネルギーガンマ線検出器が搭載されており，幾つかのバーストからの GeV ガンマ線検出を報告していた．しかし，その数は少なく，検出の信頼性も高くなかった．Fermi/LAT は GRB 080825C からの初検出以来，ガンマ線バーストからの GeV 放射を報告し，その放射が非常に幅広いエネルギー領域に渡っていることを実証した．Fermi の成果の詳細も，主に 2 章と 3 章で詳しく紹介する．ここではバースト発生後，千秒ほど続く GeV 残光の発見を最も大きな成果として挙げておく．事前にはあまり予想されていなかった結果で，これ以来，外部衝撃波のローレンツ因子や磁化率などの見積りが以前と比べて大きく変わり，相対論的衝撃波での粒子加速の描像に大きな影響を与えている．

1.7　重力波天文学の時代へ

2015 年から重力波検出器 Advanced LIGO が本格的に稼働した．ブラックホール連星からの重力波検出に成功し，重力波天文学の時代が始まった．まず，2015

図1.15 初めての重力波直接検出に成功した米国の重力波検出器 Advanced LIGO．長さ4kmの2本の腕からなるレーザー干渉計で，米国のワシントン州ハンフォード（左）とルイジアナ州リビングストン（右）の2箇所に設置されている．一方，3kmの腕を持つ Advanced Virgo はイタリアに設置されている．

年9月に始まったLIGOによる第1期科学観測開始直後に，最初の重力波イベントGW150914が検出された．重力波の解析より，これは太陽の29倍と36倍の質量をもつブラックホールが合体して発生したと考えられる．重力波が検出された1.7秒後に弱いガンマ線バーストの検出が報告されたが，観測の統計的有意性も低く，周囲に通常の物質を伴わないブラックホールの合体からはガンマ線バーストが発生するとは考えにくい．また，X線連星として観測される既知のブラックホールの質量は最大でも15太陽質量程度であり，30太陽質量のブラックホールの形成過程は大きな謎である．その解決策として，重元素を含まず水素とヘリウムのみを成分とする初代星では，進化の過程での星風による質量放出が少なく，進化の最終段階の重力崩壊の後に大質量ブラックホールを残す可能性が指摘されている．初代星からのブラックホール生成過程の直接観測として，第6章で述べる宇宙初期のガンマ線バーストの観測の意義も大きい．

以前から短いバーストの発生源として中性子星連星の合体が候補に挙げられていたが，2016年末から2017年8月まで行われたLIGO-Virgoの第2期科学観測の終わりに近い2017年8月17日に，ガンマ線バーストGRB 170817Aと重力波GW170817が同時に検出された．これは初の中性子星連星合体の観測であった．詳細は5.6節で紹介するが，中性子星連星合体が実際にバーストを起こすことを証明する，記念碑的事象となった．ただし，検出されたバーストは典型的なものよりも格段に暗く，これが大部分の短い種族のバーストと同じものをジェット開口角の外から見たものなのか，あるいは別種の天体現象を観測したものなの

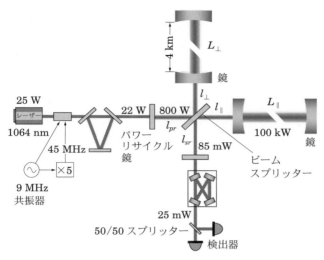

図 1.16 重力波検出器 Advanced LIGO のレイアウト（Martynov *et al.* 2016, *PRD* 93, 112004）．

か，現時点では決着がついていない．今後，日本の重力波検出器 KAGRA も加わった継続的な観測により，その正体は明らかになっていくであろう．従来通りのガンマ線のモニタ観測の継続は言うまでもないが，連星合体からのジェットは視線方向を向いていない可能性が高いので，可視や電波での残光に相当する成分の追観測が今後も重要になる．GW170817 は幸運なことに非常に近い距離で起きたため，追観測も比較的容易だったが，一般に重力波の到来方向の決定精度は悪いので，広視野でかつ感度の良い追観測装置が求められている．

　重力波に限らず，ガンマ線バーストの観測では，今後も驚くような成果が期待できるかもしれない．主に 100 GeV 以上に感度を持つ地上のチェレンコフ望遠鏡は，狭い視野と低い稼働率が問題ではあるが，仮に *Fermi*/LAT で検出されたようなバーストの観測に成功すれば，その格段に大きな有効面積から大量の光子の検出が期待できる．これは高エネルギーガンマ線の放射過程を探る重要な手がかりになる．現在稼働している MAGIC 望遠鏡に加えて，より大規模な計画として建設が進んでいる CTA（Cherenkov Telescope Array）もガンマ線バースト検出を狙っている．

第2章 即時放射の観測

　ガンマ線バースト発生時に観測される電磁波エネルギーの大部分は，数百 keV を典型とするガンマ線として放たれる．これは数秒から数十秒間という短い時間に観測され，即時放射（prompt emission）と呼ばれる．即時放射はガンマ線バーストのご本尊とも言える，最も重要でかつ中心的な事象である．この即時放射において，一つ一つのバースト毎に異なったエネルギー，スペクトル，時間変動を持ち，多様な個性を見せる．

　残念ながらガンマ線バーストの放射機構は良くわかっていないことが多く，以下で論じる観測に対する解釈は歯切れの悪いものとならざるを得ない．様々な可能性を考慮するにあたって，有力な即時放射のモデルを事前に把握しておくことは有用であろう．モデルの詳細は第4章で詳しく議論されるが，ここでは簡単にその概略を述べておく．

　ガンマ線バーストの即時放射は，細く絞られたジェット状のプラズマが相対論的な速度（ローレンツ因子 Γ が 100 以上）で放出された際に，その運動エネルギーや磁場エネルギーの一部を散逸し，ガンマ線として放射する現象だと考えられている．ガンマ線バーストはその継続時間が数十秒の長い種族と，1秒程度の短い種族に分けられる．

　長いバーストを放つ源の候補は，大質量星の重力崩壊である．コラプサー・シナリオと呼ばれるこのモデルでは，星の中心核は崩壊後にブラックホールとその周りを回転するガス円盤の系を成し，そこからジェットを放つ．もう一つの可能

性はマグネター・シナリオで，星の中心核が高速回転・超強磁場の中性子星（マグネター）を形成し，これがジェットを駆動すると考える．

これに対し，短いバーストの源の候補は，中性子星連星が重力波放射によって徐々にその軌道を縮めていき，最後に合体した際にできるブラックホールあるいはマグネターである．

考えられるジェットを加速する機構は大きく二つに分けられる．一つは輻射圧で加速させる火の玉モデルで，ブラックホール降着円盤上に輻射エネルギーが支配的なプラズマ（火の玉）が形成されると考える．この火の玉が輻射によって星の外側へ押し出されるにつれ，そのローレンツ因子が上がっていく．もう一つの候補は磁場による加速で，ブラックホールの回転エネルギーを磁場のエネルギーへと転換するか，マグネターが元々持っている磁場を用いることで加速する．長いバーストのジェットは親星の外層を突き破り，その外側でガンマ線を放っていると考えられる．

ジェットのエネルギーをガンマ線放射に転換する方法にも複数のモデルがある．一つは内部衝撃波モデルで，ジェット内部でプラズマ流体同士の衝突が起きることで衝撃波が立ち，そこで電子が加速され，シンクロトロン放射を放つというシナリオである．この場合，加速された電子の典型的ローレンツ因子 γ_m と磁場 B によって，ガンマ線光子の典型的エネルギー（$\propto \gamma_m^2 B$）が決められている．一方，加速電子からの放射ではなく，熱的な放射が支配的になっていると考えるのが，光球モデル（4.6.2 節参照）である．火の玉モデルの自然な帰結として，ジェットが外側へ伝播し，電子密度が減少していくと，プラズマ内に閉じ込められていた熱的光子がやがてジェットの外へ漏れ出していく．この光球面からの熱的放射が即時放射の正体だと考えるわけである．光球モデルでは，ガンマ線光子の典型的エネルギーは火の玉の初期温度によって決まることとなる．磁場で加速されるようなジェットでは，その磁場のエネルギーを磁気再結合（4.4.2 節参照）で解放することで，ガンマ線を放つと考えることもできる．この場合，解放されたエネルギーによって電子が加速され，シンクロトロン放射を放つと，背景の揃った磁場を反映して，大きな偏光が期待できる．

上で述べた通常のガンマ線バースト（長い種族と短い種族）以外にも，類似の突発放射現象が観測されている．通常のバーストよりもはるかに暗い低光度ガン

マ線バースト，ガンマ線よりもむしろ X 線で明るい X 線フラッシュ，継続時間が 1 万秒を超える超長継続ガンマ線バースト（ultra-long GRB）などである．これらの現象は，様々な個性を見せる通常のバーストの単なる変種なのか，あるいは別な起源を持っているのか，放射機構が共通しているのかなどは未だわかっていない．

　以上で述べたように，ガンマ線バーストとその類似現象には，その中心エンジン，ジェット加速機構，ガンマ線放射機構それぞれに複数のモデルがあり，現段階で決定することは難しい．この章では即時放射の観測的事実を紹介していくが，どのモデルがもっともらしいか読者自身で考えながら読んで頂きたい．

2.1　発生頻度と強度分布

　どのくらいの頻度でガンマ線バースト（GRB）は検出されているのだろうか？ 2016 年現在で GRB を観測している主要な観測装置として，*Swift* 衛星（1.6 節参照）に搭載された 15–150 keV に感度を持つ BAT（Burst Alert Telescope）と，*Fermi* 衛星（同じく 1.6 節参照）に搭載され，10 keV–5 MeV に感度を持つ GBM（Gamma-ray Burst Monitor）の二つが挙げられる．*Swift*/BAT は 2004 年の 12 月から 2015 年の 10 月までの間に 1006 個の GRB を観測した．これは 4 日に 1 発の頻度に相当する．ちなみに *Swift* の実稼働率は 78%ほどで，その視野は 2.2 sr（全天の 18%）ほどなので，BAT の感度で検出可能な明るさを持つ GRB の実際の頻度は，全天で 1 日 1.8 発程度と計算できる．一方，*Fermi*/GBM は 2008 年 7 月から 2014 年 7 月までの間に 1405 個の GRB を観測した（頻度は約 1.6 日に 1 発）．実稼働率が 50%，視野が全天の 75%ほどなので，GBM が検出可能な GRB は全天で 1 日 1.7 発程度起きており，*Swift* から見積もった値とほぼ同じである．

　図 2.1 の左は *Swift*/BAT が観測した GRB のフラックス分布である．$F = 10^{-8}$–$10^{-7}\,\mathrm{erg\,cm^{-2}\,s^{-1}}$ 程度のフラックスを持つ GRB が主に検出されていることがわかる．観測されている GRB の典型的な赤方偏移は $z = 1$ から 2 だと知られており，これに対応する光度距離[*1] は $D_\mathrm{L} = 2$–5×10^{28} cm なので，推定される光度の典型値は

[*1] シリーズ現代の天文学『宇宙論 II』参照．

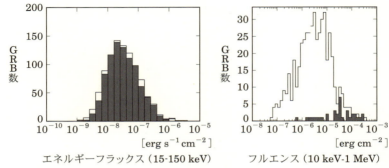

図2.1 （左）*Swift*/BAT によって観測された GRB のフラックス分布（Lien *et al.* 2016, *ApJ*, 829, 7）．白抜きはフラックス不定性に伴う誤差を表す．（右）*Fermi*/GBM によって観測された GRB のフルエンス分布（Ackermann *et al.* 2013, *ApJS*, 209, 11）．グレーは *Fermi*/LAT でも検出された数を表す．

$$L_{\gamma,\mathrm{iso}} = 4\pi D_\mathrm{L}^2 F = 3.1 \times 10^{51} \left(\frac{D_\mathrm{L}}{5\times 10^{28}\,\mathrm{cm}}\right)^2 \left(\frac{F}{10^{-7}\,\mathrm{erg\,cm^{-2}\,s^{-1}}}\right) \mathrm{erg\,s^{-1}} \quad (2.1)$$

となる．下付き添え字の iso の意味は isotropic で，光源を中心としてガンマ線を等方に放射したと仮定したときの値であることを示している．2.3 節で議論するが，多くの GRB では 150 keV よりも高エネルギーのガンマ線によって，そのエネルギーの大部分を解放している．*Swift*/BAT の 15–150 keV での積分に基づく上の値よりも，実際の光度はやや大きくなるであろう．

図 2.1 の右はフラックスを時間積分したフルエンス（fluence）$\mathcal{F} \equiv \int F dt$ の分布である．ここでは *Fermi*/GBM によって測られた 10 keV から 1 MeV 区間での積分を用いており，典型値は $\mathcal{F} = 10^{-6}$–$10^{-5}\,\mathrm{erg\,cm^{-2}}$ と判断できる．先ほどと同様に見積もると，等方にエネルギーを放っていると仮定したときの，ガンマ線として解放された全エネルギーは

$$\begin{aligned} E_{\gamma,\mathrm{iso}} &= 4\pi(1+z)^{-1} D_\mathrm{L}^2 \mathcal{F} \\ &= 3.1\times 10^{53}(1+z)^{-1}\left(\frac{D_\mathrm{L}}{5\times 10^{28}\,\mathrm{cm}}\right)^2 \left(\frac{\mathcal{F}}{10^{-5}\,\mathrm{erg\,cm^{-2}}}\right) \mathrm{erg} \end{aligned} \quad (2.2)$$

と評価できる．今までに観測された GRB の中には，エネルギーが 10^{55} erg に迫

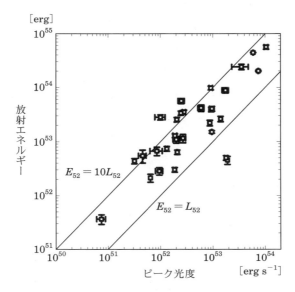

図2.2 赤方偏移がわかっている GRB のピーク光度 ($L_{\gamma,\mathrm{iso}}$) と放射エネルギー ($E_{\gamma,\mathrm{iso}}$) の散布図. Ghirlanda et al. 2012, *MNRAS*, 420, 483 のサンプルに基づく.

るものもある. 太陽の静止質量エネルギーは $M_\odot c^2 = 1.8 \times 10^{54}$ erg, 超新星の典型的な爆発エネルギーは 10^{51} erg, そのうち, 光の放射に転換されているエネルギーは $10^{42}\,\mathrm{erg\,s^{-1}} \times 10$ 日 $\sim 10^{48}$ erg である. これらと比べると, GRB は莫大なエネルギーを解放していることがわかる.

実際は細く絞られたジェット状にエネルギーが解放されており, 等方にはエネルギーを放ってはいないと考えられている. たまたま我々の視線方向にジェットが放たれた際に, GRB として観測されるのであろう. 仮にジェットの開き角が 1 度くらいなら, 実際のエネルギーは $E_{\gamma,\mathrm{iso}}$ の 1%程度に減ずることができる. それでも超新星爆発時の全エネルギーと同程度のエネルギーをすべてガンマ線として放つ, 極限的な現象であることは疑いない. ガンマ線に転換されなかった放射体自身 (相対論的なプラズマ流) のエネルギーも含めると, 要求されるエネルギーはさらに大きくなる.

典型的な GRB 継続時間が存在すれば, $L_{\gamma,\mathrm{iso}}$ が大きい GRB では $E_{\gamma,\mathrm{iso}}$ も大きくなることが期待できる. 図 2.2 は残光の観測から赤方偏移 z, つまり距離が

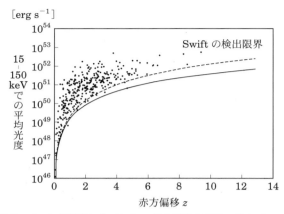

図 2.3 *Swift* が観測した GRB の赤方偏移と光度の分布 (Lien *et al.* 2016, *ApJ*, 829, 7).

わかった GRB の $L_{\gamma,\mathrm{iso}}$ と $E_{\gamma,\mathrm{iso}}$ の散布図である．光度とエネルギーをそれぞれ $L_{\gamma,\mathrm{iso}} = 10^{52} L_{52}\,\mathrm{erg\,s^{-1}}$，$E_{\gamma,\mathrm{iso}} = 10^{52} E_{52}\,\mathrm{erg}$ と表したとき，おおよそ $E_{52} = 1\text{--}10 L_{52}$ くらいの GRB が多いことがわかる．

　観測された GRB の赤方偏移と光度に対する分布を示しているのが図 2.3 である．当然だが遠方の GRB は明るいものしか検出されず，近くのものは比較的暗いものまで受かっている．実際の GRB の光度分布（単位時間単位体積辺りに発生する GRB のうち，光度 $L_{\gamma,\mathrm{iso}}$ と $L_{\gamma,\mathrm{iso}} + dL_{\gamma,\mathrm{iso}}$ の間にある数）はどのようになっているのであろうか？　図 2.3 に示されているように，我々が持っているサンプルは観測的に片寄っていることに留意しなくてはいけない．そもそも，GRB のように激しく時間変動する突発現象の場合，その光度の定義は一意には決まらない．ただ単に $L_{\gamma,\mathrm{iso}}$ といったときにはピーク光度を示すことが多いが，それも光度曲線を描く際の時間幅に値は依存する．同じバーストのデータでも，ミリ秒のような短い時間刻みと，比較的長い 1 秒刻みでの出力を比べると，前者の方が高い光度になりがちである．また宇宙膨張による赤方偏移 z の補正も重要である．時間変動のスケールは観測者にとって $(1+z)$ 倍に伸びている．共通の時間幅で光度を評価しても，遠くの GRB にとっては高い時間分解能で解析していることに相当する．1 秒刻みのデータも，ソースでは $1/(1+z)$ 秒刻みに相当しているわけである．観測しているエネルギー領域もずれてしまう．たとえば 15–150 keV でフ

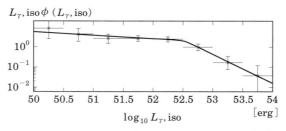

図2.4 *Swift* サンプルから推定された GRB の光度分布（Wanderman & Piran 2010, *MNRAS*, 406, 1944）.

ラックスを測ったとしても，ガンマ線が放たれた時点では $(1+z) \times (15\text{--}150)\,\text{keV}$ のエネルギー区間に対応したフラックスになってしまう．つまり，高赤方偏移の GRB ほど高エネルギー側に偏った光子で議論していることになる．

上記で述べた困難を克服して，観測データから本来の光度分布を復元するには，検出器の検出効率なども考慮したモンテカルロ・シミュレーションが必要となる．そうした試みの一例が図 2.4 に示された光度分布である．N を GRB の数とすると，その光度分布は以下の折れ曲がった冪乗関数

$$\phi(L_{\gamma,\text{iso}}) \equiv \frac{dN}{dL_{\gamma,\text{iso}}} \propto \begin{cases} \left(\dfrac{L_{\gamma,\text{iso}}}{L_\star}\right)^{-a}, & L_{\gamma,\text{iso}} \leq L_\star \text{のとき} \\ \left(\dfrac{L_{\gamma,\text{iso}}}{L_\star}\right)^{-b}, & L_{\gamma,\text{iso}} > L_\star \text{のとき} \end{cases} \tag{2.3}$$

で近似されることが多い．モンテカルロによる解析は使うサンプルの選定や細かい手法などに依存するので，全ての研究者で一致した結果にはなっていない．表2.1 に，光度関数のパラメータ，つまり典型的な光度 $L_\star$，低光度の冪 a，高光度の冪 b に対する 3 つの論文の結果をまとめた．

この表から典型的な GRB の光度がわかる．$L_{\gamma,\text{iso}}$ で積分するとわかる通り，冪指数 a が 1 より大きければ，GRB の数は暗いものが圧倒していることになるが，Lien *et al.*（2014）の結果では暗い GRB の数が抑えられていて，$L_{\gamma,\text{iso}} \simeq L_\star$ の GRB が数的に支配している．また $L_{\gamma,\text{iso}}$ を一つかけてから積分するとわかるが，$a < 2$ かつ $b > 2$ であれば，宇宙にエネルギーを最も放っているのは，$L_{\gamma,\text{iso}} \simeq L_\star$ の GRB の寄与である．しかし，Pescalli *et al.*（2016）のように $b < 2$ の場合は，光度に上限がないと，光度関数を積分すると発散してしまう．いくつかのグルー

表2.1 GRB 光度関数のパラメータ．引用文献はそれぞれ WP10: Wanderman & Piran 2010, *MNRAS*, 406, 1944, L14: Lien *et al.* 2014, *ApJ*, 783, 24, P16: Pescalli *et al.* 2016, *A&A*, 587, A40.

	$L_\star$ [erg s^{-1}]	a	b
WP10	$10^{52.5\pm0.2}$	$1.2^{+0.2}_{-0.1}$	$2.4^{+0.3}_{-0.6}$
L14	$10^{52.05}$	0.65	3.0
P16	$(1+z)^{2.5}10^{51.45\pm0.15}$	1.32 ± 0.21	1.84 ± 0.24

プは Pescalli *et al.*（2016）の結果と同様に，典型的な光度が赤方偏移とともに上がっていくモデルを支持している．ただし，高赤方偏移では GRB のサンプルが明るいものに偏っているので，光度進化は見かけ上の効果かもしれない．光度進化は高赤方偏移での GRB 発生率の評価にも大きく関わってくるので，慎重な扱いが必要である．

近傍の GRB は数が少ないので，$z=0$ での GRB 発生率の見積りに関しても不定性がある．$L_{\gamma,\mathrm{iso}} > 10^{50}\,\mathrm{erg\,s^{-1}}$ のものに対して，0.4–2.0 Gpc^{-3} yr^{-1} 程度の見積りが得られている．GRB 発生率は赤方偏移とともに増加する傾向があり，モンテカルロ・シミュレーションを用いた見積もりによると $z=2$–4 で最大値となり，10–40 Gpc^{-3} yr^{-1} に達すると評価されている．ここでの単位体積は，宇宙膨張の効果を打ち消した共動座標に基づく．また，上記の発生率は見かけ上の発生率である．つまり，ジェットが我々の方向を向いているものだけについて数え挙げた値なので，観測されることのない GRB も含めるとその数は 10–100 倍になるのかもしれない．それでも，近傍の重力崩壊型超新星の発生率 $\sim 10^5$ Gpc^{-3} yr^{-1} と比較すると，GRB は非常に稀な突発現象だと言える．

低光度ガンマ線バースト

1998 年 4 月に観測されたバースト GRB 980425 には，SN 1998bw と名付けられた Ic 型の極超新星（hypernova）が付随していた．その母銀河の赤方偏移は $z=0.0085$，距離にすると 39 Mpc となり，非常に近い GRB であることが判明した．この節で議論されてきたバースト発生率を考えると，とてつもない偶然によって発生した事象ということになる．しかし，その光度は $L_{\gamma,\mathrm{iso}} = 4.7\times10^{46}\,\mathrm{erg\,s^{-1}}$，エネルギーにして $E_{\gamma,\mathrm{iso}} = 10^{49}$ erg で，典型的な GRB の値よりもかなり低い．

その後も，GRB 020903 ($z=0.25$, $L_{\gamma,\mathrm{iso}}=8.3\times10^{48}\,\mathrm{erg\,s^{-1}}$)，GRB 031203 ($z=0.105$, $L_{\gamma,\mathrm{iso}}=3.5\times10^{48}\,\mathrm{erg\,s^{-1}}$)，GRB 060218 ($z=0.033$, $L_{\gamma,\mathrm{iso}}=6.0\times10^{46}\,\mathrm{erg\,s^{-1}}$)，GRB 080517 ($z=0.09$, $L_{\gamma,\mathrm{iso}}=3.0\times10^{48}\,\mathrm{erg\,s^{-1}}$)，GRB 100316D ($z=0.0591$, $L_{\gamma,\mathrm{iso}}=1.2\times10^{47}\,\mathrm{erg\,s^{-1}}$) と近傍における暗い GRB のサンプルは増えていった．こうした GRB は低光度 GRB（low-luminosity GRB, LLGRB）と呼ばれている．今のところ発生率は 90–700 $\mathrm{Gpc^{-3}\,yr^{-1}}$ と見積もられている．これは外層を星風で失った大質量星を親星とする Ib/c 型超新星の発生率の 1%ほどにあたる．

相対論的な速度で運動するジェットを正面ではなく，斜め方向から観測すると，その光度は暗くなる．したがって，これらの暗いバーストはジェットがこちらを向いていなかった（off-axis jet），通常の GRB だと解釈できるかもしれない．詳細は省くが，電波観測などから Ib/c 型超新星の 10%ほどが off-axis の低光度 GRB を伴っているという見積もりもある．そうだとすると，観測にかかった低光度 GRB は必ずしも off-axis ジェットではない．実際に起きた低光度 GRB の 1 割ほどが，ジェットをこちらに放って観測されているという解釈になる．

超新星 SN 2006aj を伴う低光度 GRB 060218 の放射から，熱的なスペクトルを持つ X 線が検出されている．これは超新星爆発に伴う衝撃波が星表面あるいは濃い星風を突き抜けて，その輻射エネルギーを放出した現象（shock breakout）だと考えられている．このように低光度 GRB は通常の GRB とは異なった種族で，相対論的なジェットを必ずしも伴わないとする見解が，有力な解釈として近年取り上げられている．

2.2　光度曲線と継続時間

即時放射の光度曲線と呼ばれるものは多くの場合，与えられたエネルギー区間の光子が各時間刻みの間に何発検出されたかをプロットしたものである．図 2.5 に光度曲線の例を載せる．光度曲線には多様性があり，その継続時間もまちまちであることがわかる．GRB 920216B のようにシンプルな一山の曲線の例もあれば，GRB 920221 や GRB 940210 のように多くのパルスが次々に受かっている例もある．GRB 910503 の場合は最初の激しい活動の後，しばらく休んだ後に活動を再開している．GRB 910711 や GRB 930131A の場合は継続時間が 1 秒ほどし

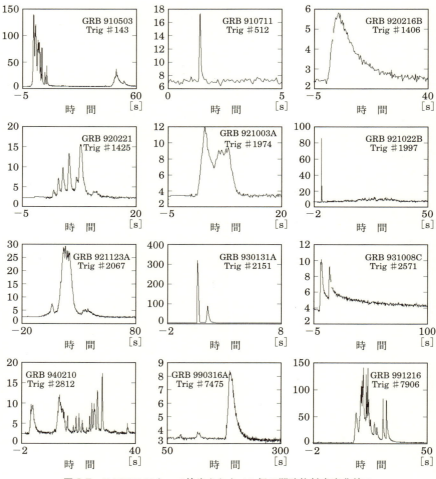

図2.5 BATSE によって検出された 12 個の即時放射光度曲線の例（Pe'er 2015, *Adv. Astro.*, 2015, 907321）.

かなく，後述する短い種族の GRB に分類される．

　この光度の変動は何によってもたらされているのであろうか？　4.5 節で議論されることになるが，観測されている複数のパルスを一つの放射体が何度も光ることで説明することはできない．これらのパルスは，相対論的なプラズマ流が複数回に渡って放出されることで説明され，時間変動のスケールはジェットを駆動

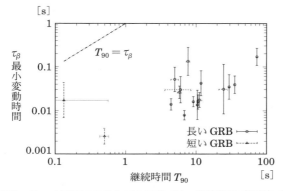

図2.6 Fermi/GBM のサンプルに基づく，継続時間（横軸）と最小変動時間（縦軸）の散布図（MacLachlan *et al.* 2013, *MNRAS*, 432, 857）．

する中心エンジンの活動の変動に対応している．

　変動の時間スケールから，放射体の大きさを推定できるであろう．図 2.6 に示されているように，変動の時間スケール δt は短いもので数ミリ秒である．単純に考えると放射体のサイズは数ミリ秒 $\times c \sim 10^7$–10^8 cm 以下と見積もられるが，これは間違いである．詳細は 4.2 節で説明するが，この短い変動と明るい光度，そして $m_e c^2 = 511$ keV を超えるガンマ線の検出をすべて満たすためには，放射体が我々に向かって相対論的な速度で運動していることが要求される．放射体のローレンツ因子を $\Gamma \simeq 300$ とすると，中心エンジンから放射体までの距離はおよそ数ミリ秒 $\times c\Gamma^2 \sim 10^{13} (\Gamma/300)^2$ cm 以下となり，球殻状の放射体を仮定すると，その体積は格段に大きく見積もられる．ただし放射体を噴出している中心エンジンの大きさ自体はやはり $c\delta t$ 以下であることに留意すること．1 ミリ秒の変動を仮定すると，エンジンの大きさは $100 M_\odot$ 以下のブラックホールのシュヴァルツシルト半径に相当する．活動銀河核の中心にある巨大ブラックホール（質量が $10^6 M_\odot$ 以上）などでは説明のつかない変動で，大質量星の重力崩壊後に生まれるブラックホールやマグネターなどのコンパクトな天体が中心エンジンの候補として主に考えられている．

　GRB の継続時間の測定はその定義に依存する．特にいつ GRB が終わったと判定するのかは簡単ではない．最初の激しい活動が収まった後，検出有意度ギリ

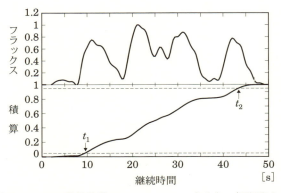

図 2.7 GRB の継続時間 $T_{90} \equiv t_2 - t_1$ の求め方.各時間ビン毎に検出器が数えた光子カウント(上)が与えられたときに,光子数を積算していく(下).光子数が全体の 5% に達したときを t_1,95% に達したときを t_2 とする.

ギリの暗い放射がダラダラ続いたときなどは,終了時刻を決めることが難しい.開始時刻についても同様の問題があり得る.GRB 研究者の間で広く使われている継続時間の定義は,図 2.6 にも出ている T_{90} と呼ばれるものである.これは図 2.7 の模式図で説明されるが,積算光子カウント数が全体の 5% になった時刻から 95% に達した時刻までの長さを継続時間とするものである.この T_{90} の区間に光子の 90% が含まれることとなる.同様に 50% の光子が含まれる区間を定義して T_{50} と呼ぶこともある.この定義によって,最初あるいは最後におまけのような放射があった時間を除いて,実質的な活動時間を評価することができる.

継続時間がそのままエンジンの活動時間とは限らない.GRB が巨星の重力崩壊に起因しているとすれば,重力崩壊で星の中心核がブラックホールに潰れた後,星外層のガスがその周りに降着円盤を形成し,徐々にブラックホールに落ちて行くと考えられる.落ち込んだガスの重力エネルギーの一部をジェットとして解放できるなら,そのジェットは降着円盤の上下にトンネル状に穴を開けながら星表面に向かって進んでいく.中心エンジンの活動は,星外層ガスが中心ブラックホールに降着する限り続く.やがてジェットが星表面を突き破ったとき,ガンマ線バーストとして観測されることとなる.上記の描像をコラプサー・シナリオと呼ぶ(4.3 節及び 5.4 節参照).実際のエンジンの活動時間は,バーストの継続時間に星を突き破るまでにかかる時間を加えたものになるわけである.

短い種族のガンマ線バースト

図 2.8 に継続時間 T_{90} の分布を示す. Swift, Fermi, BATSE（第 1 章参照）という三つの検出器のデータが示されているが, どれも二山の分布を見せている. 大きい方の山は 30 秒程のところにピークがあり, 小さい方の山は 1 秒以下に分布している. このように GRB には継続時間の長い種族（long GRB）と短い種族（short GRB）の二種類があると言われている. 図 2.8 の左側の一番上にある, Swift のデータでの二山目のピークの有意度は充分でないと思うかもしれない. しかし, 図 2.8 の右にあるように, 継続時間だけではなく, 縦軸に放射スペクトルの硬さ（ここでは 50–100 keV と 25–50 keV のフルエンスの比. 値が大きいほど相対的に高エネルギー側が明るいことを意味する）をとると, はっきり二つに分布が分かれているのが確認できる. 平均的に短い種族の方が硬いスペクトルを示すので, short–hard GRB と呼ぶこともある.

よく使われる定義では T_{90} が 2 秒より短いものを短いバーストに分類している. 短い種族のバーストはそのフルエンスが低いことが多く, 位置決定精度が悪

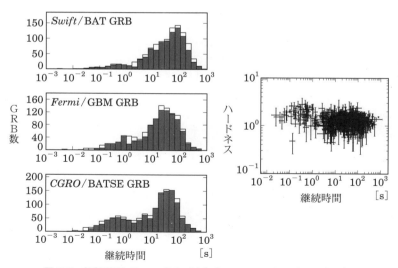

図 2.8　継続時間 T_{90} の分布（左）と Swift のサンプルに基づく継続時間 T_{90} とスペクトルの硬さ（50–100 keV と 25–50 keV のフルエンスの比）に対する散布図（右）. Lien et al. 2016, ApJ, 829, 7 より.

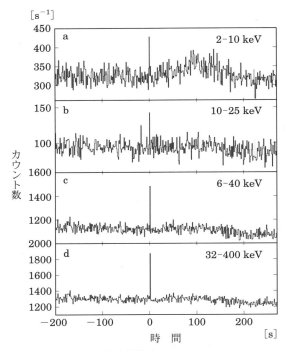

図2.9 GRB 050709 の光度曲線（Villasenor *et al.* 2005, *Nature*, 437, 855）．a, b, c, d で光子のエネルギー帯域を変えている．2–10 keV の低エネルギーに焦点を当てた図 a にだけ 100 s 付近に盛り上がりが見える．

くなる傾向があるため，母銀河や残光が同定されたサンプルはそれほど多くない．赤方偏移がわかった 20 個のバーストに基づいた評価によると，$L_{\gamma,\mathrm{iso}} > 5 \times 10^{49}\,\mathrm{erg\,s^{-1}}$ の短いバーストの発生率は，$4.1^{+2.3}_{-1.9}\,\mathrm{Gpc^{-3}\,yr^{-1}}$ と評価されている．4.8.3 節で述べる残光のジェットブレーク（ジェットが横方向に広がり出す際の急激な減光）を使った見積りから，ジェットの開口角が平均で 10 度程度とされ，この場合，真の発生率はおよそ $10^3\,\mathrm{Gpc^{-3}\,yr^{-1}}$ となる．

　コラプサーが長いバーストの起源だとすると，巨星は寿命が短いので，長いバーストは星形成領域で起きることが期待される．一方，GRB 050724 などのいくつかの短いバーストが，星形成活動の不活発な楕円銀河で起きていることが確認されている．これは短い種族のバーストが長いものとは異なる起源を持つと

いう傍証になっている．最も有力な説は，中性子星同士の連星が重力波放出でその軌道を徐々に縮めていき，最終的に合体したときに短いバーストを起こすという考えである．中性子星誕生から合体までの時間は長いので，すでに星形成が終わった銀河でもバーストを起こすことが可能である．コラプサーとは異なり，外層も存在しないので，短い継続時間とも無矛盾である．

短いバーストが本当に短いかどうかは注意する必要がある．図 2.9 は，GRB 050709 の光度曲線である．32–400 keV の光度曲線だけを見ると，これは明らかに短いバーストに分類できそうである．ところが，2–10 keV では最初のパルスの後，弱いながらも 100 秒以上も続く放射（extended emission）がある．高エネルギー側で活動が収まっていても，このバーストのように，低エネルギー帯では活動が継続している可能性がある．中性子星連星合体では，100 秒もの継続時間を実現させるのは難しそうだが，興味深いことに GRB 050709 の母銀河は $z=0.16$ の星形成活動をしている渦巻き銀河であった．コラプサー起源であっても，たまたまジェットが星表面を突き破った直後に中心エンジンが活動を終えると，短いバーストとして観測されることもあるだろう．相当数の長いバーストと起源を同じくするものが $T_{90} < 2\,\mathrm{s}$ のバーストに紛れているのかもしれない．

長いバーストの混入の可能性は，図 2.10 にあるように，ヒストグラムではな

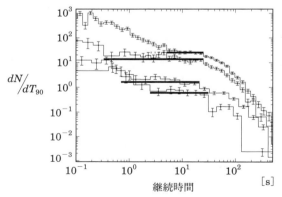

図 2.10　dN/dT_{90} 分布（Bromberg et al. 2012, ApJ, 749, 110）．上からそれぞれ BATSE，BATSE でソフトなスペクトルを持つもの，Swift, Fermi に基づくサンプル．Swift と Fermi のデータは下にずらしている．

く dN/dT_{90} という微分量で継続時間分布を見ることではっきりする．どの検出器でも 30 秒以下ではフラットな分布を見せているが，数秒付近以下には超過成分（直線の内挿よりも多い）が存在する．この超過成分がコラプサーではない GRB に属しているのかもしれない．逆に言えば，フラット分布を短時間側へ内挿したくらいの数の巨星起源 GRB が短いバーストに混じっていることを意味している．長い種族の GRB の方で，30 秒を超えて急激に数が減っていくのは，この時間スケールが星を突き破るのに必要なエンジンの典型的活動時間に対応しているとも考えられる．

超長継続ガンマ線バースト

図 2.11 は GRB 111209A の光度曲線である．ガンマ線での活動は 1 万秒程度続いている．X 線の活動は，横軸の目盛りで 2 万秒くらいまではほぼ一定の明るさで続き，その後急激に減光する．その後，ダラダラと続く放射は残光によるものであろう．したがって，X 線の活動が終わる 2 万秒までが中心エンジンの活動時間と解釈できる．バーストは –5 千秒から始まっているので，計 2 万 5 千秒もの継続時間を持っている．このように通常よりもはるかに長い超長継続ガンマ線バースト（ultra-long GRB）がいくつか観測されいている．GRB 111209A の場合，継続時間は長いものの，$E_{\gamma,\mathrm{iso}} = 5.8 \times 10^{53}$ erg となっていて，放出エネルギーは通常の GRB と同程度である．継続時間が長い分，光度は通常よりも低いバーストになっている．今まで見つかっている ultra-long GRB は，継続時間が数千秒から数万秒，光度が 10^{48}–10^{50} erg s^{-1} となっている．低い光度のためサンプルは少ないが，その発生頻度は通常の GRB と同程度と考えられている．

1 万秒を超える長さを持つ GRB の起源は，他の GRB とは異なっていると思われる．コラプサー・シナリオであれば，通常よりも大きな外層を持った星が，長い降着時間を実現できるであろう．巨星はその星風で外層を失っていくが，金属量が少なければ星風の効果は抑えられ，重力崩壊直前まで大きな外層を保てる（青色超巨星）．別なモデルとして，マグネターモデルがある．この場合，継続時間はガスの降着時間ではなく，磁気優勢ジェットの放出でその回転エネルギーを失う時間で決まっている．長い継続時間から，恒星質量よりも重いブラックホールを考えても良いかもしれない．巨大ブラックホールに星が落下する際に，潮汐力で

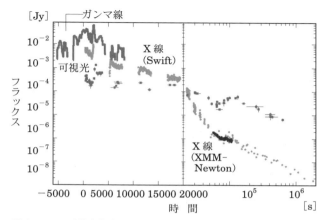

図2.11 2万秒を超える継続時間を見せる GRB 111209A の光度曲線 (Gendre et al. 2013, *ApJ*, 766, 30).

星が破壊されて，降着円盤とジェットを形成すると期待できる (tidal disruption event)．実際に潮汐破壊現象の候補イベントも観測されているが，その継続時間は 10 万秒以上とさらに長い．したがって巨大ブラックホールの質量は活動銀河核としては軽めの $10^5 M_\odot$，落ち込む星は比較的コンパクトな白色矮星などの系なのかもしれない．可視・赤外による残光観測から，超新星による再増光と思しき振る舞いが見えている．星を起源とするコラプサーあるいはマグネターシナリオに有利に思える結果だが，更なる検証が必要とされている．

2.3 スペクトル

光子数スペクトル $\Phi(\varepsilon)$ を単位時間・単位面積・単位エネルギー当たりの光子数として定義したとき，GRB の典型的なスペクトルは図 2.12 にあるように，途中で折れ曲がる冪乗関数で近似できる．スペクトルを作図する際には $\Phi(\varepsilon)$ に光子エネルギー ε を一つかけたエネルギー・フラックス $F(\varepsilon) = \varepsilon\Phi(\varepsilon)$ を用いることもあるが，図 2.12 ではさらにもう一つ ε をかけた値 $\varepsilon F(\varepsilon) = \varepsilon^2 \Phi(\varepsilon)$ [*2] でのプロットも同時に示している．$\Phi(\varepsilon)$ における折れ曲がりに対応するエネルギーで，$\varepsilon F(\varepsilon)$ のプロットではスペクトルが最大値となっている．このプロットでピーク

[*2] エネルギーではなく振動数 ν で表して νF_ν とし，ニュー・エフ・ニューと呼ぶのが一般的．

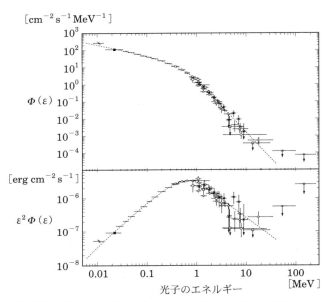

図 2.12　GRB 990123 のスペクトル（Briggs et al. 1999, ApJ, 524, 82）．上が単位エネルギー当たりの光子数 $\Phi(\varepsilon)$，下は同じものにエネルギーの 2 乗をかけた $\varepsilon^2\Phi(\varepsilon) = \varepsilon F(\varepsilon)$ をプロットしたもの．破線は Band 関数（式 (2.4) 参照）．

となる光子エネルギー ε が，放たれているエネルギーの大部分を担う光子のエネルギーということになる．ピークができることからわかるように，低エネルギー側での $\Phi(\varepsilon)$ は ε^{-2} よりも緩やかに減少し，逆に高エネルギー側では ε^{-2} よりも急激に減少していることがわかる．

　スペクトルを描いたとき，相対的に低エネルギー光子が多いとき，これを柔らかい（ソフトな）スペクトルと呼ぶ．逆に高エネルギー粒子が多いと，硬い（ハードな）スペクトルと呼ばれる．$\Phi(\varepsilon) \propto \varepsilon^{-\alpha}$ と冪乗で表される場合，指数 α が小さいとハード，大きいとソフトということになる．

　冪乗分布を示すスペクトルは非熱的スペクトルとも呼ばれる．衝撃波などで加速された非熱的な電子は，冪乗のエネルギー分布を成し，その結果，冪乗分布のシンクトロンや逆コンプトン放射を放つのが，高エネルギー天体で共通に見られる現象である．図 2.12 のような非熱的スペクトルを見た際に，ガンマ線バーストでも類似の放射過程が働いていると類推するのが最も素直な解釈ではある．標準

的には，ジェット放出物同士の衝突による，内部衝撃波（internal shock）が電子の加速現場だと考えられている．

多くの即時放射のスペクトルは，Band 関数と呼ばれる以下の式

$$\Phi(\varepsilon) = \begin{cases} A\left(\dfrac{\varepsilon}{100\,\mathrm{keV}}\right)^\alpha \exp\left(-\dfrac{(2+\alpha)\varepsilon}{\varepsilon_{\mathrm{pk}}}\right), & \varepsilon \le \dfrac{\alpha-\beta}{2+\alpha}\varepsilon_{\mathrm{pk}} \\ A\left(\dfrac{(\alpha-\beta)\varepsilon_{\mathrm{pk}}}{(2+\alpha)100\,\mathrm{keV}}\right)^{\alpha-\beta} \exp(\beta-\alpha)\left(\dfrac{\varepsilon}{100\,\mathrm{keV}}\right)^\beta, & \varepsilon > \dfrac{\alpha-\beta}{2+\alpha}\varepsilon_{\mathrm{pk}} \end{cases} \tag{2.4}$$

でフィットできることがわかっている．Band 関数は全体の規格化定数 A，冪指数 α, β，ピークエネルギー $\varepsilon_{\mathrm{pk}}$ の 4 つのパラメータで表される．一見複雑だが，低エネルギー側での冪乗関数 $\propto \varepsilon^\alpha$ と高エネルギー側の冪乗関数 $\propto \varepsilon^\beta$ を指数関数を用いて滑らかに繋いだものである．$\varepsilon F(\varepsilon)$ でプロットしたときに $\varepsilon_{\mathrm{pk}}$ でピークとなるようになっている．図 2.12 の破線は，$\varepsilon_{\mathrm{pk}} = 720\,\mathrm{keV}$，$\alpha = -0.6$，$\beta = -3.1$ の Band 関数であり，データと良く合っていることがわかる．

Band 関数は頻繁に使われるが，積極的な物理的理由があって使われているのではなく，単に経験的・習慣的に用いられていることに留意すべきである．Band 関数よりもピーク付近の曲率が大きかったり，歪んでいることもあるだろう．時には Band 関数からのズレが，質的に異なる別成分，特に熱的な成分の存在を示唆しているといった際どい議論がなされることもある．しかし，非熱的放射に対してこの関数形が絶対だという根拠もないし，弱い別なパルスが重なって見えれば，形が歪むのもそれほど不思議ではない．

図 2.13 にスペクトルのパラメータ分布が示されている．ピークエネルギーは，主に $100\,\mathrm{keV}$ から $1\,\mathrm{MeV}$ の間に分布している．低エネルギーでの冪指数 α の典型値は -1，高エネルギー側での典型値は -2.2 くらいであることが見て取れる．ここまでの情報から放射過程を決定できるであろうか？

ピークエネルギー

まずシンクロトロン放射を仮定してみる．2.2 節でも述べたように，ジェット状のプラズマが相対論的な速度で中心エンジンから何度も噴出していると考えられている．4.5.3 節を参照してもらいたいが，このプラズマ静止系での磁場 B' と

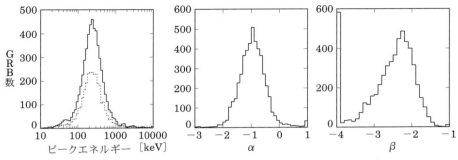

図2.13 BATSE のサンプルに基づくスペクトルのパラメータ分布 (Preece *et al.* 2000, *ApJS*, 126, 19). 左からピークエネルギー ε_pk, 低エネルギー側での冪 α, 高エネルギー側での冪 β.

ジェットのローレンツ因子 Γ が与えられたとき, $\varepsilon_\mathrm{pk} \propto \Gamma B' \gamma'^2_\mathrm{m}$ となる. ここで $\gamma'_\mathrm{m} \gg 1$ は高エネルギー電子の典型的なローレンツ因子(プラズマ静止系)である. 仮に B' や Γ が一定でも, 電子のエネルギー, つまり γ'_m が3倍変化しただけで, ε_pk は1桁変化する. 4.5.1 節で議論するように, 速度の異なるプラズマ同士の衝突によってエネルギーが解放されると考えると, ジェットの Γ には大きな分散がないと, この衝突による衝撃波では効率よくエネルギーを解放できない. Γ が変動すれば γ'_m や B' も大きく変動すると考えられる(4.5.3 節参照). それにも関わらず, 図 2.13 に示されている ε_pk はおよそ 100 keV から 1 MeV の一桁の範囲に収まっている. 図 2.14 の GRB 061007 の場合, 激しく時間変動する光度曲線に対し, ε_pk はせいぜい3倍しか変動していない. 衝撃波粒子加速によるシンクロトロン放射モデルでは, ε_pk が 100 keV–MeV の間に集まる強い理由は見当たらない.

別なモデルとして光球モデル(4.6.2 節参照)がある. これはジェット中に閉じ込められていた熱的光子をジェットの伝播途中で解放するモデルで, この場合 ε_pk は光子の温度に対応することとなる. 温度はエネルギー密度の 1/4 乗に比例するので, 大きく変動しにくい物理量である. したがって ε_pk が比較的安定(何桁にも渡って激しく変動していない)しているという事実は光球モデルに有利である. 最も単純なモデルを採用すると, $\varepsilon_\mathrm{pk} \propto L_{\gamma,\mathrm{iso}}^{1/4}$ という振る舞いになる. 相関の冪はともかく, ε_pk と光度には少なくとも正の相関が期待される. しかし, 図 2.14 の GRB 950403 のピークエネルギーは, 明るいパルスが来る前から高い値を

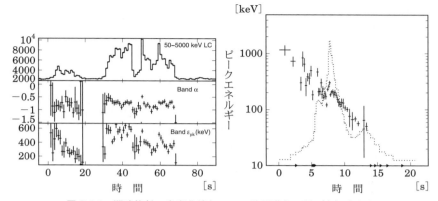

図2.14 即時放射の光度曲線と $\varepsilon_{\rm pk}$ の時間進化の例.(左)上から3つ目がピークエネルギーを表す.Suzaku/WAM と Swift/BAT で観測された GRB 061007(Ohno et al. 2009, PASJ, 61, 201).(右)BATSE による GRB 950403(Kaneko et al. 2006, ApJS, 166, 298).背景の点線は光度曲線.

示し,光度曲線と相関を持たないように見える.この例にあるように,GRB のパルスは,$\varepsilon_{\rm pk}$ が時間とともに減少する,hard-to-soft の進化を見せることが多い.

低エネルギー側の冪指数

図 2.13 に示されているように,典型的な冪指数は $\alpha \simeq -1$ である.シンクロトロン放射モデルでは,強い磁場で冷却された電子によって $\alpha = -1.5$ のスペクトルが形成されると計算できる(4.5.3 節).わずか 0.5 の違いだが,電子分布の冪に直すと,指数が 1 つずれている.一方,光球モデルではプランク分布なので $\alpha = +1$ となる.ジェットの外縁部分から相対的に低温の光子が放たれることで,プランク分布を重ね合わせたスペクトルはおよそ $\alpha = 0$ までは柔らかくできるが,-1 にするのは簡単ではない.電子が熱的光子をコンプトン散乱することで,スペクトルの形をプランク分布から変形させることはできる.しかし,$\varepsilon_{\rm pk}$ よりも低エネルギー側で,スペクトルをプランク分布より柔らかくするには,光子数を増やさなくてはいけない.コンプトン散乱はそもそも光子数を変えない過程なので,シンクロトロン放射のように光子を作り出す機構が必要である.冪指数 α の問題は,シンクロトロン放射モデルと光球モデルの両方にとって課題となって

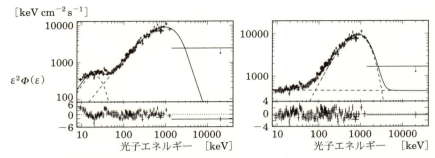

図2.15 GRB 090902B のスペクトル（Tierney *et al.* 2013, *A&A*, 550, A102）．0.9 秒間の積分で求められている．Band 関数で表される主成分に対し，低エネルギーに別成分がある．左は別成分をプランク分布，右は単一の冪乗成分と考えてフィットした結果．

いる．

　図 2.13 には $\alpha > -2/3$ となっているサンプルがいくつか確認できる．これは通常のシンクロトロン放射では実現できない値となる（4.5.3 節参照）．そうした実例の一つが図 2.15 に示されている．低エネルギーに別成分が見えていて，これはこれでその起源が問題だが，ここでは問わない．この別成分をプランク分布を使ってフィットしたとき（左）は，主成分の指数が $\alpha = -0.5$，単一冪乗成分だと思ってフィットしたとき（右）は，$\alpha = +0.2$ と評価されている．仮定によって値は大きく異なるが，いずれにせよシンクロトロンの限界 $-2/3$ よりも大きくなっている．

　少数ながらも，こうした硬いスペクトルを持つ GRB の存在は，光球モデルを支持しているように見える．しかし一方で，2.6 節で議論することになるが，強い偏光が観測されている GRB もあり，これらはシンクロトロン放射を支持している．Band 関数のパラメータ分布は連続的で，複数の種族があるようには見えないが，熱的な光球放射が卓越している場合と，シンクロトロンによる非熱的放射が卓越している場合があるのかもしれない．

X 線フラッシュ

　ピークエネルギーは $100\,\mathrm{keV}$–$1\,\mathrm{MeV}$ の間に集中していると述べたが，低い値を持つバーストも観測されている．これらは X 線フラッシュ（X-ray flash, XRF）と

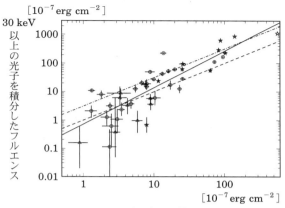

図2.16 *HETE*-2によって観測されたGRB，X線過剰GRB，X線フラッシュのフルエンスに対する散布図（Sakamoto *et al.* 2005, *ApJ*, 629, 311）．光子エネルギーの積分範囲を30 keV以下と以上で分けている．破線の下がX線フラッシュ，破線と一点鎖線の間がX線過剰GRB，それより上が通常のGRB．

呼ばれ，多くのエネルギーをX線領域で放っている他は，GRBと似たような継続時間，スペクトル形状を持つ現象である．この現象の観測には，日米仏によって開発・運用された *HETE*-2（High Energy Transient Explorer 2）衛星が活躍した．これは2 keV以上のX線に感度を持つ装置で，2001年2月から2003年9月までの間に45個のバーストを検出し，そのうち16個がXRF，19個がGRBとの中間的な種族であるX線過剰GRB（X-ray rich GRB, XRR）であった．これらの種族の定義は物理的には曖昧だが，フルエンス比による *HETE*-2での定義は図2.16の通りである．XRFの$\varepsilon_{\rm pk}$は30 keV以下のものがほとんどとなる．

XRFは通常のGRBと同じ種族なのだろうか？ 低光度GRBを解釈した際と同様に，すべてのGRBを統一的に理解する立場からは，通常のGRBを斜めから観測したoff-axis説が提唱されている．またshock breakout説（31ページ）が有力な低光度GRBの060218もXRFに分類されることから，その他のXRFもshock breakoutが起源だという可能性も考えられる．

$E_{\gamma,\rm iso}$の分布からXRFの起源についてヒントが得られるかもしれない．しかし，距離がわかったXRFはそれほど多くない．XRF 020903は$z = 0.251$で起き

た $\varepsilon_{\mathrm{pk}} \simeq 5\,\mathrm{keV}$ の特別ソフトな X 線フラッシュで，その近い距離と小さめのエネルギー $E_{\gamma,\mathrm{iso}} \simeq 1.1 \times 10^{49}\,\mathrm{erg}$ は，低光度 GRB と同様の種族であることを示唆している．可視と電波で残光が確認されているが，off-axis であったという証拠は見つかっていない．$\varepsilon_{\mathrm{pk}} < 20\,\mathrm{keV}$ の XRF 031203 も $z = 0.105$，$E_{\gamma,\mathrm{iso}} \simeq 3 \times 10^{49}\,\mathrm{erg}$ と同様の種族に見える．一方，XRF 050416A は $\varepsilon_{\mathrm{pk}} = 15\,\mathrm{keV}$ だが，$z = 0.6528$ で $E_{\gamma,\mathrm{iso}} \simeq 1.2 \times 10^{51}\,\mathrm{erg}$ となり，こちらは通常の GRB に近い種族だと思われる．このケースも，可視・赤外，電波の残光には off-axis の兆候は見られなかった．

30 keV 付近を境としたフルエンス比だけで定義している今の段階では，XRF には複数の種族が混じっていると思われる．低光度 GRB との関連も含めて，更なる観測的研究の進展が待たれる．

2.4　各種の相関関係

残光の追観測などで距離がわかった GRB については，その固有の物理量が評価できる．さまざまな物理量の間には相関関係が見られるものもある．観測から得られた相関関係はバーストの物理機構のヒントを与えるだけではなく，距離指標として宇宙論の議論（6.6 節を参照）にも使える．しかし，観測的なバイアスによって見かけ上の相関が見えてしまうこともあるので，注意する必要はある．以下で即時放射に関する相関関係をいくつか見ていく．

ガンマ線エネルギーとピークエネルギー

図 2.17 は赤方偏移補正後の $E_{\gamma,\mathrm{iso}}$–$\varepsilon_{\mathrm{pk}}$ 関係である．明らかに正の相関があり，提唱者の名前を取ってアマティ（Amati）関係と呼ばれている．興味深いことに通常の長い種族の GRB に加えて，低光度 GRB や超長継続 GRB なども同じ関係に従っているように見える．図 2.17 の下側の帯はこれらの継続時間の長いサンプルに対する相関を 2σ の分散を含めて表している．この相関を表す関係式は

$$\varepsilon_{\mathrm{pk}} = 110^{+150}_{-60} \left(\frac{E_{\gamma,\mathrm{iso}}}{10^{52}\,\mathrm{erg}} \right)^{0.51 \pm 0.04} \mathrm{keV} \tag{2.5}$$

である．ここでも誤差は 2σ で表しているが，小さいとは言えない（常用対数 $\log \varepsilon_{\mathrm{pk}}$ に対する分散が $\sigma = 0.19$）．$\varepsilon_{\mathrm{pk}}$ がわかったとしても，$E_{\gamma,\mathrm{iso}}$ には 1 桁程度の不定性が出てしまう．

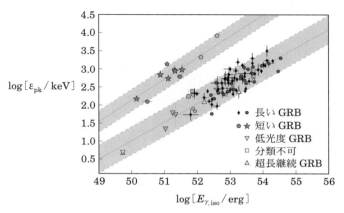

図2.17 *Swift* のサンプルに基づいた $E_{\gamma,\mathrm{iso}}$–$\varepsilon_{\mathrm{pk}}$ 関係（アマティ関係，Zaninoni *et al.* 2016, *MNRAS*, 455, 1375）．どちらの量も赤方偏移の補正をしてある．

短い GRB は明らかに他の GRB とは異なり，$\varepsilon_{\mathrm{pk}}$ が有意に大きそうである．今までの 10 個の短いバーストに基づく関係式は

$$\varepsilon_{\mathrm{pk}} = 2100^{+2000}_{-1100} \left(\frac{E_{\gamma,\mathrm{iso}}}{10^{52}\,\mathrm{erg}}\right)^{0.59\pm0.07} \mathrm{keV} \quad (2.6)$$

となる．

$E_{\gamma,\mathrm{iso}}$ と $\varepsilon_{\mathrm{pk}}$ に関する正の相関は，直観的・定性的には納得できる．衝撃波加速モデルで考えると，爆発規模が大きいときには，磁場や衝撃波のローレンツ因子も大きくなるであろう．光球モデルの立場でも，放射温度には光度との正の相関が期待できる．しかし，定量的レベルで，この相関を説明することには未だ成功していない．

光度とピークエネルギー

図 2.18 は 101 個の GRB に基づいた $\varepsilon_{\mathrm{pk}}$–$L_{\gamma,\mathrm{iso}}$ 関係である．これも明らかな正の相関があり，提唱者の名をとって Yonetoku（米徳）関係と呼ばれている．$\varepsilon_{\mathrm{pk}}$ は局所的な物理量で決まっているだろうから，時間積分して求まる $E_{\gamma,\mathrm{iso}}$ よりも，$L_{\gamma,\mathrm{iso}}$ と相関があると考える方が自然であろう．この図に描かれている相関は

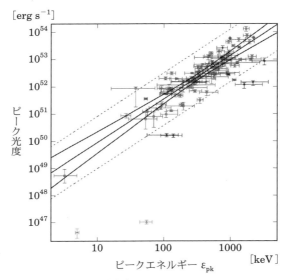

図2.18 $\varepsilon_{\rm pk}$-$L_{\gamma,\rm iso}$ 関係（Yonetoku *et al.* 2010, *PASJ*, 62, 1495）．破線は 3σ の分散に対応．下方に大きく外れているものは，低光度ガンマ線バースト．

$$L_{\gamma,\rm iso} = 2.7^{+8.5}_{-2.1} \times 10^{52} \left(\frac{\varepsilon_{\rm pk}}{355\,{\rm keV}}\right)^{1.60\pm 0.082}\,{\rm erg\,s^{-1}} \tag{2.7}$$

である．上の式での誤差は 2σ としている．この相関の場合は長い GRB も短い GRB も同じような分布になっている．一方，低光度 GRB は相関から外れており，同じ $\varepsilon_{\rm pk}$ に対して $L_{\gamma,\rm iso}$ は低い値を示している．この相関も $\log L_{\gamma,\rm iso}$ に対する分散が 0.33 と大きく，予言能力という意味ではそれほど強力ではない．アマティ関係と同様に，物理的解釈もまだ成されていない．

より複雑な組み合わせに対して同様の関係を探す試みも多い．たとえば $\varepsilon_{\rm pk}$, $L_{\gamma,\rm iso}$ に加えて継続時間などのさらなる物理量を取り入れ，3 つの量に対する相関を議論する人々もいる．こうすることで分散を小さくして，相関関係をより強力な距離指標として使うためである．

光度とパルスに関する時間スケール

低いエネルギーと高いエネルギーに分けて光度曲線を描いてみると，図 2.19 に見られるように，低いエネルギーのパルスのピーク時刻は，高いエネルギーと比

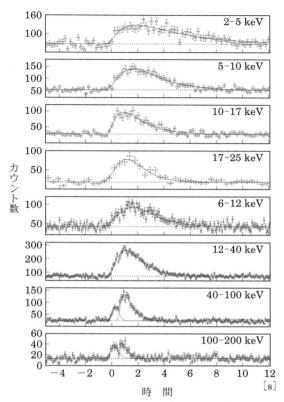

図2.19 エネルギー毎に描いた GRB 021211 の光度曲線（Arimoto et al. 2010, *PASJ*, 62, 487）．

べて遅れる傾向がある．この遅延に対しては，シンクロトロン放射に伴う電子の冷却により，典型的な電子のエネルギーが減少していき，その結果徐々にスペクトルが低エネルギー側に進化しているという解釈がある．別な解釈としては，最初はジェット正面の最も強く相対論的ビーミング[*3]を受けている光子を観測しているが，外縁部のビーミングが弱い部分の放射が徐々に後から見えてくるというものもある．この場合，ジェットの中心軸と視線方向がずれていると，その遅延の度合いも大きくなる．

この異なるエネルギー間のパルス遅延にも相関があるとされる．2つの光度曲

[*3] 相対論的運動により，光子が前方に集中し，明るく観測される効果．

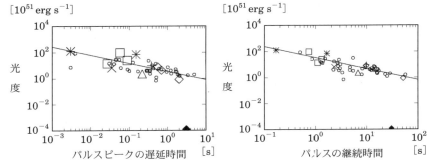

図 2.20 パルスに関係した時間スケールと光度の相関（Hakkila et al. 2008, *ApJ*, 677, L81）.（左）横軸は BATSE の 25–50 keV と 100–300 keV の間でのパルスピークの遅延時間,（右）横軸はパルスの継続時間.

線の相互相関関数を求めて，遅延を求める方法もあるが，パルス波形を関数でフィットして，各々のピーク時刻を決める方法もある．パルス波形としてよく使われるのが，$t=0$ をパルス開始時刻として，

$$I(t) = A\exp\left[-\frac{\tau_1}{t} - \frac{t}{\tau_2}\right] \tag{2.8}$$

とする関数形である．ノリス（Norris）らが 2005 年に採用したものである．図 2.19 のパルスもこの関数でフィットされている．こうするとパルスのピーク時刻は $t_{\rm pk} = \sqrt{\tau_1\tau_2}$，パルスの継続時間は $\tau_{\rm dur} = 3\tau_2\sqrt{1+(4/3)\sqrt{\tau_1/\tau_2}}$ と定義できる．

こうして各パルス毎にピーク時刻を求め，2 つのエネルギーバンド間での時差 $\varDelta t_{\rm pk} = \tau_{\rm lag}$ を遅延時間としてプロットしたのが，図 2.20 の左に示されている．ここでは BATSE の 2 つのバンド間で遅延時間を定義している．パルス光度との間に次のような負の相関

$$L_{\gamma,\rm iso} = 3.5\times 10^{51}\left(\frac{\tau_{\rm lag}}{\rm s}\right)^{-0.62}\,{\rm erg\,s^{-1}} \tag{2.9}$$

が見えている．つまり明るいパルスほど遅延は少なく，2 つのバンドのパルスは，よく同期していると言える．

この相関に対しても定量的な説明はなされていない．ジェットに対する視線方

向の傾きが大きいと遅延も大きくなり，明るさも暗くなるであろうから，そのような幾何学的な解釈とは定性的には合致している．明るいパルスでは磁場も強いだろうから，シンクロトロン放射による冷却が瞬時に効くので，ジェット自体の時間スケールに比べて冷却時間は無視でき，異なるエネルギー間でパルス形状に差が出にくいのかもしれない．あるいは，明るいものはジェットのローレンツ因子が大きく，強いビーミングでジェットの辺縁部分からの放射の寄与が小さいのかもしれない．ただし，明るいものほど高統計で光度曲線が描けるので，ピーク時刻の決定精度も高くなる．観測的なバイアスの効果も慎重に考慮すべきである．

図 2.20 の右はパルス光度とパルス継続時間 τ_dur の相関で，

$$L_{\gamma,\mathrm{iso}} = 3.4 \times 10^{52} \left(\frac{\tau_\mathrm{dur}}{\mathrm{s}}\right)^{-0.85} \mathrm{erg\,s^{-1}} \tag{2.10}$$

の関係があるとされる．つまり鋭いパルスほど明るいという傾向である．$L_{\gamma,\mathrm{iso}}\tau_\mathrm{dur} \propto \tau_\mathrm{dur}^{0.15}$ となるので，放射エネルギーはパルスの幅にほとんど依存しないとも言い換えられる．

光度とパルス変動

変動の激しいバーストほど明るいという傾向も報告されている．ただし，光子カウントのデータ列から変動の激しさを定量化する方法は自明ではないので，解

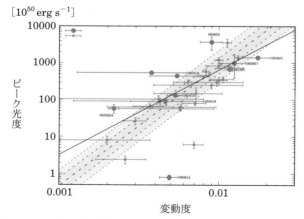

図2.21　光度と変動度の相関（Rizzuto *et al.* 2007, *MNRAS*, 379, 619）．変動度の定義については，本文を参照．

析方法によって結果は異なる．図 2.21（51 ページ）で使われている変動度の定義は以下の通りである．まず全体の 45% の光子数を含む最短の区間を探し，この区間の長さを平滑時間スケールとする．各データ点前後の平滑時間スケールのデータを用いて，その区間のデータを 3 次多項式でフィットし，データを平滑化していく．生データとこの平滑化された線との差から分散を求め，データの最大値で規格化したものを変動度 $\hat{V}$ とする．平滑時間スケールや多項式の次数など自明ない量が多く，万人を納得させる手法とは言い難いが，とりあえずこの定義では $L_{\gamma,\mathrm{iso}} \propto \hat{V}^{3.25}$ なる相関になったようである．

2.5 高エネルギーガンマ線放射

2008 年に打ち上げられた *Fermi* 衛星には，GBM に加えて，100 MeV–300 GeV に感度を持つ Large Area Telescope（LAT）が搭載されていて，典型的な $\varepsilon_{\mathrm{pk}}$ よりもはるかに高エネルギーの光子を GRB から検出している．光球モデルを仮定すると，$\varepsilon_{\mathrm{pk}}$ 前後の光子は非相対論的な電子によるコンプトン散乱で放つことができるので，GRB 放射自身は必ずしも相対論的粒子が存在する直接的な証拠ではなかった．しかし *Fermi*/LAT による即時放射からの GeV 程度のエネルギーをもつ光子（GeV 光子）の検出は，相対論的なエネルギーにまで加速された粒子が存在していることを強く支持している．

最初の 3 年間で *Fermi*/GBM は 733 個の GRB を検出し，そのうち 28 個で 100 MeV 以上のガンマ線を検出している．さらにそのうちの 3 つが短い種族の GRB であった．*Fermi*/LAT で検出されていない GRB が多数派なのだが，不検出によって見積もられた GeV 領域でのフラックスの上限は，ほとんどの場合，MeV 領域の観測で決められた Band 関数からの外挿と無矛盾である．一部の明るいバーストで，観測条件に適ったものだけが検出されているようだ．

図 2.22 は非常に明るいバースト GRB 090926A の光度曲線である．一番下のパネルが 100 MeV 以上の光子カウントで，5 MeV 以下での光度曲線と比べて，その開始が遅れている．*Fermi*/LAT で検出された多くの GRB が，GeV 領域で放射開始の遅延傾向を見せる．これは keV–MeV 領域で見られる hard-to-soft の進化（43 ページ参照）傾向とは逆である．ジェットが星を突き破った直後は，熱的な放射が支配的なため，高エネルギー放射が抑えられ，その後，外側で衝撃波散逸

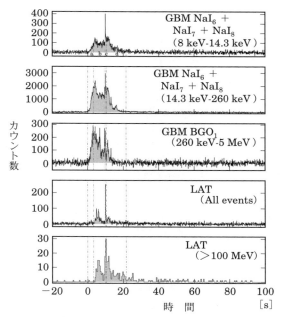

図2.22 GRB 090926A の光度曲線（Ackermann *et al.* 2011, *ApJ*, 729, 114）．GBM については，3 つのエネルギー帯域に分け，LAT はエネルギー決定精度の良い 100 MeV 以上のデータと，すべての検出をプロットしたものの 2 つに分けている．

や磁気再結合を起こし，遅れて非熱的な放射が可能になっているのかもしれない．

スペクトルは，図 2.23 の GRB 080916C の場合のように，10 GeV 以上にまで渡って単一の Band 関数でフィットできることもあるが，GRB 141207A のように，GeV 領域で別のスペクトル成分を持つことも多い．この別成分の起源として，シンクロトロン自己コンプトン放射[*4]，あるいは加速された陽子が光子との衝突でパイ中間子を生成し，そこからガンマ線を放っているとするハドロン説（4.7.2 節参照）などが議論されいてる．逆コンプトンの種光子として，ジェットを包み込むように存在している，繭状のガス（コクーン）からの熱的放射を考えても良いかもしれない．コクーンはジェット伝播の数値シミュレーションで普遍的に見えるもので，ジェットの先端から横方向に逃げ出したガスによって形成さ

[*4] シンクトロンで放たれた光子を高エネルギー電子が散乱して高エネルギーに叩き上げる放射．

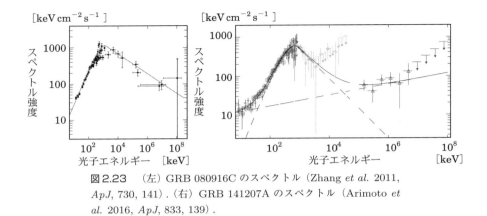

図2.23 （左）GRB 080916C のスペクトル（Zhang et al. 2011, ApJ, 730, 141）．（右）GRB 141207A のスペクトル（Arimoto et al. 2016, ApJ, 833, 139）．

れる．GeV 光子の遅延はジェットとコクーンとの間の幾何学的な配置によって説明できるかもしれない．

図 2.23 の GRB 141207A のスペクトルは，GeV 領域の超過を Band 成分とは独立の冪乗成分でフィットできる．興味深いことに，この冪乗成分は低エネルギー側の超過（100 keV 以下）も同時に説明している．これと同様に，Band 成分の高エネルギーと低エネルギーの両側に超過成分があり，単一の冪乗成分で両方の超過を説明できるバーストがいくつか見つかっている．シンクロトロン自己コンプトン放射モデルでは，Band 成分の高エネルギー側だけに超過成分を成す．一方，ハドロン起源の場合，高エネルギーガンマ線が二次的な電子・陽電子対を生成し，さらにそこから低エネルギーのシンクロトロン放射が放たれる（カスケード過程）．ハドロン起源によるカスケード放射は，広帯域で放射を放つ別成分を作るのに好都合である．

4.7 節に詳しい議論があるが，GeV を超える高エネルギー光子が，電子・陽電子対生成を起こさずに，光源から脱出するためには，光源のローレンツ因子 Γ が充分大きくなくてはいけない．GeV 光子が検出された GRB の中には，要求される Γ が 900 以上というものもある．GRB 090926A では GeV 付近にスペクトルのカット・オフが検出され，これを電子・陽電子対生成による吸収だと解釈すると，要求される値は $\Gamma > 200$ であった．

GeV 放射の起源は即時放射とは異なり，残光からの放射なのかもしれない．

$\Gamma \gtrsim 1000$ のような速いジェットでは，残光の開始時刻が早くなる（4.8.4 節参照）．即時放射の最中に残光が開始され，そこから GeV 放射が来ていると考えると，GeV 放射の遅延と広帯域の別成分スペクトルの両方を説明できる．ただし，図 2.22 の 100 MeV より上での光度曲線を見ると，低エネルギー側の光度曲線とよく同期しているように見える．よって少なくとも 100 MeV までは，残光だけではなく，即時放射と同じ起源の放射が寄与していると考えられる．しかし，現在の光子統計では，1 GeV 以上の光子の起源が即時放射と同じか，残光のような別起源かを区別することはできない．

高エネルギーガンマ線が大気中でシャワー反応を起こすのを観測するチェレンコフ望遠鏡は，数十 GeV から 100 GeV 領域に大きな有効面積を持つ．CTA 計画のように，望遠鏡を複数台並べて観測することで，GRB から大量の光子を検出できるかもしれない．この高い光子統計を生かして，MeV と数十 GeV 領域の変動の相関をとることで，高エネルギー放射の起源に決着をつけることができるだろう．

2.6 偏光観測

コンプトン散乱の散乱角異方性から，ガンマ線の偏光度を測ることができる．検出器の中の静止している電子に，エネルギー ε の直線偏光している光子が入射し，散乱角 θ で散乱される場合を考える．このとき散乱後の光子エネルギー ε_1 は，エネルギーと運動量の保存より，

$$\varepsilon_1 = \frac{\varepsilon}{1 + \frac{\varepsilon}{m_e c^2}(1 - \cos\theta)} \tag{2.11}$$

である．図 2.24 に示すように，入射光子の偏光面が散乱方向に対して角度 ϕ だけ傾いているとき，散乱確率の角度依存性は

$$\frac{d\sigma}{d\Omega} \propto \left(\frac{\varepsilon_1}{\varepsilon}\right)^2 \left(\frac{\varepsilon}{\varepsilon_1} + \frac{\varepsilon_1}{\varepsilon} - 2\sin^2\theta\cos^2\phi\right) \tag{2.12}$$

と書ける．上の式は $\phi = \pi/2$ で最大となる．つまり，偏光面と垂直方向に散乱される確率が最も高い．この散乱角分布を測定することで，直線偏光度を見積もることができる．

高い直線偏光が検出された場合，その最も自然な解釈はシンクロトロン放射

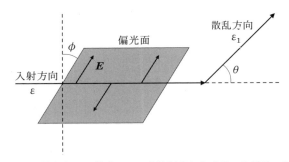

図2.24 散乱角 θ で散乱される直線偏光した光子．入射時の偏光面（電場を含む面）は，入射方向と散乱方向で定義される平面に対して角度 ϕ だけ傾いている．

である．一様磁場を仮定し，電子の冪指数を $p \simeq 2$ としたときの偏光度 $\Pi = 100(p+1)/(p+7/3)\% \simeq 70\%$ [*5] が理論的な最大値に近い．ただし，もし磁場エネルギー密度が物質のエネルギー密度よりも低ければ，放射領域での磁場は乱流によって相当乱されて，偏光は抑えられるであろう．磁場優勢で，中心エンジン周囲の揃った磁場構造を放射領域まで保ったまま引きずっていければ，一様磁場に近い状況でのシンクロトロン放射が期待できる．電子による散乱も偏光を作り出せるが，ジェットを斜めから見るなどして，対称性を崩した場合に限られる．かなり理想的な条件でも散乱で実現できる偏光度はせいぜい20%以下で，控えめに計算すると期待される値は数%になってしまうと思われる．また，斜めからジェットを見た場合は，相対論的ビーミング効果（95ページ参照）のために，放射が暗くなることが期待される．

太陽フレアを観測する衛星 RHESSI が GRB 021206 を検出した際の 150 keV–2 MeV のデータから，$\Pi = 80 \pm 20\%$ という非常に高い直線偏光度が報告されたことがある．この GRB は $10^{-4}\,\mathrm{erg\,cm^{-2}}$ を超える明るさを持っており，ジェットを比較的正面から見ていると期待できるので，一様磁場によるシンクロトロン放射を支持しているように見える．しかし，後に独立のグループが GRB 021206 のデータを再解析したところ，有意な偏光度は検出されなかった．観測装置の中での散乱方向を決めるには，一つの光子が二つの検出器にシグナルを落とさなければならないのだが，そうした散乱候補イベントの抽出法が最初の解析では不適切

[*5] シリーズ現代の天文学『天体物理学の基礎 II』参照．

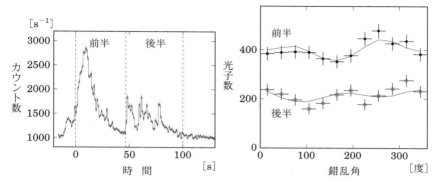

図 2.25 （左）GRB 100826A の光度曲線．（右）そこでの散乱光子の角度分布．実線はモンテカルロシミュレーション．Yonetoku et al.2011, ApJ, 743, L30 より．

であったために，誤った偏光度を検出してしまったとされている．

今までのところ，最も確からしい偏光の検出は，IKAROS/GAP によるものである．IKAROS は日本の JAXA が打ち上げた太陽電力セイル実証機で，そこに搭載されたガンマ線偏光検出器が GAP である．GAP が検出した GRB 100826A のフルエンスは $3 \times 10^{-4}\,\mathrm{erg\,cm^{-2}}$ で，GRB の上位 1% に入る明るさであった．ジェットを斜めから見ているイベントではないであろう．その光度曲線は図 2.25 にある．光度曲線を前半と後半に二分し，その散乱光子の角度分布をモンテカルロシミュレーションの結果と比べている．この解析結果では，70–300 keV の光子に対して，前半部分が $25 \pm 15\%$，後半部分は $31 \pm 21\%$ の偏光度で，偏光角が前半と後半で約 90 度回転している．このバーストの $\varepsilon_{\mathrm{pk}}$ は 600 keV と報告されているので，偏光は Band 関数の低エネルギー区間に対して検出されたことになる．低エネルギー側の冪指数は $\alpha = -1.3 < -2/3$ だったので，シンクロトロン放射と考えても大きな矛盾はない．

この後，IKAROS/GAP は GRB 110301A から $\Pi = 70 \pm 22\%$，GRB 110721A から $\Pi = 84^{+16}_{-28}\%$ の偏光を検出した．どちらも $3 \times 10^{-5}\,\mathrm{erg\,cm^{-2}}$ 程度の充分明るいバーストだったが，前者は $\varepsilon_{\mathrm{pk}}$ が 110 keV 以下で，主に $\varepsilon_{\mathrm{pk}}$ よりも高いエネルギー範囲の偏光を測ったのに対し，後者は $\varepsilon_{\mathrm{pk}} = 400\,\mathrm{keV}$ で，低エネルギー側の測定になっている．

IKAROS とは独立に，INTEGRAL 衛星に搭載されたガンマ線撮像装置 IBIS

を用いた解析も，高い偏光を報告している．GRB 061122 ($E_{\gamma,\mathrm{iso}} \sim 3 \times 10^{52}$ erg, $\varepsilon_{\mathrm{pk}} = 220$ keV, $\alpha = -1.15$) に対して，250–800 keV の領域で $\Pi > 33\%$, GRB 140206A ($E_{\gamma,\mathrm{iso}} \sim 1.5 \times 10^{54}$ erg, $\varepsilon_{\mathrm{pk}} \sim 100$ keV, $\alpha \sim -1$) の場合は 200–400 keV で $\Pi > 28\%$ であった．

IKAROS と INTEGRAL によって検出されたこれらのバーストは，明るいものばかりで，ジェットを正面から観測できたサンプルだと思われる．観測領域が $\varepsilon_{\mathrm{pk}}$ よりも上であっても下であっても，高い偏光が確認できており，エネルギー領域に依らずシンクロトロン放射が卓越していると結論できそうである．

光子統計の問題もあり，今までは比較的明るいバーストだけで偏光が検出されてきた．偏光の下限がつけられたバーストはあるが，上限のみをつけられたバーストはまだない．低い偏光のバーストが確認されれば，放射メカニズムに多様性がある可能性がある．今後は偏光に対する感度がより高い検出器を用いて，統計的に偏光を議論する必要があるであろう．特に $\alpha > -2/3$ のシンクロトロンとは矛盾するようなバーストでは，光球モデルが有力なので，その偏光度は低くなると期待される．

2.7 可視光閃光

Fermi が打ち上げられ，広帯域のスペクトルを提供するようになってから，図 2.15 の GRB 090902B や，図 2.23 の GRB 141207A のように，Band 成分の低エネルギー側に超過が見られる GRB がいくつか見つかっている．可視光領域にも別なスペクトル成分を持つような GRB はあるだろうか？ シンクロトロン放射モデルでは，可視光領域は自己吸収（4.5.3 節参照）が効いている可能性が高い．しかし，衝撃波が充分外側で起きれば吸収は回避できるし，光球モデルでは磁場が弱くても良いので，吸収は抑えられるかもしれない．

可視光で即時放射が検出された GRB はそれほど多くない．図 2.26 にある GRB 990123 が，即時放射の期間中に可視光が検出された最初のバーストである．これは 5×10^{-4} erg cm^{-2} に達する非常に明るいバーストだったが，低エネルギー側のスペクトル指数が $\alpha = -0.57 \pm 0.06$ とシンクロトロン放射の限界に近い，特異な値であった．このスペクトルを可視光まで外挿したものよりも，はるかに明るい閃光が ROTSE によって観測された．ROTSE（Robotic Optical Transient Search

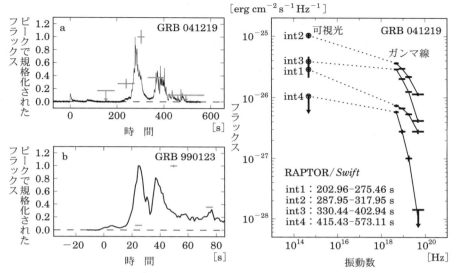

図 2.26 （左上）GRB 041219A と（左下）GRB 990123 のガンマ線（実線）と可視光（データ点）の光度曲線．（右）GRB 041219A の広帯域スペクトル．Vestrand et al. 2005, Nature, 435, 178 より．

Experiment）は，米国ロスアラモスに設置された望遠鏡で，口径 35 mm のキャノンのカメラ用レンズを 4 本並べただけの簡易なシステムである．$16° \times 16°$ の広い視野を生かし，GCN の通報を受けて，バースト開始 22 秒後から観測することができた．GRB 990123 は可視光で 9 等級もの明るさに達したので，わずか 5 秒の積分で測光することが可能であった．このバーストの場合，図 2.26 にあるように，ガンマ線の光度曲線と可視光の光度曲線の相関が弱かった．したがってこの可視光閃光（optical flash）は，即時放射起源ではなく，ジェットと星間物質の相互作用による逆行衝撃波（4.8.4 節を参照）からの放射だと解釈された．

次に可視光を検出したのは，米国ロスアラモス近郊に設置された RAPTOR (RAPid Telescopes for Optical Response) であった．RAPTOR は 2 台の望遠鏡からなり，それぞれ 5 本のキャノンのレンズを組み合わせたシステムであった．検出された GRB 041219A（図 2.26 の（左上））の可視光光度曲線は，ガンマ線と良い相関を示しており，これは即時放射と同じ起源を持つと考えられる．この

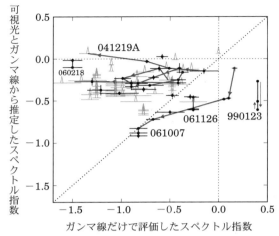

図 2.27 可視光とガンマ線の観測に基づくスペクトル指数の散布図（Yost *et al.* 2007, *ApJ*, 669, 1107）．指数は $F(\varepsilon)$ についての値であることに注意．つまり Band 関数の指数 α を用いると，$\alpha+1$ の値を示している．横軸はガンマ線領域のスペクトル指数で，縦軸はガンマ線と可視光の明るさを比較して求めた実効的な指数．三角の印は可視光で不検出のサンプルを意味し，縦軸の値に対する下限を与えている．

バーストも $10^{-4}\,\mathrm{erg\,cm^{-2}}$ を超える明るいバーストで，図 2.26 のスペクトルに示されているように，可視光のデータはガンマ線スペクトルを低エネルギーに外挿したものと大きくは矛盾しない．

観測しても可視光で検出されない GRB も多数存在する．ROTSE を改良した ROTSE-III の結果が図 2.27 にまとめられている．可視光で検出されたサンプルが濃い印で表され，不検出のサンプルは薄い三角形で表現されている．横軸は式 (2.4) の Band 関数の指数を用いると，$\alpha+1$ の値と等価．縦軸は可視光とガンマ線の明るさを冪乗則で結んだときの指数．点線の対角線よりも上では，ガンマ線領域の外挿よりも可視光が暗いということを意味している．この領域に不検出サンプルが分布している．それらはシンクロトロン自己吸収によって，可視の放射が抑えられている GRB だと考えて矛盾はない．ガンマ線と同期した可視閃光が観測された GRB 041219A もこの領域にある．GRB 041219A の可視光はガンマ線の外挿よりは若干暗いのだが，光子数スペクトルの冪指数に直して -1.5 程

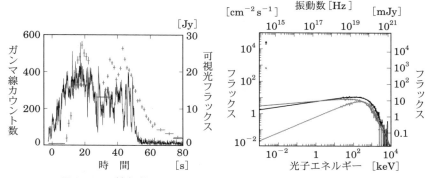

図 2.28 （左）裸眼 GRB 080319B の光度曲線と（右）スペクトル．Racusin *et al.* 2008, *Nature*, 455, 183 より．光度曲線は実線がガンマ線，十字が可視光．

度の値は，シンクロトロン放射の冪指数と無矛盾である．逆に対角線よりも下側のサンプルは，ガンマ線領域の外挿よりも明るい可視光が受かったバーストである．逆行衝撃波からの放射だと解釈されてきた GRB 990123 がここにある．下側のバーストは可視光で別成分が必要なのだが，GRB 990123 と同様に即時放射起源ではない成分なのだろうか？

ポーランドを中心とするチームがチリに設置した Pi of the Sky は，広い視野をカバーするために 32 本のレンズを並べたシステムである．この Pi of the Sky と欧露が同じくチリに設置した 120 mm 鏡を備えた TORTORA が GRB 080319B からの可視光放射を捕えた（図 2.28）．肉眼でも見ることが可能な 6 等級よりも明るくなったため，裸眼 GRB（naked-eye GRB）と呼ばれている．明らかにガンマ線放射と相関した光度曲線になっており，その起源は共通だと思われる．ただし，放射の開始はガンマ線よりも少し遅れているし，後半にはガンマ線よりも長い尾を引いている．ガンマ線を Band 関数でフィットすると，$\alpha = -0.5$ から -0.9 の間で変動する一方，高エネルギー側の冪指数は $\beta < -3$ とかなりソフトな値であった．可視光のフラックスは，ガンマ線からの外挿よりも数桁明るい．よって可視光は Band 成分とは異なるスペクトル成分だが，その起源は即時放射と同じということになる．

こうなってくると，逆行衝撃波起源とされていた GRB 990123 の可視光閃光も即時放射起源の可能性が出てきている．そもそも衝撃波加速によるシンクロト

ン放射では，その放射エネルギーが MeV 領域に限られる理由はまったくなく，可視光を放つ衝撃波が混ざっていても不思議ではない．あるいは，GeV の超過成分の議論と同様に，ハドロン起源によるカスケード放射という解釈も成り立つ．裸眼 GRB は $E_{\gamma,\mathrm{iso}} = 1.3 \times 10^{54}\,\mathrm{erg}$ の特に明るい GRB である．ガンマ線成分の大きな α の値も光球モデルを示唆しており，可視光閃光は一部の特殊な GRB に付随するものなのかもしれない．

第3章

残光の観測

　残光（afterglow）とは本来，日没直後の淡く光が残る空の状態を指す．英米では転じて，喜ばしい記憶の心地よい余韻を意味することもある．ガンマ線バーストの残光は，そのような情緒的なものではなく，壮絶な爆発現象である即時放射の直後に続く，徐々に減光する点源である．残光は相対論的なエネルギー放出が起きた証拠，スモーキング・ガン（動かぬ証拠）であり，これが確認されたことで，バーストが宇宙論的な距離で起きている現象だと判明した歴史がある．それだけではなく，残光自体も興味深い物理現象である．残光は相対論的な衝撃波における粒子の加速と電磁波放射のユニークな現場となっている．即時放射と同様，残光もバースト毎に多様な個性を見せる．

　残光は様々な波長で観測される電磁波放射で，数日から数か月に渡って徐々に減光していく様子が観測されている．4.8節で詳しく解説することになるが，標準的な物理モデルは外部衝撃波（external shock）モデルと呼ばれるものである．即時放射の爆発に伴う放出物が，星間空間あるいは星周物質を伝播する相対論的速度（初期ローレンツ因子 Γ_0 が100以上）の衝撃波を形成する．この衝撃波で加速された電子からのシンクロトロン放射が，衝撃波の減速とともに徐々に暗くなっていく様子が，残光として観測されているのだと解釈されている．衝撃波が密度一定の星間物質を伝播する場合と，爆発前の星風起源の星周物質（外側で徐々に密度が下がっていく）を伝播する場合では，異なった残光放射の振る舞いが予測されている．

この標準モデルのパラメータは，巨視的な量として，即時放射を放った後のジェットの全エネルギー $E_{\rm iso}$（球対称換算）と星間物質の密度 $n_{\rm ex}$ の2つ，プラズマ物理の詳細に依存する微視的な量として，衝撃波で散逸されたエネルギーのうち，加速電子と磁場に運ばれるエネルギーの割合（それぞれ ϵ_e, ϵ_B）と加速電子注入時のエネルギー分布の冪指数 p の3つ，計5つである．放たれる光子スペクトルには，上記のパラメータで決まる3つの特徴的エネルギー $\varepsilon_{\rm a}, \varepsilon_{\rm m}, \varepsilon_{\rm c}$（それぞれの意味は 4.8.2 節参照）がある．これらのエネルギーは衝撃波の減速と共に進化していき，観測波長を通過した際には，減光の度合いが変化すると期待される．初期には $\varepsilon_{\rm c} < \varepsilon_{\rm m}$ となることが期待され，注入された電子は即座に放射によって冷える．この時期を急速冷却期と呼ぶ一方，後期には $\varepsilon_{\rm m} < \varepsilon_{\rm c}$ となり，高エネルギーの一部の電子にしか冷却の効果が現れない，弛緩冷却期に移ると考えられている．

観測で捉えられた例は少ないが，当然のことながら，最初期には増光している時期がある．この間は衝撃波が減速を受けずに伝播している．残光光度がピークになる時間から，放出物の初期ローレンツ因子 Γ_0 を見積もることができる．一方，後期残光を特徴づけるパラメータとして，ジェットの初期開口角 θ_0 がある．初期には細く絞られていたジェットも，後期には横方向にも膨張を開始する．これをジェットブレイクと呼ぶが，この後，残光は急激に暗くなり始め，そのタイミングから θ_0 を評価することが可能となる．

この章では残光の観測的な特徴について紹介し，標準理論として確立している上記の外部衝撃波モデルの予測と比較していくが，最近の観測はより複雑なモデル，具体的には複数の放射源を要求することが多い．衝撃波は星間物質だけではなく，爆発時の放出物にも伝播し（逆行衝撃波），可視光などを放つと期待されている．あるいは，ジェットは速度の速い中心部と，それを鞘状に包む外側の遅い成分の2層構造になっているのかもしれない．このような発展したモデルの必要性もこの章で議論する．

3.1　光度曲線

残光からは徐々に減光していく（電波では初期には増光）光度曲線が得られている．この節では，様々な波長における残光の光度曲線について議論する．

3.1.1 X線残光

最も確実に検出されている残光は，X線残光である．X線は可視光とは異なり，母銀河での吸収の効果も小さく，追観測さえすればほとんどのバーストに対して検出することができる．1997年の初検出以降は *BeppoSAX*，2005年以降は *Swift*/XRT によって主に観測されている．時には大型のX線観測衛星の Chandra や XMM-Newton などでも追観測が行われてきた．図3.1 に 111 個のバーストのX線光度進化を重ねて書いている．典型的には t^{-1} から $t^{-1.8}$ 程度の冪乗則に従って減光していくが，この図にあるように，ふらついた光度曲線を見せるものも多い．星間空間を伝播する衝撃波で注入される，電子のスペクトルの冪を p とすると，X線光度の減光の冪指数は $(3p-2)/4$ と期待される（4.8.2節参照）．観測が示す減光の冪指数から，$p = 2\text{-}3$ という値が求まり，衝撃波によるフェルミ加速理論と大きくは矛盾しないように見える．ただし，冪指数はバースト毎に異なっており，この多様性が何に起因しているかは謎である．

また，X線光度にも 2-3 桁のばらつきがあるのが見て取れる．図に明記されて

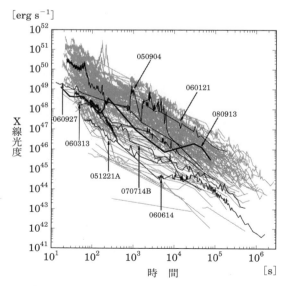

図3.1 赤方偏移がわかっている 111 個のバーストのX線残光の光度の進化（Greiner *et al.* 2009, *ApJ*, 693, 1610）．

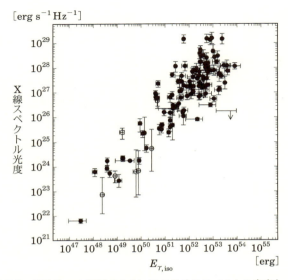

図3.2 爆発後，11 時間での 5 keV におけるスペクトル光度と，即時放射で解放されたエネルギー $E_{\gamma,\text{iso}}$（Nysewander *et al.* 2009, *ApJ*, 701, 824）．観測者系ではなく，バースト源静止系での値．

いる GRB 051221A, 060313, 060121, 070714B は短い種族の GRB である．GRB 060121 を除いて，明らかに残光としては暗い部類に属している．爆発時に放出しているエネルギーが小さ目であることと，爆発している環境が低密度であることを示唆していると思われる．さらにこの図では，高赤方偏移のバースト，GRB 050904（$z = 6.3$），060927（$z = 5.5$），080913（$z = 6.7$）も明記されている．低赤方偏移のバーストと比べて，特に特異な傾向は見られないようである．

図 3.2 にあるように，即時放射のガンマ線エネルギー $E_{\gamma,\text{iso}}$ が高いほど，X 線残光も明るいという傾向がみられる．この図の結果から，常用対数を用いて，長い種族のバーストに対しては，

$$\log\left(\frac{F_{\text{X},11}}{\text{erg s}^{-1}\,\text{Hz}^{-1}}\right) \simeq -27.32 \pm 3.73 + (1.05 \pm 0.07)\log\left(\frac{E_{\gamma,\text{iso}}}{\text{erg}}\right), \quad (3.1)$$

短い種族に対しては

$$\log\left(\frac{F_{\text{X},11}}{\text{erg s}^{-1}\,\text{Hz}^{-1}}\right) \simeq -25.18 \pm 10.54 + (1.00 \pm 0.21)\log\left(\frac{E_{\gamma,\text{iso}}}{\text{erg}}\right) \quad (3.2)$$

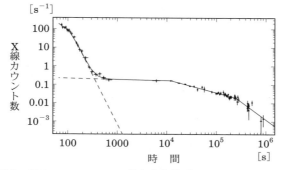

図 3.3 GRB 050315 の X 線光度曲線（Vaughan *et al.* 2006, *ApJ*, 638, 920）．

となる関係が得られた．ここで $F_{X,11}$ は爆発 11 時間後の 5 keV における，スペクトル光度である．分散が大きいとはいえ，長いものも短いものも同じ関係に従っているように見える．残光光度は主に爆発の規模で決まっているようだ．

Swift が観測を開始する以前は，X 線残光は爆発後数時間経ってから観測が開始されていた．この時代には，後述するジェットブレイクが起きるまでは，多少のふらつきはあるものの，X 線残光は単純な冪乗則に従って進化すると考えて無矛盾であった．しかし，*Swift* によって爆発直後の X 線残光が得られると，標準的な外部衝撃波モデルによる予言は裏切られることとなった．

図 3.3 は *Swift* によって得られた光度曲線の典型的な例である．急激な X 線の減衰が見られる最初の数百秒間は，4.8.4 節で議論されることとなる，急激減衰期（steep decay phase）にあたる．この例だと $t^{-5.2^{+0.4}_{-0.5}}$ に比例して減光している．これは外部衝撃波起源とは思われておらず，即時放射の尻尾を見ていると解釈されている．これに続いて，10^4 秒程度続くのが，緩慢減衰期（shallow decay phase）である．典型的には $t^{-0.5}$ 程度で減衰し，数千秒から 1 万秒ほど続くものが多い．この図の例では減衰の指数として 0.4 以下という制限が得られており，ほぼ一定の明るさと考えて良い．これは *Swift* 以前には予想されていなかった振舞いで，初期残光が後期残光の外挿よりも，はるかに暗いと言うことを意味する．

衝撃波が減速しているにも関わらず光度がほとんど変化しないということは，残光の放射体にエネルギーが注入され続けていると解釈される．中心エンジンが数千秒から 1 万秒に渡って活動していることになり，マグネターの回転エネ

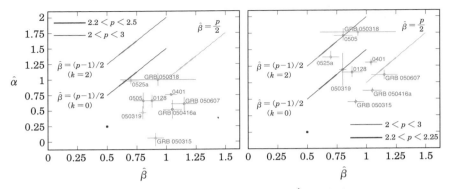

図3.4 残光の減光冪指数 $\hat{\alpha}$ とスペクトル指数 $\hat{\beta}$ の分布（Nousek et al. 2006, ApJ, 642, 389）. 左は緩慢減衰期, 右は通常減衰期に対するもの. $k=0$ が一様星間物質モデル, $k=2$ が星風モデルに対応.

ギーが徐々に注入されているといったモデルも提案されている．しかし，今のところ緩慢減衰期を説明する，確定したモデルはないと言ってよい．

緩慢減衰期に続くのが，いわゆる通常の残光（通常減衰期，normal decay phase）で，この GRB 050315 の場合は減衰の冪指数が 0.71 ± 0.04 と，通常よりも緩やかな減光であった．2.5×10^5 秒付近に最後の折れ曲がりが見られる．これは後述するジェットブレークと解釈され，冪指数は $2.0^{+1.7}_{-0.3}$ であった．

減衰していく残光のフラックスを $F \propto \varepsilon^{-\hat{\beta}} t^{-\hat{\alpha}}$ と表そう．4.8.2 節で説明される標準的なモデルでは，弛緩冷却期（$\varepsilon_m < \varepsilon_c$）を仮定して，X 線領域で放射冷却が効いていない場合（X 線のエネルギー ε_X が ε_c より下）には $\hat{\beta}=(p-1)/2$, 効いているとき（$\varepsilon_c < \varepsilon_X$）は $\hat{\beta}=p/2$ となる．一方減光の冪指数はそれぞれ $\hat{\alpha}=3(p-1)/4, (3p-2)/4$ となるので，$\hat{\alpha}$ と $\hat{\beta}$ の間には，冷却が効いていないときに $2\hat{\alpha}=3\hat{\beta}$, 効いているときには $2\hat{\alpha}=3\hat{\beta}-1$ となる結束関係（closure relation）が保たれているはずである．上の関係は星間物質の密度が一定の場合だったが，星からの星風を起源とする r^{-2} に比例する密度分布の場合は，冷却が効いていないときに $2\hat{\alpha}=3\hat{\beta}+1$ となる．

図 3.4 にあるように，緩慢減衰期の減光冪指数とスペクトル指数は，上で述べた結束関係を満たしていない．急速冷却期（$\varepsilon_c < \varepsilon_m$）と考えて，X 線が $\varepsilon_c < \varepsilon_X < \varepsilon_m$ の範囲にあるとするモデルも，その予言 $(\hat{\alpha},\hat{\beta})=(0.25,0.5)$ と合致しな

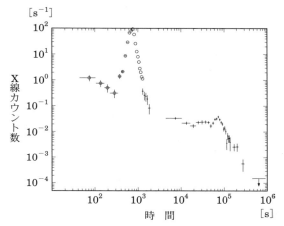

図3.5 GRB 050502B で見られた巨大な X 線フレア (Falcone *et al.* 2006, *ApJ*, 641, 1010).

い. やはり，緩慢な減衰を再現するためには，エネルギーの注入を必要としているようだ. 通常減衰期では，最も標準的な $\varepsilon_c < \varepsilon_X$ の一様星間物質モデルと合致するものもあるが，多くのバーストは結束関係を満たしていない. むしろ星風モデルや，冷却が効いていない ($\varepsilon_X < \varepsilon_c$) モデルと一致している. 冷却が効いていないモデルでも，後期になるとやがて冷却が効くはずで，その際 $\hat{\alpha}$ が 0.25 だけ変化するはずだが，わずかな変化なので，暗くなった後ではその変化を捉え難いのか，そうした報告は多くない.

中心エンジンが長時間活動している徴候は，緩慢減衰期の振舞いだけではない. 図 3.5 に例示されているような，X 線フレア（176 ページ参照）が緩慢減衰期の前後に度々見られる. 即時放射の 12 分後に起きた GRB 050502B の X 線フレアは，残光の X 線光度の 500 倍以上の明るさに達している. こうした活動は，星間物質密度の変動などでは説明がつかず，その起源はエンジン活動の変動と直接結びついていると考えられている. 即時放射が終わった後も，中心エンジンからはエネルギー放出が続き，内部衝撃波が即時放射が起きた場所よりも外側で形成され，そこからのシンクロトロン放射が X 線フレアを起こしているのかもしれない.

残光の光度曲線で最後に見られる変化がジェットブレイクである. 図 3.6 の左にある光度曲線では，6×10^4 秒以降，減光の冪指数が 0.8 から 1.9 へと急激に

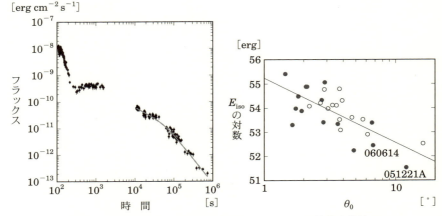

図3.6 （左）ジェットブレークを起こしている X 線光度曲線の一例と（右）球対称換算の残光爆発エネルギー E_iso とジェット開口角 θ_0 の関係（Liang et al. 2008, ApJ, 675, 528 より）．

変化している．4.8.3 節で説明するが，衝撃波が減速するにつれ，やがてジェットが横方向に広がりだす．これ以降，減光の冪指数は $\hat{\alpha} = p$ となるはずである．図 3.6 に示したように，ジェットブレークを起こした光度曲線をモデル化することで，残光の爆発エネルギー E_iso とジェットの初期開口角 θ_0 を類推することができる．図にあるように開口角は，数度から 10 度程度と見積もられることが多い．E_iso と θ_0 は反相関しているように見え，この図からは $E_\mathrm{iso} \propto \theta_0^{-2.35\pm 0.52}$ という関係が得られる．これは真のジェットエネルギー $E_\mathrm{j} = \theta_0^2 E_\mathrm{iso}/2$ がほぼ一定であることと無矛盾である．$E_\mathrm{iso} = 10^{54}$ erg のとき $\theta_0 = 3°$ とすると，$E_\mathrm{j} \simeq 1.4 \times 10^{51}$ erg となる．

こうして求めた開口角を本当に信じて良いかは保証されない．図 3.7 の光度曲線は GRB 130427A に対するもので，このバーストの即時放射は非常に明るく，$E_{\gamma,\mathrm{iso}} = 8.5 \times 10^{53}$ erg に達する．それにも関わらず，$t = 8.3 \times 10^7$ 秒まで $\hat{\alpha} = 1.3$ の通常減衰が続いている．ここで低い星間物質密度 $\sim 10^{-3}\,\mathrm{cm}^{-3}$ を採用し，標準的なモデルを適用すると，角度とエネルギーの最小値として $\theta_0 \simeq 27°$，$E_\mathrm{j} \simeq 10^{53}$ erg が得られる．これは中心エンジンをモデル化するにあたって，悩ましいほど大きなエネルギー解放量となっている．

最後に短い種族のバーストに伴う，X 線残光について述べる．当初短いバース

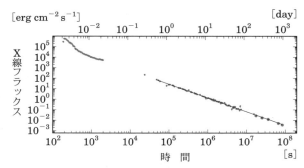

図 3.7 GRB 130427A の X 線光度曲線（De Pasquale *et al.* 2013, *MNRAS*, 462, 1111, 1010）．

トの残光は，長いものに比べて暗いだけで，その振舞いには大きな違いはないと思われていた．理論的にも，外部衝撃波の発展に影響を与える違いは，薄い星間物質密度くらいだと思われていたからである．しかし，図 3.8 の左に示された残光の光度曲線は，2.2×10^3 秒から 3.0×10^4 秒にかけて，平坦な形を見せており，この期間にエネルギーの注入があることを示している．短いバーストでさえ，中心エンジンの活動が長く続いている傍証となっている．この例の場合，3.5×10^5 秒でジェットブレークを起こしている．角度とエネルギーの下限が $\theta_0 \simeq 4°$，$E_\mathrm{j} \simeq 10^{49}$ erg と評価されている．

一方，GRB 050724 の X 線残光では，22 日間に渡ってジェットブレークが確認できなかった．これから開口角として $\theta_0 \gtrsim 20°$ という結果になった．他にも角度に下限しか与えられなかった短いバーストが 10 例近く確認されている．短いバーストの開口角は長いバーストよりも広く，平均で $10°$ くらいなのかもしれない．この場合，我々の近傍での短い種族の実際の発生率は $\sim 10^3\,\mathrm{Gpc}^{-3}\,\mathrm{yr}^{-1}$ となる．開口角の平均値は発生率の見積りに影響を与えるので，重力波観測との兼ね合いにおいても重要な量である．

さらにより早期の観測によると，図 3.8 の右に示されているように，100 秒ほど続く X 線の延長成分（extended emission）と 10^3 秒ほど続く平坦な成分（X-ray plateau）が，多くの短いバーストに付随していることがわかってきた．これも中心エンジンが長時間活動している傍証である．短いバーストの起源の最も有力な候補は中性子星連星合体なのだが，この際に中心に高速回転するマグネターが生

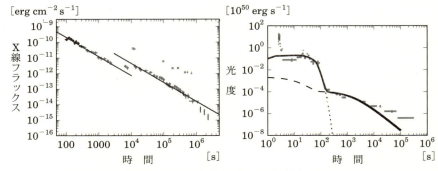

図 3.8 短い種族のバーストの X 線光度曲線. (左) GRB 051221A (Burrows *et al.* 2006, *ApJ*, 653, 468), (右) GRB 061006 (Gompertz *et al.* 2014, *MNRAS*, 438, 240).

まれることで，上記の活動を説明するモデルがある．初期には降着円盤を磁気遠心力で吹き飛ばして延長成分を作り出し，後期にはマグネターの自転エネルギーをポインティングフラックス（電磁場の流れ）の形で放出し，平坦成分を作るとするモデルである．あるいは，降着円盤からのブラックホールへの質量降着が，磁場によって阻害されることで，長期間の活動を作るとするモデルも提案されている．

3.1.2 可視残光

可視あるいは赤外の残光は主に地上の望遠鏡によって追観測されている．昼間や悪天候の際には観測できないので，地球上の様々な場所に置かれた複数の望遠鏡による観測体制が望ましい．比較的小規模な望遠鏡で観測可能だが，すばる望遠鏡などの 8m クラス望遠鏡による追観測も時には行われる．衛星においても，*Swift* に搭載された UVOT（18 ページ）や，ハッブル宇宙望遠鏡による追観測が行われている．

可視の残光観測はその赤方偏移を決める上で，不可欠なものである．その一方で，その光度を求める際には，母銀河での吸収を補正しなくてはならず，以下の例ではそうした不定性があることにも注意すべきである．可視の残光は追観測した GRB のうちのおよそ 40–60%で確認されている．240 分以内に観測開始できたものでは，90%の GRB で可視残光が確認できたという報告もある．

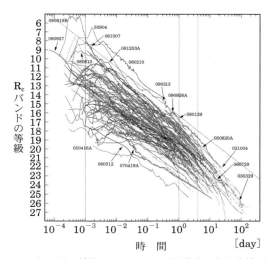

図3.9 76個の長い種族のバーストの可視残光の光度曲線（Kann *et al.* 2010, *ApJ*, 720, 1513）．すべてのバーストを $z=1$ にあるとして，時間と明るさを規格化している．

図3.9にあるように，可視残光もX線残光と同様に，$\hat{\alpha} \sim 1$ 程度の冪乗で減光している．やはり残光光度の分散が大きいのも見て取れるであろう．初期に最も明るい GRB 080319B は，有名な裸眼 GRB（2.7 節参照）である．逆に最も暗い残光の 050416A と 060512 は，X線フラッシュに分類される．もう一つの非常に暗い可視残光を持つ GRB 070419A も，そのバースト源静止系でのピークエネルギーが $\varepsilon_{\rm pk} \simeq 50 \pm 30$ keV と比較的低めのバーストであった．

図3.10にあるように，可視光でも，即時放射が明るいほど残光が明るいという傾向がある．図3.2のX線に関する結果と非常に似ており，両者は同一の起源であることを示唆している．この図から得られる相関は，常用対数を用いると，長い種族のバーストに対しては，

$$\log\left(\frac{F_{\rm R,11}}{\rm erg\,s^{-1}\,Hz^{-1}}\right) \simeq -19.20 \pm 4.44 + (0.93 \pm 0.09) \log\left(\frac{E_{\gamma,\rm iso}}{\rm erg}\right), \quad (3.3)$$

短い種族に対しては

$$\log\left(\frac{F_{\rm R,11}}{\rm erg\,s^{-1}\,Hz^{-1}}\right) \simeq -24.42 \pm 13.20 + (1.05 \pm 0.26) \log\left(\frac{E_{\gamma,\rm iso}}{\rm erg}\right) \quad (3.4)$$

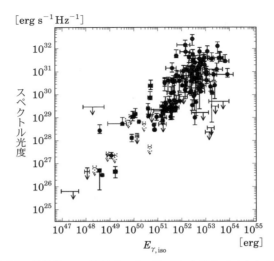

図3.10 爆発後，11時間でのRバンドにおけるスペクトル光度と，即時放射で解放されたエネルギー $E_{\gamma,\mathrm{iso}}$（Nysewander *et al.* 2009, *ApJ*, 701, 824）．観測者系ではなく，バースト源静止系での値．

となり，可視光光度は $E_{\gamma,\mathrm{iso}}$ にほぼ比例していることがわかる．ここで $F_{R,11}$ は爆発11時間後のRバンドにおける，スペクトル光度である．

以上の結果は，X線と可視光が同一の起源であることを強く示唆しているが，それに疑問を投げかける例も見られる．X線残光では緩慢減衰期から通常減衰期へと，光度曲線が折れ曲がる例が多くあるが，図3.11にあるように，可視光の振舞いは，その折れ曲がりと同期していない．波長によって折れ曲がりが異なることから，この振舞いを変色ブレーク（chromatic break）と呼ぶ．場合によっては可視で折れ曲がりがあっても，X線で折れ曲がっていないこともある．

緩慢減衰から通常減衰への折れ曲がりは，ブレークエネルギー ε_c（4.8.2 節参照）の通過による予言 $\Delta\hat{\alpha} = 0.25$ よりも大きく，このシナリオとは合致しない．3.1.1 節で述べたように，急速冷却期にX線が $\varepsilon_c < \varepsilon_X < \varepsilon_m$ にあると考えるシナリオも否定されている．緩慢減衰が中心エンジンからのエネルギー注入によるものであれば，通常減衰への移行はエネルギー注入終了のタイミングで決まっている．これは光子の波長に依存しないはずなので，可視光におけるブレークの不在は説明がつかない．そもそもX線と可視光の減光の冪指数も異なっていることが

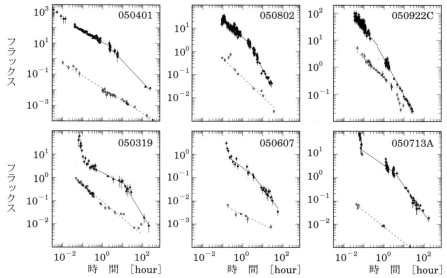

図3.11 X線（上側の点）と可視光（下側の点）の残光光度曲線（Panaitescu et al. 2006, MNRAS, 369, 2059）．フラックスの単位はX線がμJy，可視光がmJy．

多い．充分時間が経てば，可視もX線もブレークエネルギー ε_c より高いエネルギーになっているはずで，同一の冪指数で減光するはずである．しかし，図3.11を見る限り，観測結果は必ずしもそうなってはいないようだ．

これを解決するアイディアとして，微視的な物理パラメータ（4.8.2節に出てくる ϵ_e や ϵ_B）が時間進化するモデルが提案されている．これらのパラメータは，衝撃波で散逸されたエネルギーが電子や磁場に輸送される量を決めるものである．エネルギー輸送には，不確定性要素が大きいため，これらを定数のパラメータとして扱うのが習慣になっているが，時間進化しても不思議ではない．ただし，かなり絶妙な微調整が必要で，バースト毎に進化が異なるのも奇異に感じられる．X線と可視光の放射源は別なのかもしれない．

X線残光の始まりは，急激減衰期の放射に隠れてわからないことが多いが，可視光の光度曲線からは，その残光の開始を同定できることがある．図3.12の左にある光度曲線は，GRB 060418のものである．赤外線の観測は，チリにあるヨーロッパ南天天文台のREM望遠鏡によって，バースト開始64秒後から行われた．

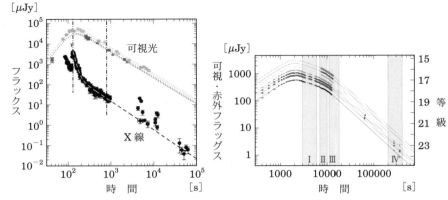

図 3.12　ピーク時刻が決定できた可視・赤外の光度曲線の例.（左）GRB 060418 (Molinari et al. 2007, A&A, 469, L13),（右）GRB 080710 (Krühler et al. 2009, A&A, 508, 593). 上から K, H, J, z, i, r, g のバンドのフラックス.

赤外線光度は，バースト開始後 150 秒のあたりでピークを迎え，その後通常の残光と同様に減光しているように見える．4.8.4 節で詳しく説明するが，このピーク時刻は，相対論的な衝撃波が減速を開始した時刻に対応していると解釈できる．ここから，衝撃波の初期ローレンツ因子 Γ_0 を類推することができ，このバーストの場合は $\Gamma_0 \simeq 400$ となったが，星風が支配的な密度分布（$\propto r^{-2}$）の場合は $\Gamma_0 \simeq 100$ となる．増光期の光度は $t^{2.7^{+1.7}_{-1.0}}$ に比例しており，理論的な予想 $F \propto t^2$ とは矛盾しない．

図 3.12 の右にある，GRB 080710 の赤外から可視にかけての光度曲線は，GROND（5.1 節参照）などで取得されたものである．このケースでは約 2×10^3 秒でピークとなっており，GRB 060418 と比べてかなり遅い．初期ローレンツ因子 Γ_0 は 100 くらいと見積もれるが，増光期の光度曲線は $F \propto t^{1.1}$ となっており，理論予言よりも緩やかである．これはジェットの減速開始には対応しておらず，ジェットを off-axis で観測しているので，ピーク時刻が遅くなっているとする解釈も提案されている．ちなみに，その後の光度曲線は 10^4 秒を挟んで，$\hat{\alpha} = 0.6$ から 1.6 へとブレークしている．しかもこの場合は，X 線でもほぼ同じ形の光度曲線となっている．つまり波長に依らない等色ブレーク（achromatic break）である．これはこれで不思議な振舞いで，2 成分ジェットなどのモデルが提案されている．

2.7 節でも述べたように，可視光では逆行衝撃波（64 ページ，4.8.4 節参照）からの放射も期待できる．しかし，図 3.12 に示されているように，多くのバーストでは，はっきりとした逆行衝撃波放射の証拠は見えていない．しかし，単一成分モデルでは説明がつかない光度曲線などに対しては，逆行衝撃波成分の寄与があるとして説明を試みることも多い．

3.1.3 電波残光

多くの電波望遠鏡がガンマ線バーストの追観測を行っているが，最も活躍しているのは米国ニューメキシコ州にある VLA（Very Large Array）である．VLA は 2011 年 1 月までに 270 個のバーストの電波残光を観測している．理論的にも予想されていることだが，電波領域で残光が明るくなるのは，数日経ってからである．そのため，追観測開始までの時間的余裕があることが一つの特徴である．また昼間でも観測できるという強みもある．しかし，電波特有の現象として，星間プラズマによる散乱・屈折により，明るさが変動するシンチレーションがある．光度やその変動の不定性として，常に念頭に置いておかなくてはいけない効果である．

理論上では以下のような光度曲線が期待される．最初期は 4.8.2 節で説明されるように，$F \propto t^{1/2}$ で増光する．ブレークエネルギーの ε_m が電波領域に下がる前にジェットブレーク（4.8.3 節参照）が起きれば，そこで $F \propto t^{-1/3}$ の減光に転ずる．ジェットブレーク前に ε_m が通過すれば，$\hat{\beta} = 3(p-1)/4 \sim 1$ の減光になる．その後ジェットブレークが起きれば $\hat{\beta} = p \sim 2$ の急激な減光となる．

図 3.13 には 6 つの代表的な電波残光がプロットされている．変動が大きくて判断が難しいが，上記の理論予想と大きく食い違っているとは言えない．分散が大きいことは事実だが，147 個の赤方偏移が判明しているサンプルに基づいた，8.5 GHz の平均の光度曲線を求めると以下のようになる．

バースト源静止系で 3–6 日までは，ほぼ $F \propto t^{0.5}$ で増光し，最大光度 $\sim 2 \times 10^{31}\,\mathrm{erg\,s^{-1}\,Hz^{-1}}$ に達する．その後はほぼ $F \propto t^{-1}$ で減光していく．この振舞いは，ジェットブレークを起こす前に，ε_m が観測周波数を通過する場合の理論予想とほぼ合致している．

なかには数日以内の短い時間スケールで電波のフレアを伴うバーストもある．GRB 990123 は 2.7 節で紹介されているように，可視光閃光が検出されたバース

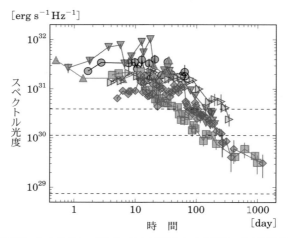

図3.13 6つのガンマ線バーストに対する 8.5 GHz での光度曲線（Chandra & Frail 2012, *ApJ*, 746, 156）.

トである．この同じバーストから，バースト発生1日後に明るい電波フレアが確認された．時間スケールは30時間と通常の残光に比べて短かった．可視光閃光と合わせて考えると，電波フレアも逆行衝撃波起源なのかもしれない．

この章の冒頭で，残光は点源だと述べたが，電波干渉計によって大きさが測られたバーストもある．GRB 030329 は $z = 0.1685$ で起きた，非常に近いバーストで，電波残光の視直径が 0.02 ミリ秒から 1 ミリ秒へと膨張しているのが，VLA によって観測された（図3.14（左））．この振舞いは，$t < 100$ 日では初期ローレンツ因子 $\Gamma_0 \lesssim 10$ で等速膨張，その後は減速するというモデルで説明できるとされる．様々な波長における光度曲線も，図3.14 の右にあるように，一様密度中を伝播する $E_{\rm j} = 1.4 \times 10^{51}$ erg，$\theta_0 = 24°$，星間物質密度 $6.5\,{\rm cm}^{-3}$ のジェットモデルでフィットすることができている．

様々な波長における光度曲線を再現していることから，非常に成功したモデルに見えるが，初期ローレンツ因子が低く，ジェット開口角が広いように感じるかもしれない．このバーストに対しては二成分モデル，つまり X 線や可視光を放っている，$\theta_0 \sim 5°$ 程度の大きなローレンツ因子を持った細いジェットと，それを取り囲むような広くて遅いジェットからなるモデルが提案されている．後者が電波の残光を担っている．

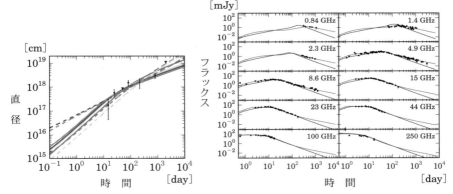

図 3.14 （左）GRB 030329 の電波残光の直径の進化と，（右）様々な波長における光度曲線およびモデル曲線（Mesler & Pihlström 2013, *ApJ*, 774, 77 より）．

$z=1.469$ で起きた GRB 141121A は，1410 秒の継続時間を持ち，超長継続 GRB に分類された．この通常と異なるクラスのバーストでも，X 線と可視に加えて，電波の残光が確認された．これらの豊富なデータをすべて再現するためには，初期には逆行衝撃波，後期は通常の外部衝撃波，つまり順行衝撃波による放射が卓越するとするモデルが提案された．このモデルは，3 GHz から 15 GHz に渡る電波の光度曲線を再現することに成功している．

3.1.4 ガンマ線残光

2008 年に *Fermi* 衛星が打ち上げられて以降，いくつかの明るいバーストから，10^3 秒ほど継続する 0.1–10 GeV のガンマ線残光が観測されている．これは高エネルギーまでに電子が加速されている証拠である．ガンマ線残光は，X 線などと同一のシンクロトロン成分だとされることが多いが，シンクロトロン自己コンプトン成分である可能性もある．

図 3.15 の左に，10 個のバーストに対する 0.1–10 GeV での光度曲線を描いている．最も暗い GRB 090510 は短い種族のバーストで，その他のバーストは $E_{\gamma,\mathrm{iso}} \gtrsim 10^{53}$ erg の明るいものばかりである．この光度を即時放射のエネルギーで割ったものが右の図である．縦軸が s^{-1} と妙な単位になっているが，驚くべきことにほとんど全てのバーストが同じような振舞いをしていることがわかる．こ

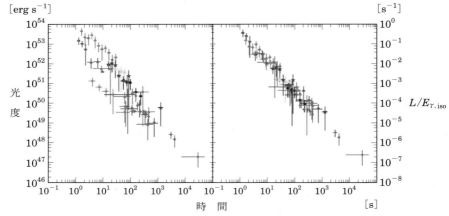

図3.15 バースト源静止系での 0.1–10 GeV の光度曲線（Nava et al. 2014, MNRAS, 443, 3578）．左図はそのままの光度，右図は 1 keV–10 MeV での $E_{\gamma,\mathrm{iso}}$ で割った値で，右の縦軸を参照．

の図から読み取れる関係は

$$L_{\mathrm{GeV}} \simeq 4.0 \times 10^{51} \left(\frac{E_{\gamma,\mathrm{iso}}}{10^{52}\,\mathrm{erg}}\right) \left(\frac{t}{1\,\mathrm{s}}\right)^{-1.2} \mathrm{erg\,s}^{-1} \tag{3.5}$$

となる．$t > 10$ s で積分すると，$E_{\gamma,\mathrm{iso}}$ の 1 割ほどのエネルギーが，GeV ガンマ線の残光として放射されていることになる．残光光度が即時放射のエネルギーに比例する単純な関係に従う理由はよくわからない．各バーストの個性を考えると，残光光度の分散が大きくても不思議ではないが，現在までのサンプルは残光の振舞いに対して統一された描像を提示している．

 Fermi が GeV 残光を観測するようになってから，残光のパラメータ ϵ_B（4.8.2節参照）の値が，従来考えられていた値よりもずっと低いと考えられるようになってきた．これだけ明るい GeV 残光を放つためには，爆発のエネルギー E_{iso} が大きく，それだけローレンツ因子 Γ も大きい．それにも拘わらず，X 線や可視の残光は期待したほど明るくはない．これは冷却の効いているエネルギー ε_c が，X 線帯域よりも上にあると考えざるを得ない．シンクロトロン冷却が効いていないということは，衝撃波で散逸されたエネルギーのうち，磁場に輸送された割合 ϵ_B が非常に小さいということを意味する．*Fermi* 以前には，ϵ_B として 10^{-2} 程度の値を考えることが多かったが，*Fermi* 以降は 10^{-5} などの値が示唆されるよ

うになった．流体不安定性などによる，衝撃波前後での磁場の増幅は，思ったより効率が悪いのかもしれない．

3.2 スペクトルとモデル

4.8.2 節にまとめられている，外部衝撃波の標準理論では，3 つのブレーク・エネルギー ε_a, ε_m, ε_c を持つスペクトルが期待されている．$Swift$ 以前は，図 3.16 にあるように，広帯域スペクトルは理論と矛盾している証拠はほとんどなかった．

多波長のフラックスと光度曲線を用いて，外部衝撃波のパラメータを決めることができる．図 3.17（82 ページ）は，電波，可視光，X 線のデータを用いて求めた，残光のパラメータである．得られたパラメータはおよそ $E_\mathrm{j} \sim 3 \times 10^{50}$ erg, $\theta_0 = 2°$–$14°$, $n_\mathrm{ex} = 0.1$–$50\,\mathrm{cm}^{-3}$, $\epsilon_\mathrm{e} \sim 0.1$, $\epsilon_B = 10^{-3}$–10^{-1} といった値になっている．パラメータのばらつきの原因はわからないが，概ね標準的な外部衝撃波モデルを支持する結果となっている．ただし，注入時の冪指数が $p < 2$ となっている，不自然な残光もある．

ところが，外部衝撃波モデルだけで現象を説明できていた幸せな時代は，$Swift$ の登場で終わった．前節で述べた，緩慢減衰期，変色ブレーク，結束関係からの逸脱などが見つかり，単純なモデルでは説明がつかなくなった．その他にも問題が見つかってきている．図 3.18（83 ページ）の左には，観測された即時放射のエネルギー $E_{\gamma,\mathrm{iso}}$ と，残光観測をモデルでフィットすることで得られた残光の爆発

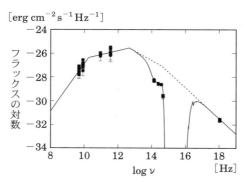

図3.16 バースト後 3 日時点での GRB 980329 の広帯域スペクトル（Lamb $et\ al.$ 1999, $A\&A\ Supp.$, 138, 479）．破線は理論モデルで，実線はダストによる吸収を考慮したスペクトル．

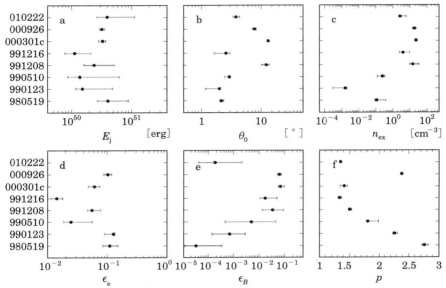

図3.17 8つのバーストに対する残光パラメータ（Panaitescu & Kumar 2001, *ApJ*, 560, L49）．それぞれ a: ジェットエネルギー E_j, b: ジェット開口角 θ_0, c: 星間物質密度 n_ex, d: 加速電子のエネルギー占有率 ϵ_e, e: 磁場のエネルギー占有率 ϵ_B, f: 注入時の冪指数 p.

エネルギー E_iso をプロットしている．残光のエネルギーは，初期の全ジェットエネルギーから，即時放射で解放したエネルギーを除いた残滓である．即時放射の効率が数十%なら，残光のエネルギーは即時放射と同程度であることが期待される．ところが，いくつかのバーストでは $E_{\gamma,\mathrm{iso}} \gg E_\mathrm{iso}$ となっており，不自然なほど即時放射での効率が高い．E_iso は全ての電子が加速されているという仮定の元で求められている値で，そこに不定性はあるものの，モデルによる E_iso の推定に，根本的な疑問を投げかける結果となっている．

図 3.18 の右には残光の減衰冪指数とスペクトル指数をプロットしている．ここでは通常減衰期の値を採用している．二つの指数は広い範囲に分布し，何の相関もないように見える．標準モデルの結束関係と無矛盾な残光もあるが，それではまったく説明のつかないものが多い．特にスペクトルの冪がソフト（$\hat{\beta} > 1$）なも

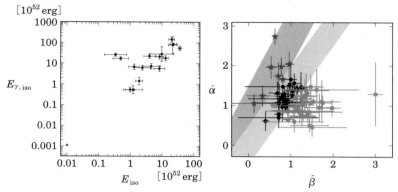

図 3.18 （左）17 個のバーストに対する，即時放射のエネルギー $E_{\gamma,\mathrm{iso}}$ と残光の爆発エネルギー E_{iso} の関係（Lloyd-Ronning & Zhang 2004, *ApJ*, 613, 477）．（右）X 線の減衰冪指数 $\hat{\alpha}$ とスペクトル指数 $\hat{\beta}$ の分布（Willingale *et al.* 2007, *ApJ*, 662, 1093）．右図で示された薄い灰色の領域は，ジェットブレーク前に期待される結束関係．遅緩冷却や星風密度分布になっている可能性を考慮した不定性が示されている．その上の濃い灰色の領域は，同じくジェットブレーク後に期待される結束関係．

ので，減光が緩やか（$\hat{\alpha} \simeq 1$）な残光の解釈は難しい．通常減衰期だと考えているが，ここでもエネルギー注入が続いているのかもしれない．

Fermi が打ちあがって以降は，さらに取得可能なスペクトルのエネルギー帯域が広がり，豊富なデータはさらに理論家を悩ませることとなった．前節でも述べたように，*Fermi* による GeV ガンマ線残光の検出は，磁場のパラメータの典型値に大きく見直しを迫る結果となった．

図 3.19 に，一例として，GRB 130427A の広帯域スペクトルの進化とモデルフィットの結果を載せる．見て分かるように，データ点にはスペクトルが二山に分かれているなどの明確な兆候は見られない．可視から X 線にかけては綺麗な冪乗で単調に減光している．一方，電波のスペクトルはやや複雑な進化を見せている．外部衝撃波（FS）モデルでは，最初電波は増光するはずだが，実際は早い段階から減光している．そこで，図中で採用されているモデルでは，電波は別な起源と考え，FS の ε_{m} を可視光のすぐ下に置くことで，FS からの放射が電波に影響しないようにしている．一方，ガンマ線と X 線の光度比から，ε_{c} を高いエネルギーに置く必要がある．ε_{c} を高く保つため，星風的な密度分布（$n_{\mathrm{ex}} \propto r^{-2}$）

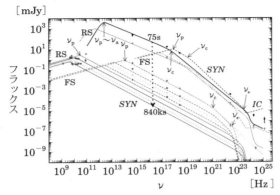

図3.19 GRB 130427A の広帯域スペクトルの進化とモデル (Panaitescu *et al.* 2013, *MNRAS*, 436, 3106). 点が観測データ. 星風モデルを仮定しており, 点線が順行衝撃波 (FS), 実線が逆行衝撃波 (RS) による寄与. 各振動数帯で, 75 s から 840 ks にかけて減光している. 電波帯 (10^9–10^{11} Hz) のゆっくりした減光を FS で説明するのは難しいので, RS 成分を導入している. RS 成分は初期には電波以外でも主要な成分だが, 50 ks 以降は, 赤外より上 ($> 10^{14}$ Hz) で, FS の放射が卓越している.

および小さな磁場のパラメータ $\epsilon_B \sim 10^{-5}$ が必要とされた. 初期段階の可視・X 線も含め, 電波の放射は逆行衝撃波 (RS) 起源としている. 要求された星風密度は, ウォルフ–ライエ星 (p.192) の典型値よりもかなり低いものであった.

以上のように, 近年得られるようになった豊富なスペクトルデータを説明するためには, 複数の放射成分や込み入った仮定 (星風やパラメータの時間進化) が必要とされる傾向がある.

3.3 可視残光の偏光

GRB 990510 の発生後約 1 日の可視残光から, 1.6 ± 0.2 % の直線偏光が検出された. これはヨーロッパ南天天文台の 8.2 m の望遠鏡, VLT によって取得された. 残光はシンクロトロン放射なので, 偏光が検出されるのはある意味自然である. 外部衝撃波で増幅された磁場は, 乱流状態になっているので, 一様磁場に比べて偏光度は $70/\sqrt{N_{\rm pat}}$ % くらいに抑えられる. ここでは一様磁場と見なせる小さな領域が視野内に $N_{\rm pat}$ 個集まって, 全体の乱れた磁場を表現できるとしてい

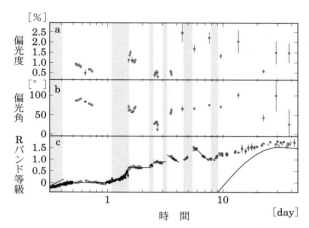

図 3.20 GRB 030329 可視残光の直線偏光度, 偏光角及び $t^{-1.64}$ で単調に減光する残光成分を取り除いた残りの可視光光度の進化 (Greiner et al. 2003, Nature, 426, 157). 一番下の図の実線は, 超新星 SN 2003dh からの寄与のモデル曲線. 超新星起源の光は 20 日以降でのみ寄与している.

る. GRB 990510 の偏光度は, 充分に磁場が乱れているという予測とおおよそ一致している.

　時間が経つと偏光面が 90 度回転するといった理論的予想もあったが, 現在までにそうした事例は報告されていないので, ここではこの理論の紹介は省略する. GRB 990510 のケースでも偏光角はほぼ一定であった.

　図 3.20 にあるように, GRB 030329 でも VLT によって 1-2%の偏光が検出された. このケースも多数のパッチ状に磁場構造が乱れているという描像に合致する. ただし, 図 3.20 の一番下の図にあるように, このバーストの可視残光は, 複雑な変動を見せており, それがどのような成分かは不明で, その成分が偏光に影響を与えているかどうかも判然としない. さらに, このバーストには超新星 SN 2003dh が付随していた. 非対称な爆発を起こしている超新星からは 1%レベルの偏光を期待できるが, 図にあるように, 偏光が検出された時刻での超新星の寄与は無視できると予想される.

　逆行衝撃波の寄与が大きいと予想される, より早い時刻の偏光を検出しようとする試みもある. 順行衝撃波の磁場は星間磁場から増幅したものだと考えられて

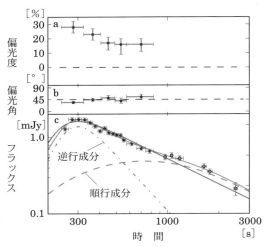

図3.21 GRB 120308A 可視残光の直線偏光度,偏光角,光度曲線(Mundell *et al.* 2013, *Nature*, 504, 119).光度曲線の破線・実線はモデル.

いる一方,逆行衝撃波は中心エンジンからの放出プラズマの中を伝播するので,中心から引きずってきた大局的な磁場構造が期待でき,それは大きな偏光度をもたらすかもしれない.リヴァプール望遠鏡による観測は,GRB 060418 に対して,発生後 203 秒での偏光度に 8%以下という制限を与えた.これは即時放射での偏光検出(2.6 節)と比較すると,やや期待よりも小さな値であった.

しかし,同じリヴァプール望遠鏡が,GRB 120308A の発生後 300 秒に 28 ± 4 %の偏光を検出した(図 3.21 (a)).偏光角はほぼ一定で推移しているように見えるが,わずかな回転があるのかもしれない.図に示されているように,可視残光の光度曲線は,逆行成分と順行成分からなる 2 成分の存在をそれほど強く証拠づけるものではない.しかし,この高い偏光度は逆行衝撃波起源の放射が支配的であることを示唆している.

GRB 121024A の可視残光からは,VLT によって発生後 0.15 日に数%の直線偏光と,0.6 %ほどの円偏光が検出された.通常のシンクロトロン放射から円偏光を作り出すのは難しく,この観測結果は大きな謎を残すこととなった.プラズマ中の電子の運動が非等方になっていると,円偏光を作り出せるなどの解釈が提案されている.

3.4 残光における相関関係

2.4 節で議論したように,即時放射の物理量には,解釈がつかないものの,経験的な相関関係が存在した.同様の関係が残光の物理量にもあるのだろうか? 式 (3.1)–(3.5) にあるように,残光光度はおおよそ即時放射のエネルギー $E_{\gamma,\mathrm{iso}}$ に比例する.しかし,GeV 残光 (80 ページ) を除いて,その分散は大きい.

もう少し自明でない量を用いた相関関係がいくつか提案されているが,ここでは一つだけ,緩慢減衰期の継続時間と X 線光度の関係について紹介する.バースト源静止系で,緩慢減衰期から通常減衰期に移る時刻を t_{br} とし,その時刻における 0.3–10 keV での光度を $L_{\mathrm{X,br}}$ とする.図 3.22 に示されているように,t_{br} が短いほど,X 線光度が明るいという相関がありそうである.この図からは,常用対数を用いて,

$$\log\left(\frac{L_{\mathrm{X,br}}}{\mathrm{erg\,s^{-1}}}\right) = 51.06 \pm 1.02 - 1.06^{+0.27}_{-0.28} \log\left(\frac{t_{\mathrm{br}}}{\mathrm{s}}\right) \tag{3.6}$$

という関係が得られた.

t_{br} が伸びると,$L_{\mathrm{X,br}}$ も後の時刻の光度となる.残光は徐々に暗くなるので,反相関関係にあるのは自然かもしれない.この関係に深い物理的意味があるのか,あるいは宇宙論を議論するための道具 (6.6 節参照) として使えるのかは,今の時点でははっきりしない.

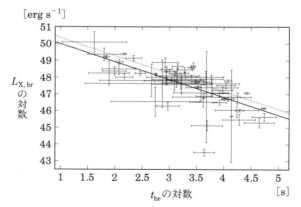

図 3.22 62 個の長い種族のバーストに対する t_{br} と $L_{\mathrm{X,br}}$ の分布 (Dainotti *et al.* 2010, *ApJ*, 722, L215).

第4章

放射機構と運動学

　この章ではガンマ線バーストの物理的な解釈を試みる．基本的にガンマ線バーストは点源としてしか観測されず，形状などについての情報は限られている．そのためガンマ線バーストの正体はこれだと言い切れないのが現状である．ガンマ線の放射機構に関しても，いくつかのモデルが提唱されてはいるものの，それぞれ一長一短があり，ほとんど解明されていないと言っても過言ではない．しかし，観測の進展とともに，モデルにそれ相応の制限が付けられてきており，研究者の間である一定の議論の枠組みが形成されてきた．以下ではこのおおよその枠組みに沿って，現在最も盛んに議論されているモデルを中心に考えていく．

4.1　概観

　読者に先入観を植え付ける怖れもあるが，多くの研究者が念頭に置いている全体的な描像を最初にざっと俯瞰しておく．図4.1にガンマ線バーストの全体像を模式的に表した．大質量星が進化の果てに寿命を迎え，その中心核が重力崩壊を起こし，ブラックホールあるいはマグネター（超強磁場中性子星）が形成されることにより，ガンマ線バーストが引き起こされると考えられている．継続時間が2秒以下の短い種族のガンマ線バーストの場合は，中性子星同士の合体によるブラックホール形成がきっかけとされている．ブラックホールとその周りにできる高温の降着円盤が中心エンジンとなり，細く絞られたジェット状にプラズマが噴出する．ブラックホールへのガス降着は激しく時間変動し，多数のプラズマの塊

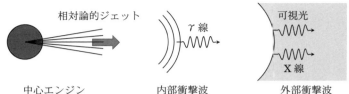

図 4.1 長い種族のガンマ線バーストの全体的な描像．親星（左の円）の中心核が潰れ，ブラックホールと降着円盤（中心エンジンに相当）を形成し，そこからジェットを放つ．ジェットは親星の表面を突き破り，星間空間へ飛び出し，内部衝撃波（internal shock）などの散逸機構を介してガンマ線の即時放射を放つ．放射を終えたガスの運動エネルギーは，星間物質を伝播する衝撃波（external shock）へと転換され，そこで加速された電子からのシンクロトロン放射が残光として観測される．

が何度も噴出されることとなる．代替モデルであるマグネターの場合は，磁場エネルギーが卓越したジェットが放たれると考えられている．このジェットは光速に近い相対論的な速度にまで加速され，やがて親星の表面（中心から $\sim 10^{10}$ cm）を突き破り，星間空間へと飛び出していく．

ジェットの運動エネルギーは，中心エンジンから十分離れた場所（10^{12}–10^{15} cm）で散逸し，その一部がガンマ線として放たれる．これがガンマ線バーストの即時放射に対応しており，放射機構としては加速された電子からのシンクロトロン放射が最も標準的である．ジェットエネルギーの散逸メカニズムの方は，噴出プラズマ同士の衝突による内部衝撃波（internal shock）を考えることが多いが，磁気再結合などの代替モデルも度々議論されている．

ガンマ線を放った後のプラズマは相対論的な速度を保ったまま，さらに外側へと広がっていく．このジェット状プラズマは初めのうち星間ガスの影響を受けずに，ほぼ等速で広がっていくのだが，ガスを掃き集めていくうちに減速を受け（典型的には 10^{16} cm より外側），星間ガス中を伝播する外部衝撃波を形成する．衝撃波は電子を加速するだけではなく，星間空間中の磁場を増幅する働きも担っていると考えられている．こうして生成された加速電子からのシンクロトロンにより，X線や可視光で観測されることとなる残光が放射される．

当初ローレンツ因子 $\varGamma$ が 100 を超える速度で伝播していた衝撃波は徐々に減速され，それに伴って典型的な光子のエネルギーは低い方へとシフトしていく．観

測される光度も冪乗則に従って減光していくこととなる．そのうちジェットは横方向にも膨張を始めることで，急激にブレーキがかかり，減光の度合いも大きくなる．この現象はジェットブレーク (jet break) と呼ばれている．

以下の節では，こうした現象の物理について順を追って詳しく解説していく．なるべく初歩的なところから始めるが，前提となっている様々な物理的知識，具体的には相対論的流体力学，プラズマ物理，フェルミ加速，電磁波放射，素粒子反応，量子統計，一般相対論などについては，巻末に挙げた参考文献などで復習しておいていただきたい．

4.2 相対論的運動の必要性

ガンマ線源は相対論的な速度で運動していることが要求される．これは観測されている光子スペクトルの電子質量 $m_e c^2 \simeq 511\,\mathrm{keV}$ を超えるエネルギー帯域で，電子・陽電子対生成 $\gamma + \gamma \to \mathrm{e}^+ + \mathrm{e}^-$ による吸収を受けている形跡がないからである．多くの場合，典型的な光子エネルギー ε_pk（およそ $100\,\mathrm{keV}$ から $1\,\mathrm{MeV}$）より上で，スペクトルはきれいな冪乗分布を示しており（2.3節参照），なかにはその延長上に数十 GeV を超える光子が観測されることもある．このようなガンマ線放射を実現するためには，光源の相対論的運動が必須であることをこの節では確認していく．

4.2.1 静止した光源

まずガンマ線源が静止していると仮定して，光学的深さを見積もってみよう．二つの粒子の反応を考える．入射粒子の四元運動量 $p^\mu = (\varepsilon/c, \boldsymbol{p})$，反応相手となる標的粒子の四元運動量 $\acute{p}^\mu$，標的粒子の位相空間における密度 $f(\acute{p}^\mu)$，反応断面積 σ_* とすると，二体反応が起きる時間スケールは一般公式として

$$t_*^{-1}(p^\mu) = \int d^3\acute{p}\,\sigma_* c^3 \frac{\sqrt{(p^\mu \acute{p}_\mu)^2 - m^2 \acute{m}^2 c^4}}{\varepsilon \acute{\varepsilon}} f(\acute{p}^\mu) \tag{4.1}$$

と書ける．$m, \acute{m}$ はそれぞれの粒子の質量．

上の式に代入する光子の分布関数を求める．そのためには体積を評価しなくてはいけない．ガンマ線バーストが時間スケール δt_obs で E_tot のガンマ線エネルギーを解放したとする．光源を一様な球と仮定すると，その半径 R には時間変動

から制限 $R \leqq c\delta t_{\rm obs}$ が付く．簡単のために，$\varepsilon \geqq \varepsilon_{\min}$ のとき，光子密度のエネルギー分布を以下のように冪乗で書けると仮定する[*1]．

$$n_\gamma(\varepsilon) = \frac{n_{\gamma 0}}{\varepsilon_{\min}} \left(\frac{\varepsilon}{\varepsilon_{\min}} \right)^\beta. \tag{4.2}$$

光子数密度の規格化定数 $n_{\gamma 0}$ はエネルギー密度が $3E_{\rm tot}/4\pi R^3$ なので，

$$n_{\gamma 0} = \frac{3(-2-\beta)E_{\rm tot}}{4\pi\varepsilon_{\min} R^3} \tag{4.3}$$

と決まる[*2]．

電子・陽電子対生成の反応断面積 $\sigma_{\gamma\gamma}$ はトムソン散乱の断面積 $\sigma_{\rm T} = 8\pi e^4/(3m_e^2 c^4)$ の 10%ほどなので，大雑把な近似で良ければ，$m_e c^2$ 程度のエネルギーを持つガンマ線の光学的深さは $\sim 0.1 n_{\gamma 0}\sigma_{\rm T} R$ と見積もれる．ここではもう少し正確に光学的深さを評価してみよう．光子の運動が等方だと仮定できれば，

$$f_\gamma(p^\mu)d^3p = \frac{n_\gamma(\varepsilon)}{4\pi} d\varepsilon d\Omega. \tag{4.4}$$

電子・陽電子対生成では二体の粒子は光子なので，$m = \acute{m} = 0$ 及び $p^\mu \acute{p}_\mu = \varepsilon\acute{\varepsilon}(1-\cos\theta_{\rm in})/c^2$ となる．ここで $\theta_{\rm in}$ は二つの光子の運動方向が成す角度である．以上から式（4.1）は

$$t_{\gamma\gamma}^{-1}(\varepsilon) = \frac{c}{2} \int_{\varepsilon_{\min}}^\infty d\acute{\varepsilon} \int_{-1}^1 d(\cos\theta_{\rm in})(1-\cos\theta_{\rm in})\sigma_{\gamma\gamma} n_\gamma(\acute{\varepsilon}) \tag{4.5}$$

となる．電子・陽電子対生成の断面積は以下のように表せる．

$$\sigma_{\gamma\gamma} = \frac{3\sigma_{\rm T}}{16}(1-y^2)\left[(3-y^4)\ln\frac{1+y}{1-y} - 2y(2-y^2)\right]. \tag{4.6}$$

ただし無次元量

[*1] 宇宙論的な距離で起きるガンマ線バーストの場合，宇宙膨張による赤方偏移の効果を考慮して，観測量を光源での値，$\delta t_{\rm obs}/(1+z)$，$(1+z)E_{\rm tot}$，$(1+z)\varepsilon$，$(1+z)\varepsilon_{\min}$ などへと変換しなくてはいけない．しかしこの章では煩雑さを避けるため，$(1+z)$ の因子を省いて表記する．

[*2] 厳密に言えば $E_{\rm tot}$ は $\varepsilon_{\min}$ より上で積分したエネルギーである．実際のスペクトルも $\varepsilon_{\rm pk}$ より上では冪乗分布が良い近似となり，全エネルギーのかなりの割合を $\varepsilon_{\rm pk}$ より上で放っているので，$\varepsilon_{\min} = \varepsilon_{\rm pk}$ と近似して構わない．

$$y^2 \equiv 1 - \frac{2m_e^2 c^4}{\varepsilon \acute{\varepsilon}(1-\cos\theta_{\rm in})} < 1 \tag{4.7}$$

が正のときのみ対生成が許される．積分変数を $\acute{\varepsilon}$ から y へと変換すると，

$$\begin{aligned}t_{\gamma\gamma}^{-1}(\varepsilon) &= c\sigma_{\rm T} n_{\gamma 0}\left(\frac{\varepsilon\varepsilon_{\rm min}}{2m_e^2 c^4}\right)^{-\beta-1} \\ &\quad \times \int_{-1}^{1} d(\cos\theta_{\rm in})(1-\cos\theta_{\rm in})^{-\beta}\int_0^1 dy\frac{y}{(1-y^2)^{2+\beta}}\frac{\sigma_{\gamma\gamma}}{\sigma_{\rm T}} \end{aligned} \tag{4.8}$$

$$= c\sigma_{\rm T} n_{\gamma 0}\left(\frac{\varepsilon\varepsilon_{\rm min}}{m_e^2 c^4}\right)^{-\beta-1} g_{\gamma\gamma}(\beta) \tag{4.9}$$

が得られる．観測的に典型的な値の範囲 $-2.0 > \beta > -2.5$ では，無次元の積分

$$g_{\gamma\gamma}(\beta) \equiv \frac{4}{1-\beta}\int_0^1 dy\frac{y}{(1-y^2)^{2+\beta}}\frac{\sigma_{\gamma\gamma}}{\sigma_{\rm T}} \tag{4.10}$$

はそれほど β に敏感な関数ではなく，$g_{\gamma\gamma}(-2.2) \simeq 0.1$ である．

式 (4.3) と $R \leqq c\delta t_{\rm obs}$ より，光学的深さ $\tau_{\gamma\gamma} = R/ct_{\gamma\gamma}$ を求めると，

$$\tau_{\gamma\gamma} \gtrsim 4\times 10^{12}\left(\frac{\varepsilon}{m_e c^2}\right)^{-\beta-1}\left(\frac{\varepsilon_{\rm min}}{m_e c^2}\right)^{-\beta-2}\left(\frac{E_{\rm tot}}{10^{50}\,{\rm erg}}\right)\left(\frac{\delta t_{\rm obs}}{10\,{\rm ms}}\right)^{-2} \tag{4.11}$$

のように莫大な値となってしまい，ガンマ線がそのまま光源から脱出することは不可能である．この場合，大量の電子・陽電子が生まれ，ガンマ線は散乱や吸収を繰返した結果，プランク分布のような熱的スペクトルを成すはずで，最初に仮定した冪乗分布と矛盾してしまう．これはコンパクトネス問題と呼ばれているが，以下で見ていくように，光源の相対論的な運動を考えることで解決することができる．

4.2.2　相対論的運動に伴う時間スケール

相対論的運動を考慮すると，光源の大きさの評価が劇的に変わることとなる．以下では静止した球状の光源ではなく，膨張する球殻（シェル）からの放射を考え，中心エンジンが静止している慣性系（以下では外部慣性系と呼ぶ）に張った時間と座標を採用する．シェルの半径 R は相対論的速度 $v = dR/dt \simeq c$ で大きくなり，その厚み ΔR は R に比べて十分薄いとする．シェルのローレンツ因子を $\Gamma = 1/\sqrt{1-\beta_{\rm b}^2} \gg 1$ （$\beta_{\rm b} \equiv v/c$）とすると，シェルとともに運動する座標系（以

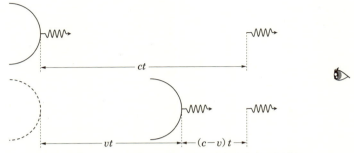

図4.2 静止している光源（上）と相対論的な速度で運動している光源（下）が t 秒間放射を続ける．正面から見ている観測者にとって下の場合は継続時間が短くなる．

下ではシェル静止系）での厚みはローレンツ収縮を考慮して，$\Delta R' = \Gamma \Delta R$ と書ける．$\Delta R'$ のように，以下ではシェル静止系での物理量をダッシュをつけて表すこととする．シェル静止系での放射の継続時間（intrinsic duration）は $t'_\text{int} \geqq \Delta R'/c$ となり，これを外部慣性系での継続時間に直すと，

$$t_\text{int} = \Gamma t'_\text{int} \geqq \frac{\Gamma^2 \Delta R}{c} \tag{4.12}$$

となる．しかし外部慣性系での継続時間 t_int は，観測者にとっての継続時間 δt_obs とは異なる．それを以下で見ていこう．

初期半径を R_i とすると，放射をしている間に $R \simeq R_\text{i} + ct_\text{int}$ と半径が増加する．シェルの厚さが厚いケース：$\Delta R \geqq R_\text{i}/\Gamma^2$ と，薄いケース：$\Delta R \ll R_\text{i}/\Gamma^2$ の二つに分けて継続時間を議論する．シェルが厚い場合，あるいはシェルが薄くても継続時間が長い（$t_\text{int} \gg R_\text{i}/c$）場合，放射が終わったときの半径は $R \sim ct_\text{int}$ となる．図4.2 に示されているように，観測者に対して相対論的速度で向かってくる光源からの放射時間は，観測者にとって

$$t_\text{rad} = \frac{(c-v)t_\text{int}}{c} = \frac{(1-\beta_\text{b})ct_\text{int}}{c} \simeq \frac{R}{2\Gamma^2 c} \tag{4.13}$$

となり，$t_\text{int} \sim R/c$ に比べて短くなる．この t_rad を動径時間スケール（radial timescale）と呼ぶ．動径時間スケールが観測の時間スケール δt_obs に対応していれば，放射半径は $R \simeq 2\Gamma^2 c \delta t_\text{obs}$ となり，4.2.1節で仮定した静的光源のスケール

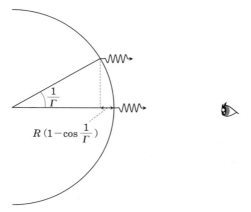

図4.3 ローレンツ因子 Γ で膨張している半径 R のシェルからの放射を考えたときの角時間スケール．観測者には $\theta < 1/\Gamma$ の範囲からの放射しか見えない．

$R \simeq c\delta t_{\rm obs}$ よりはるかに大きいスケールが許される．

逆にシェルが薄いために $t_{\rm int} \ll R_{\rm i}/c$ となるケースでは，$R \simeq R_{\rm i}$ なので直接 $t_{\rm int}$ の継続時間を観測できるのであろうか？ 図 4.3 にあるように，$t_{\rm int} \to 0$ の極限でも，観測者の視線方向から外れたシェル表面からの放射は遅延して観測される．光源が相対論的な速度を持っているときは，ビーミング（relativistic beaming）の効果を考慮しなくてはいけない．シェルの運動方向に対する光子の伝播方向の角度 θ' は

$$\cos\theta = \frac{\beta_{\rm b} + \cos\theta'}{1 + \cos\theta' \beta_{\rm b}} \tag{4.14}$$

のように外部慣性系へ変換される．単位時間・光子エネルギー・体積・立体角あたりの放射エネルギーもローレンツ変換（ドップラーブースト）され，

$$\frac{dE}{dt d\varepsilon dV d\Omega} = \delta^2 \frac{dE'}{dt' d\varepsilon' dV' d\Omega'} \tag{4.15}$$

となる[*3]．ここでドップラー因子 $\delta^{-1} \equiv \Gamma(1 - \beta_{\rm b}\cos\theta)$ は $\theta \ll 1/\Gamma$ のとき，$\delta \simeq 2\Gamma$ だが，$\theta > 1/\Gamma$ では急激に小さくなる．したがって外部慣性系での光子は光源

[*3] 式 (4.13) を導いたときと同じ論理で，観測者に対しての量に直すときはさらに $dt_{\rm obs} = (1 - \beta_{\rm b}\cos\theta)dt$ に起因する因子 $(1 - \beta_{\rm b}\cos\theta)^{-1}$ が必要である．

の前方方向，角度 $1/\Gamma$ 以下の範囲に集中的に放たれることとなる．このビーミングの効果により，観測者が実質的に観測できる領域は中心エンジンからの角度が $1/\Gamma$ 以下のシェルの表面である．図 4.3 から，シェルの曲率による角時間スケール（angular timescale）は

$$t_{\mathrm{ang}} = \frac{R(1-\cos(1/\Gamma))}{c} \simeq \frac{R}{2c\Gamma^2} \quad (4.16)$$

となり，(4.13) の動径時間スケールと同じ形となる．

結局，観測される時間スケールは t_{rad} と t_{ang} のどちらを採用しても，$\delta t_{\mathrm{obs}} \simeq R/2c\Gamma^2$ となり，光源の放射半径は

$$R \simeq 2c\Gamma^2 \delta t_{\mathrm{obs}} \quad (4.17)$$

と評価される．

4.2.3 運動する光源の光学的深さ

シェルが相対論的な速度で運動しているとして，ガンマ線の吸収を評価してみよう．この節だけに限らず，以下では球対称を仮定して議論する．ジェット状にプラズマが放出されている場合，光源は今まで議論してきた球対称のシェルを一部切り取ったものと近似できる．この場合でもビーミングの効果を考えると，ジェットの開口角 θ_{j} が $1/\Gamma$ より十分大きければ，我々がジェットを観測しているのか，球対称のシェルの一部を観測しているのかといった区別はつかない．したがって以下の計算では，ガンマ線が球対称に放射されていると仮定して求めた全エネルギー E_{iso} を用いて議論する．ジェットの場合，実際に放出されたエネルギーは，逆方向に出ているジェットも勘定に含め，$\sim \theta_{\mathrm{j}}^2 E_{\mathrm{iso}}/2$ となる．

シェル静止系で議論するために，物理的諸量をローレンツ変換する．シェル静止系では光子が等方に放たれているとすると，この系での光子の平均運動量はゼロとなる．したがって E_{iso} のローレンツ変換は単純に $E_{\mathrm{iso}} = \Gamma E'_{\mathrm{iso}}$ となる．一つ一つの光子のエネルギー ε も同様に Γ 倍にシフトされていると近似できる．電子・陽電子対生成に対する光学的深さは，式 (4.9) をシェル静止系で考えれば良い．

$$\tau_{\gamma\gamma} = \Delta R' \sigma_{\rm T} n'_{\gamma 0} \left(\frac{\varepsilon' \varepsilon'_{\min}}{m_{\rm e}^2 c^4} \right)^{-\beta-1} g_{\gamma\gamma}(\beta). \tag{4.18}$$

シェル静止系でのシェルの体積は $4\pi R^2 \Delta R'$ なので，式（4.3）の規格化定数は，

$$n'_{\gamma 0} = \frac{(-2-\beta) E'_{\rm iso}}{4\pi \varepsilon'_{\min} R^2 \Delta R'} \tag{4.19}$$

となる．放射半径として式（4.17）を採用すると，

$$\tau_{\gamma\gamma} = \Gamma^{2\beta-2} \frac{(-2-\beta) \sigma_{\rm T} E_{\rm iso}}{16\pi \varepsilon_{\min} c^2 \delta t_{\rm obs}^2} \left(\frac{\varepsilon \varepsilon_{\min}}{m_{\rm e}^2 c^4} \right)^{-\beta-1} g_{\gamma\gamma}(\beta). \tag{4.20}$$

光子の冪指数は $\beta \simeq -2$ なので，光学的深さは Γ^{-6} 程度の強いローレンツ因子依存性を持つ．仮に $\Gamma = 100$ を採用すれば，式（4.11）の静止した光源での値と比べて，12桁ほど光学的深さを小さくすることができ，コンパクトネス問題を解決する．

光学的深さに対するローレンツ因子 Γ の効果は以下のように解釈できる．式（4.7）で定義される $y^2 > 0$ の条件から，エネルギー ε の光子が反応する標的光子の典型的エネルギーは $\varepsilon_{\rm typ} \sim m_{\rm e}^2 c^4 / \varepsilon$ である．光学的深さは標的光子数密度に比例する．$n_\gamma(\varepsilon)$ は単位エネルギー当たりの密度なので，標的光子数密度はおおよそ $\varepsilon_{\rm typ} n_\gamma(\varepsilon_{\rm typ})$ と近似できる．光子スペクトル $\varepsilon n_\gamma(\varepsilon) \propto \varepsilon^{1+\beta}$ をプロットすると，シェル静止系では $1/\Gamma$ だけ低エネルギー側にシフトするのだが，全光子数は保存するので，図4.4にあるように縦軸の値はそのままである[*4]．このシフトにより，まず $\varepsilon_{\rm typ} n_\gamma(\varepsilon_{\rm typ})$ の値が $\Gamma^{1+\beta}$ 倍だけ小さくなる．さらに考えている光子のエネルギー ε も低エネルギーへシフトするため，標的光子のエネルギー $\varepsilon_{\rm typ} \propto \varepsilon^{-1}$ も Γ 倍となり，図4.4にあるようにさらなる $\Gamma^{1+\beta}$ の因子が加わる．合計 $\Gamma^{2\beta+2}$ だけ標的光子の数が減ることとなる．加えて $\delta t_{\rm obs}$ からのスケール $R \propto \Gamma^2$ の見積りの違いにより，$\tau_{\gamma\gamma} \propto n'_{\gamma 0} \propto R^{-2} \propto \Gamma^{-4}$ の因子も加えて，最終的に $\tau_{\gamma\gamma} \propto \Gamma^{2\beta-2}$ となる．

今までシェル静止系で議論をしてきたが，これを外部慣性系で考えると，前節4.2.2で述べたように，光子の運動方向はビーミングにより角度 $1/\Gamma$ 以下に揃え

[*4] 実際には体積の評価も相対論的運動の効果を受けるので，光子数は不変でも密度は不変ではない．この効果は後ほど（4.19）式にある規格化定数 $n'_{\gamma 0} \propto R^{-2}$ における R の評価の際に取り入れる．

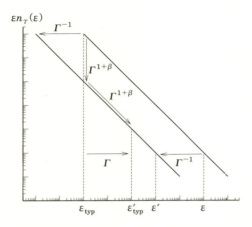

図4.4 光子スペクトルのシェル静止系へのシフト．

られている．その結果，仮に $\varepsilon\varepsilon' > 2m_e^2 c^4$ であっても，光子のお互いの運動方向が揃って式（4.7）の $y^2 > 0$ の条件，$\varepsilon\varepsilon'(1-\cos\theta_{\rm in}) > 2m_e^2 c^4$ を満たさなくなっているのである．

高エネルギーガンマ線が観測されたとき，式（4.20）からその光子エネルギーでの光学的深さに $\tau_{\gamma\gamma} < 1$ を要求することで，ローレンツ因子の下限 $\Gamma_{\rm min}$ を求めることができる．いくつかの GeV 光子が観測されたガンマ線バーストに対しては，1000 に迫る値が Γ の下限として要求されることもある．ただし式（4.20）はシェルの内部で光子の分布が一様で等方だと近似したものである．より詳細なモデルを導入することで，2–3 倍 $\Gamma_{\rm min}$ を小さくできることにも留意すべきである．

4.3　中心エンジン

ガンマ線バーストを駆動する中心エンジンの正体は分かっていないので，「突然，宇宙のどこかで輻射優勢のプラズマの塊が生まれたと仮定しよう」と述べて，火の玉モデルのジェット加速の議論に入っても良いのだが，それではあまりにも抽象的なので，中心エンジンについても触れておく．中心エンジンの有力な候補はブラックホールで，長いバーストの場合はコラプサーと呼ばれる巨星の重力崩壊，短いバーストの場合は中性子星連星合体に伴って形成されると考えられる．活動銀河核の中心ブラックホールからも $\Gamma > 10$ のジェットが実際に観測されており，

これをブラックホール起源説の傍証として挙げることができる．こうしたモデルがまったくの見当外れである可能性は否定できないが，既知の天体でエンジンの候補になり得るものが限られていることも事実である．しかも Ic 型超新星（183ページ）がバーストの後に起きた例が実際にあるので，少なくとも一部のバーストは星の重力崩壊と確実に関係している．

　エンジンとして必要な条件は，ミリ秒の変動を実現できるコンパクトな天体で，輻射あるいは磁場優勢のプラズマを生み出せる機構を備えていることである．星の重力崩壊による数値シミュレーションが多数行われているが，観測を満たすような相対論的ジェットを作ることに成功した例はまだない．もっと弱い爆発である，通常の超新星爆発のシミュレーションでさえ成功していないのだから，ガンマ線バーストのシミュレーションに失敗するのは当たり前だと考えるかもしれない．しかし，ガンマ線バーストのような極限的な天体現象には，極端なパラメータ，たとえば非常に重い質量，強い磁場，速い回転などを採用することが許されるのかもしれない．

4.3.1　重力崩壊と角運動量

　超新星爆発の場合を考えると，半径 1000 km ほどの鉄コアが重力崩壊を開始し，重力エネルギーを落下の運動エネルギーへと転換する．半径 10 km 程度までつぶれたとき，中心の密度は原子核密度（$\sim 10^{14}\,\mathrm{g\,cm^{-3}}$）に達し，原始中性子星が形成される．その固い表面で落下してきたガスはせき止められ，運動エネルギー（$\sim GM^2/R \sim 10^{53}$ erg）は熱エネルギーへと転換される．非常に密度が高いために光子は脱出できず，熱エネルギーを光の放射によって運ぶことはできない．よって相互作用の弱いニュートリノの放射によって中心部は冷却されることとなる．

　完全熱平衡のニュートリノのエネルギー密度は，その温度 T_ν を用いて $7\pi^2 T_\nu^4/240\hbar^3 c^3$ と書ける．10^{53} erg のエネルギーを数 10 km の領域に閉じ込め，電子・陽電子，光子および 6 種類のニュートリノが等分配にエネルギーを分け合っていると大雑把に仮定すると，ニュートリノ温度 T_ν は数 10 MeV 程度と見積もられる．外側へ抜けていくニュートリノの一部が，落下しきっていない外側のガスに運動量を与えることで，超新星爆発が実現されると考えられている．シ

ミュレーションでなかなかうまくいかないのは，ニュートリノの相互作用の弱さや，崩壊時間スケールの短さ，鉄の光分解によるエネルギー損失などの困難を克服しなくてはいけないからである．

中心にブラックホールができる場合，超新星とは異なり，落下してきたガスをせき止める"表面"が存在しないので，爆発は実現できないように思える．しかし系全体が角運動量を持っていれば，ガスは落下する前に，ブラックホールの周りに降着円盤を形成するだろう．シュヴァルツシルト時空における保存量である，単位質量あたりの角運動量は，円軌道（半径 r）のケプラー運動の場合，

$$j = c\sqrt{\frac{rr_{\rm g}}{2-3(r_{\rm g}/r)}}, \quad r_{\rm g} \equiv \frac{2GM_{\rm BH}}{c^2} \simeq 3\left(\frac{M_{\rm BH}}{M_\odot}\right) {\rm km} \qquad (4.21)$$

と書ける．ここで $r_{\rm g}$ は質量 $M_{\rm BH}$ のブラックホールに対するシュヴァルツシルト半径である．降着円盤を形成するためには，限界束縛軌道（marginally bound orbit）の半径 $r = 2r_{\rm g}$ を採用した限界角運動量

$$j_{\rm cr} = 2cr_{\rm g} \simeq 1.8 \times 10^{16} \left(\frac{M_{\rm BH}}{M_\odot}\right) {\rm cm}^2\,{\rm s}^{-1} \qquad (4.22)$$

よりも大きな角運動量を重力崩壊前に持っていなければならない．太陽の赤道表面での値が $1.3 \times 10^{16} {\rm cm}^2\,{\rm s}^{-1}$ くらいなので，達成可能な量に見える．しかし大

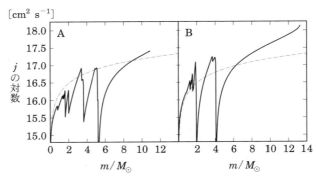

図 4.5 重力崩壊直前の大質量星の角運動量分布．Heger et al. 2000 ApJ, 528, 368 による数値計算．横軸は，半径をその内側の質量に読み代えたもの．A と B の違いは主に初期回転速度による．破線がシュバルツシルト・ブラックホールに対する $j_{\rm cr}$．降着円盤を作るには，これより大きな値が必要．

質量星はその強力な輻射圧によって星風を放出する傾向があり，その際に角運動量も棄ててしまう．どのような星がブラックホールと降着円盤からなる系を形成できるかを調べるためには，星風の影響や星内部の対流を考慮した詳細な星の進化計算が必要である（図 4.5 参照）．

4.3.2 ニュートリノ対消滅

降着円盤は，磁場などによる実効的な粘性を介して，重力エネルギーを熱エネルギーへと変換する場となれる．超新星からの類推で，ガンマ線バーストでもニュートリノの役割を最初に検討するのは自然であろう．しかし，後に紹介する火の玉モデルが成立するためには，ガスの少ない領域に大量の輻射エネルギーを発生させる必要がある．降着円盤が形成されるような系では，円盤の回転軸に沿った物質は初期角運動量が小さいので，速やかにブラックホールに吸い込まれる．その結果，ファンネルと呼ばれる，回転軸に沿った煙突状の領域では，ガス密度が非常に薄くなる．降着円盤からのニュートリノエネルギーをこのような領域に注入できるメカニズムは，ニュートリノ対消滅 $\nu + \bar{\nu} \to e^+ + e^-$ だけであろう．

ニュートリノ対消滅の断面積は，

$$\sigma_{\nu\bar{\nu}} = \frac{2KG_{\rm F}^2}{\hbar^4 c^4}\varepsilon_\nu \varepsilon_{\bar{\nu}}(1-\cos\theta_{\rm in}). \tag{4.23}$$

ここではフェルミ定数 $G_{\rm F} = 1.44 \times 10^{-49}\,{\rm erg\,cm}^3$ とワインバーグ角 $\theta_{\rm W}$[*5] で表される無次元の定数

$$K = \begin{cases} (1+4\sin^2\theta_{\rm W}+8\sin^4\theta_{\rm W})/6\pi \simeq 0.12, & \nu_e\bar{\nu}_e \text{ のとき} \\ (1-4\sin^2\theta_{\rm W}+8\sin^4\theta_{\rm W})/6\pi \simeq 0.027, & \nu_\mu\bar{\nu}_\mu \text{ と } \nu_\tau\bar{\nu}_\tau \text{ のとき} \end{cases} \tag{4.24}$$

を用いている．二体反応の式 (4.1) あるいは (4.5) から，ニュートリノ対消滅によるエネルギー注入率は

$$\left.\frac{dE}{dtdV}\right|_{\nu\bar{\nu}} = \int d^3p_\nu \int d^3p_{\bar{\nu}}(\varepsilon_\nu+\varepsilon_{\bar{\nu}})\sigma_{\nu\bar{\nu}}c(1-\cos\theta_{\rm in})f_\nu(\boldsymbol{p}_\nu)f_{\bar{\nu}}(\boldsymbol{p}_{\bar{\nu}}) \tag{4.25}$$

と書ける．

どの程度のエネルギーを注入できるか大雑把に見積もる．簡単のために図 4.6

[*5] $\sin^2\theta_{\rm W} \simeq 0.23$.

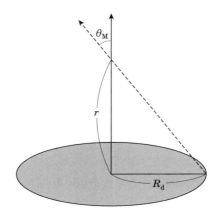

図4.6 薄い円盤から放射されるニュートリノ.

のように半径 $R_{\rm d}$ の薄い円盤を考え，そこから一様にニュートリノが放射されているとする．円盤表面では等方にニュートリノは放射され，有効温度 $T_{\rm eff}$ を用いて完全熱平衡の式

$$f_\nu(\bm{p}_\nu)d^3 p_\nu = \frac{1}{(2\pi\hbar c)^3}\frac{\varepsilon_\nu^2}{\exp(\varepsilon_\nu/T_{\rm eff})+1}d\varepsilon_\nu d\Omega_\nu \tag{4.26}$$

で分布関数が近似できるとする．すべての種類のニュートリノの有効温度を等温とし，円盤の温度勾配も無視する．ファンネルを意識して，円盤の中心を垂直に貫く中心軸に沿った領域を考える．

式 (4.25) を運動方向に関する立体角 $d\Omega_\nu = d\phi_\nu d\cos\theta_\nu$ とエネルギー ε_ν について積分する．図 4.6 に示されているように，ニュートリノ軌道が中心軸に対して成す角 θ_ν には円盤からの距離 r に依存した最大値 $\theta_{\rm M}$ があり，

$$\mu_{\rm M} \equiv \cos\theta_{\rm M} = \frac{1}{\sqrt{1+(R_{\rm d}/r)^2}} \tag{4.27}$$

と書ける．分布関数 f_ν はニュートリノの軌道に沿って不変な量である[*6]．2つのニュートリノがなす角度 $\theta_{\rm in}$ を θ_ν や ϕ_ν で表し，$\theta_\nu, \theta_{\bar{\nu}} \leqq \theta_{\rm M}$ の範囲で積分すると，

[*6] 厳密にはニュートリノ対消滅の効果で軌道に沿って減少するが，ここでは対消滅の効率が非常に悪いと考えている．

$$\left.\frac{dE}{dtdV}\right|_{\nu\bar{\nu}} = \frac{7}{128}\zeta(5)\frac{KG_{\rm F}^2}{\hbar^{10}c^9}T_{\rm eff}^9(1-\mu_{\rm M})^4(\mu_{\rm M}^2+4\mu_{\rm M}+5) \qquad (4.28)$$

となる．等方だと思って（微小体積因子 dV が $4\pi r^2 dr$）体積積分すると"見かけ上"のエネルギー注入率が，

$$L_{\nu\bar{\nu},{\rm iso}} = \frac{7\pi(165\pi-512)}{1536}\zeta(5)\frac{KG_{\rm F}^2}{\hbar^{10}c^9}R_{\rm d}^3 T_{\rm eff}^9 \qquad (4.29)$$

と書ける．

実際にはファンネル部分以外での注入率は（4.28）式よりも小さいので，上の値よりも $L_{\nu\bar{\nu}}$ は小さい．しかし，観測者はファンネルの軸方向にいると想定されているので，等方を仮定して必要なジェットのパワーを見積もるときには，式 (4.29) が基準となる．これが上で"見かけ上"と述べた理由である．

系のサイズやニュートリノの温度は超新星の場合と同程度だと考えられれば，電子型ニュートリノに対して

$$L_{\nu\bar{\nu},{\rm iso}} \simeq 4.1\times 10^{51}\left(\frac{R_{\rm d}}{20\,{\rm km}}\right)^3\left(\frac{T_{\rm eff}}{10\,{\rm MeV}}\right)^9 {\rm erg\,s^{-1}} \qquad (4.30)$$

となる．温度に対して強い依存性を持っているが，そもそも円盤のエネルギー密度が $T_{\rm eff}^4$ の依存性があるので，気軽に温度を上げるわけにはいかない．円盤の表裏両面から出ているニュートリノ光度は

$$L_\nu + L_{\bar\nu} = \frac{7\pi^3}{240\hbar^3 c^2}R_{\rm d}^2 T_{\rm eff}^4 \qquad (4.31)$$

$$\simeq 2.3\times 10^{53}\left(\frac{R_{\rm d}}{20\,{\rm km}}\right)^2\left(\frac{T_{\rm eff}}{10\,{\rm MeV}}\right)^4 {\rm erg\,s^{-1}} \qquad (4.32)$$

なので，対消滅によるエネルギー注入効率は $T_{\rm eff}^5$ で増加することがわかる．

この薄い円盤の近似では，高さ r が大きくなるにつれ $\theta_{\rm M}$ が小さくなり，$1-\mu_{\rm M}\ll 1$ となることで急激に効率が落ちる．現実の降着円盤は冷却効率が悪いので，自分の圧力で膨らみ，分厚い円盤となるであろう．この場合，正面衝突するニュートリノの割合が増えるので，対消滅断面積が大きくなり，エネルギー注入効率は上記簡略モデルの見積りを上回るだろう．

4.3.3 ブラックホールの回転エネルギー

ブラックホールが自転している場合，その回転エネルギーを利用して，ジェットを放つことも可能かもしれない．カー・パラメータ（Kerr parameter）$0 \leqq a < 1$ を用いると，自転するブラックホールの角運動量は

$$J_{\rm BH} = a\frac{GM_{\rm BH}^2}{c} \tag{4.33}$$

と書ける．ここでのブラックホール質量 $M_{\rm BH}$ は，"裸の質量" M_0 に回転エネルギーの寄与を加えたもので，

$$M_{\rm BH}^2 = M_0^2 + \left(\frac{cJ_{\rm BH}}{2GM_0}\right)^2 \tag{4.34}$$

の関係がある．質量差 $\Delta Mc^2 \equiv (M_{\rm BH} - M_0)c^2$ に相当するエネルギーが，回転のエネルギーと解釈できる．最大回転 ($a=1$) のとき，回転エネルギーの割合は $(\sqrt{2}-1)/\sqrt{2}$ で，約 30% となる．

回転エネルギーを引き抜くためには，エルゴ層（ergosphere）を利用する．これは時空の計量テンソル $g_{00} = 0$ によって定義されるエルゴ面

$$r_{\rm erg} = \frac{GM_{\rm BH}}{c^2}\left(1 + \sqrt{1 - a^2\cos^2\theta}\right) \tag{4.35}$$

と $g_{11} = \infty$ に対応する地平面

$$r_{\rm h} = \frac{GM_{\rm BH}}{c^2}\left(1 + \sqrt{1 - a^2}\right) \tag{4.36}$$

に挟まれた領域で，そこでは粒子の角運動量を負にとると，エネルギー $\varepsilon_* = cg_{0\mu}p_*^\mu$ も負にすることができる．この負エネルギーの粒子をブラックホールに落とすことは，ブラックホールの回転エネルギーを引き抜くことと等価であり，これをペンローズ過程と呼ぶ．

このように原理的には，エルゴ層を介してブラックホールから回転エネルギーを引き抜くことができる．しかし，保存量である粒子のエネルギーは，エルゴ層に落ち込む前には当然正の値を持っている．エルゴ層に入った後で粒子が分裂するなどの複雑な過程を考えない限り，エネルギーを引き抜くことはできない．

そこでエルゴ層を貫く磁場を介することで，回転エネルギーを引き抜く過程が

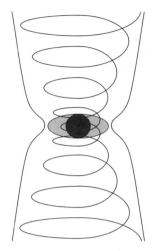

図 4.7 ブランドフォード・ズナジェック機構の概略図．エルゴ層（グレーの領域）の中で捻られた磁場の波が外側へ伝わっていく．

ブランドフォード–ズナジェック（Blandford & Znajek）(1977) によって提案された（BZ 過程）．ブラックホールの自転により，エルゴ層では空間が角速度 $\omega = -cg_{0\phi}/g_{\phi\phi} \sim ca/r_{\rm g}$ で引きずられる．図 4.7 にあるように，磁場はエルゴ層の中で螺旋状に捻られることにより増幅され，自転軸に沿って外側へエネルギーを伝播させる．BZ 過程の詳細な計算は巻末の付録（A.4 節および A.5 節）に載せたが，ここでは大雑把にエネルギー抽出率を求めてみよう．$a \ll 1$ とするとエルゴ層の厚さは $\Delta r_{\rm erg} \sim a^2 r_{\rm g}/4$ なので，体積は $V_{\rm erg} \sim 4\pi r_{\rm g}^2 \Delta r_{\rm erg} \sim \pi a^2 r_{\rm g}^3$ と見積もられる．磁場のエネルギー $V_{\rm erg} B^2/8\pi$ が $r_{\rm g}/c$ の時間スケールで解放されると近似すると，

$$L_{B,\rm iso} \sim \frac{1}{8} c a^2 r_{\rm g}^2 B^2 \frac{4\pi}{\Delta \Omega_{\rm j}}. \tag{4.37}$$

ここではジェットの占める立体角を $\Delta \Omega_{\rm j}$ とし，式（4.29）のニュートリノ対消滅の議論と同様に，ジェットを正面から見たときの見かけ上のエネルギー解放率を求めた．より詳しい計算によると，実際の効率はこれのさらに 10% ほどとなり，

$$L_{B,\rm iso} \sim 3.7 \times 10^{53} a^2 \left(\frac{\Delta \Omega_{\rm j}}{0.01}\right)^{-1} \left(\frac{M_{\rm BH}}{3 M_\odot}\right)^2 \left(\frac{B}{10^{15} {\rm G}}\right)^2 {\rm erg\,s^{-1}}. \tag{4.38}$$

観測で確かめられている中で，最も強い磁場を持っている天体は，マグネターと呼ばれる強磁場中性子星で，10^{15} G ほどである．ガンマ線バーストのエンジンとして要求される磁場はかなり強いことが分かる．

いくつかのグループは，降着円盤とブラックホールの系からなる数値シミュレーションを実行し，BZ 過程による磁場優勢ジェットの生成を報告している．ただし抽出エネルギーがガンマ線バーストを再現するのに十分なのかは定かではない．こういった数値シミュレーションは初期条件などに敏感に依存するので，その結果の妥当性も慎重に検討する必要がある．さらに言えば，ブラックホール形成過程から始めて，磁場優勢ジェットの噴出までの計算を追った例はまだない．ブラックホールのスピン増加，磁場増幅とそれに続く BZ 過程という流れを再現しなくてはいけない．

4.4 ジェットの加速

ガンマ線バーストではジェットのローレンツ因子に $\Gamma > 100$ を要求されているが，これほどの加速を達成するメカニズムは分かっていない．実際のところ，活動銀河核ジェットの加速メカニズムの方も未解明なので，それよりも速いジェットを作るのは挑戦的な課題と言える．プラズマ中の陽子 1 個あたり，静止質量エネルギーをはるかに上回る $\Gamma m_\mathrm{p} c^2$ のエネルギーを持っていることから，加速前のジェットの根元では静止質量エネルギー密度 ρc^2 をはるかに上回る内部エネルギーがあることになる．これを熱エネルギーだと解釈すると 100 GeV を超える高温となってしまうので，必ず放射過程が存在し，光子のエネルギー密度を無視できるはずがない．したがってジェットの根元で支配的になっているエネルギーは，輻射か磁場のどちらかであると予想できる．以下ではジェット加速に対する輻射や磁場の役割を考えていく．

4.4.1 火の玉モデル

火の玉モデル (fireball model) では，光子のエネルギーがバリオンの静止質量エネルギー Mc^2 をはるかに上回る，輻射優勢のプラズマを初期条件として考える．このようなプラズマは自分の輻射圧によって相対論的な速度まで加速される．この節でも球対称の仮定に基づいて火の玉の加速を議論し，球の一部をジェット

形状に切り取ったものを実際の形だと考える．バリオンの静止質量エネルギー $M_{\rm iso}c^2$ に対する全エネルギー $E_{\rm iso}$ の比として，パラメータ（バリオン積載因子）

$$\eta \equiv \frac{E_{\rm iso}}{M_{\rm iso}c^2} \gg 1 \tag{4.39}$$

を導入する．

4.2.1 節で議論したように，ガンマ線バーストの典型的なエネルギーを中心エンジンの周りのコンパクトな領域に閉じ込めると，光子はプラズマから逃げ出すことなく，大量の電子・陽電子を作る．このような高温プラズマ中では，光子と電子・陽電子の粒子数は完全熱平衡の条件から決まる．つまり黒体輻射と同様に化学ポテンシャルがゼロとなり，温度だけで粒子数とエネルギー密度が決まる．火の玉の初期半径を R_0，温度を $T_0 \gg m_e c^2$ とすると，光子と電子・陽電子のエネルギー密度の合計から，

$$E_{\rm iso} = \frac{4\pi}{3} R_0^3 \frac{11\pi^2}{60} \frac{T_0^4}{\hbar^3 c^3} \tag{4.40}$$

なので，火の玉の初期温度は，

$$T_0 \simeq 2.8 \left(\frac{R_0}{100\,{\rm km}}\right)^{-\frac{3}{4}} \left(\frac{E_{\rm iso}}{10^{50}\,{\rm erg}}\right)^{\frac{1}{4}}\,{\rm MeV} \tag{4.41}$$

となる．電子・陽電子の数密度

$$n_\pm = \frac{3}{\pi^2}\zeta(3)\left(\frac{T_0}{\hbar c}\right)^3 \simeq 1.0 \times 10^{33} \left(\frac{T_0}{2.8\,{\rm MeV}}\right)^3\,{\rm cm}^{-3} \tag{4.42}$$

は，バリオンの数密度

$$n_{\rm p} = \frac{3E_{\rm iso}}{4\pi R_0^3 \eta m_{\rm p} c^2} \simeq 1.6 \times 10^{29} \left(\frac{\eta}{100}\right)^{-1} \left(\frac{T_0}{2.8\,{\rm MeV}}\right)^4\,{\rm cm}^{-3} \tag{4.43}$$

を圧倒するので，トムソン散乱に対する光学的深さは電子・陽電子で決まり，

$$\tau_{\rm T} = n_\pm R_0 \sigma_{\rm T} \simeq 6.9 \times 10^{15} \left(\frac{R_0}{100\,{\rm km}}\right)\left(\frac{T_0}{2.8\,{\rm MeV}}\right)^3. \tag{4.44}$$

トムソン散乱を受けている光子の脱出時間スケールは，火の玉が膨張する時間スケール R_0/c の $\tau_{\rm T}$ 倍で，はるかに長い．したがって光子はプラズマから逃げ出すことはできず，プラズマと一体化した一流体とみなせる．

流体の方程式から，火の玉がどのように膨張・加速していくか見ていく．バリオンの寄与を無視し，光子などの相対論的粒子のエネルギー密度 $e_{\rm rad}$ を用いると，この流体の圧力は相対論的ガスの状態方程式 $P = e_{\rm rad}/3$ で近似できる．バリオンの質量密度 ρ，流体の四元速度を $u \equiv \sqrt{\Gamma^2 - 1} = \Gamma \beta_{\rm b}$ と定義すると，球対称のときのバリオンの質量保存則と流体の運動量保存則はそれぞれ

$$\frac{1}{c}\frac{\partial}{\partial t}\left(\rho' \Gamma\right) + \frac{1}{r^2}\frac{\partial}{\partial r}\left(r^2 \rho' u\right) = 0, \tag{4.45}$$

$$\frac{1}{c}\frac{\partial}{\partial t}\left[\left(\rho' c^2 + \frac{4}{3}e'_{\rm rad}\right)\Gamma u\right] + \frac{1}{r^2}\frac{\partial}{\partial r}\left[r^2 \left(\rho' c^2 + \frac{4}{3}e'_{\rm rad}\right) u^2\right] + \frac{1}{3}\frac{\partial e'_{\rm rad}}{\partial r} = 0 \tag{4.46}$$

と書ける．エネルギー保存則の方は，上の2式と連立させることでそれと等価となるエントロピー保存則

$$\frac{1}{c}\frac{\partial}{\partial t}\left(e'^{3/4}_{\rm rad} \Gamma\right) + \frac{1}{r^2}\frac{\partial}{\partial r}\left(r^2 e'^{3/4}_{\rm rad} u\right) = 0 \tag{4.47}$$

を用いた方が便利である．ここでは通常の相対論的流体力学の習慣とは異なり，今までと同様，ダッシュをつけて流体静止系の量を表している．

ここでは簡単のために定常解（$\partial/\partial t \to 0$）を求める．実際には定常ではなく，パルス的に火の玉が放出されているのだが，以下の理由により，火の玉の膨張の振舞いは定常解が良い近似となっている．時間スケールに関する式 (4.12) での議論からわかるように，半径 R のシェルを考えたとき，膨張時間スケール R/c の間に，流体がお互いに相互作用できる領域の幅は R/Γ^2 以下である．逆に言えば，それよりも広い範囲に流体が広がっていたとしても，その存在は流体の運動にほとんど影響を及ぼさない．以下で見ていくように，火の玉のサイズは R/Γ^2 よりも大きいので，無限に流体が広がっている定常解の結果を一部分切り出したものが火の玉の運動であると解釈しても構わないだろう．

火の玉の輻射圧による加速膨張がある程度進んだとして $u \simeq \Gamma \gg 1$ と近似する．上の3本の基礎方程式から定常解は，

$$r^2 \rho' \Gamma = \text{一定}, \qquad r^2 (\rho' c^2 + \frac{4}{3}e'_{\rm rad})\Gamma^2 = \text{一定}, \qquad r^2 e'^{3/4}_{\rm rad} \Gamma = \text{一定} \tag{4.48}$$

と表せる．初期には輻射優勢で $e'_{\rm rad} \gg \rho' c^2$ と近似できるので，火の玉の発展は，

$$\Gamma \propto r, \qquad \rho' \propto r^{-3}, \qquad e'_{\rm rad} \propto r^{-4} \tag{4.49}$$

となる．このエネルギー密度の振舞いは，輻射優勢期の宇宙全体の振舞いと同一である[*7]．これは断熱でかつ輻射優勢の条件が重なっているがための当然の帰結である．火の玉の温度は $e'_{\rm rad} \propto T'^4$ なので，

$$T' \propto r^{-1}, \qquad T_{\rm obs} = \Gamma T' \simeq T_0 \qquad (4.50)$$

となり，漏れ出す光子の温度を仮に観測できれば，それはほぼ一定で，火の玉の初期温度に対応する[*8]．

外部慣性系から見て，火の玉全体はほぼ光速でシェル状に広がっていく．そのため流体間の速度差をほとんど無視でき，シェルの厚さ ΔR は火の玉の初期半径 R_0 と同じくらいの厚みを保つ．これはシェル静止系での体積 $V' \propto r^2 \Delta R' = r^2 \Gamma R_0 \propto r^3$ とバリオンの密度の振舞い $\rho' \propto r^{-3} \propto V'^{-1}$ からも正当化される．以上からシェルの半径を $r = R$ とすると，

$$\Gamma = \frac{R}{R_0}, \qquad \Delta R = R_0, \qquad \frac{e'_{\rm rad}}{\rho' c^2} = \eta \frac{R_0}{R} = \frac{\eta}{\Gamma} \qquad (4.51)$$

とまとめられる．$R = R_0$ での初期値は式（4.39）で決められていることに注意．このとき，$R/\Gamma^2 \simeq R_0(R_0/R) \ll \Delta R$ なので，先ほど前提とした定常近似の妥当性が確認できる．

式（4.51）から輻射優勢の近似は半径

$$R_{\rm m} \equiv \eta R_0 \simeq 10^9 \left(\frac{\eta}{100}\right) \left(\frac{R_0}{100\,{\rm km}}\right) {\rm cm} \qquad (4.52)$$

で破れ，これより外側では $\rho' c^2 \gg e'_{\rm rad}$ となり，加速が止まる．このとき式（4.48）から，火の玉の発展は $\rho' \propto r^{-2}$，$e'_{\rm rad} \propto r^{-8/3}$ となるので，

$$\Gamma = \eta, \ \Delta R = R_0, \ T_{\rm obs} = T_0 \left(\frac{R}{R_{\rm m}}\right)^{-\frac{2}{3}} \qquad (4.53)$$

がバリオン優勢期の振舞いである．

その後もシェルは膨張を続けるのだが，半径が大きくなってくるとさすがに定

[*7] シリーズ現代の天文学『宇宙論 I』参照．
[*8] 厳密には温度が下がると電子・陽電子が消滅してしまう．その後は統計的自由度の変化分，$(11/4)^{1/3} \simeq 1.4$ 倍だけ $rT' =$ 一定 の近似よりも温度が上がる．これは初期宇宙でも起きていることで，3K 宇宙背景放射とニュートリノ背景放射の温度の違いとして反映されている．

常解の条件，$\Delta R \sim R_0 > R/\Gamma^2$ も破れる．これが起きる半径

$$R_{\rm sp} \equiv \eta^2 R_0 \simeq 10^{11} \left(\frac{\eta}{100}\right)^2 \left(\frac{R_0}{100\,{\rm km}}\right) {\rm cm} \tag{4.54}$$

よりも外側では，シェル内部の速度分散 $\Delta v \sim c/\Gamma^2$（ここでは $\Delta\Gamma \sim \Gamma$ と近似した）により，シェルの厚さが

$$\Delta R \sim \Delta v \frac{R}{c} \simeq \frac{R}{\Gamma^2} > R_0 \tag{4.55}$$

のように広がっていくと考えられる[*9]．このシェル幅は，4.2.2 節の議論における場合分けの，ちょうど基準となる値になっている．放射源の厚さに観測的制限がそれほどあるわけではないが，以上の理由から，シェル幅に対し $\Delta R \ll R/\Gamma^2$ の仮定をすることは稀である．

ケース 1：膨張最初期での晴れ上がり

ここまで輻射とガスが一体化した流体として火の玉の議論をしてきたが，いずれガス密度の減少とともに輻射は逃げていく．まず輻射優勢の時期（$R < R_{\rm m}$）に火の玉が光学的に薄くなるケースを考える．火の玉の温度は $T' \propto R^{-1}$ と減少していき，やがて電子にとって非相対論的な温度 $T' \ll m_{\rm e}c^2$ まで下がる．電子・陽電子は徐々に対消滅していくが，完全熱平衡状態を保っていると仮定すると，その密度は

$$n'_\pm = 4 \left(\frac{m_{\rm e} T'}{2\pi\hbar^2}\right)^{\frac{3}{2}} \exp\left(-\frac{m_{\rm e}c^2}{T'}\right) \tag{4.56}$$

である．

ここで 2 つのケース，$n'_{\rm p} \ll n'_\pm$ と $n'_{\rm p} \gg n'_\pm$ に場合分けできる．ここではまず，前者の場合でのトムソン散乱に対する光学的厚さを評価する．シェルの厚さ $\Delta R' = R_0 \Gamma = R$ は，光学的厚さを評価するには分厚すぎる．外部慣性系におけるシェル膨張の時間スケール R/c は，シェル静止系に移ると Γ 倍だけ短くなる．シェル静止系において，この時間スケールの間に光子が伝播できる距離 $R/\Gamma = R_0$ を用いて光学的厚さを評価しなければならない．

[*9] シェル内部の速度場に依存するので，必ずしも自明ではない．

$$\tau_{\mathrm{T}} = n'_{\pm} \sigma_{\mathrm{T}} \frac{R}{\Gamma} \propto R_0 T'^{\frac{3}{2}} \exp\left(-\frac{m_{\mathrm{e}}c^2}{T'}\right). \tag{4.57}$$

条件 $\tau_{\mathrm{T}} = 1$ は，電子・陽電子対消滅の時間スケール（$t'^{-1}_{\pm} \simeq 3n'_{\pm}\sigma_{\mathrm{T}}c/8$）が，膨張の時間スケール（$t'_{\mathrm{exp}} \equiv R/\Gamma c$）と同じになる条件とほぼ同じである．つまり電子・陽電子との散乱に対して光学的に薄くなると，その後は対消滅の効率が悪くなり，電子・陽電子の数はほぼ保存する．

式（4.57）では指数関数部分が強力に効くので，想定している R_0 の広い範囲 10^6–10^8 cm で $T' \simeq 0.04 m_{\mathrm{e}} c^2 \equiv T'_{\mathrm{ann}}$ が $\tau_{\mathrm{T}} = 1$ の解と近似できる．この場合の晴れ上がり半径（光学的に薄くなる半径）は，式（4.50）から

$$R_{\mathrm{ann}} \equiv R_0 \frac{T_0}{T'_{\mathrm{ann}}} \simeq 1.4 \times 10^9 \left(\frac{R_0}{100\,\mathrm{km}}\right)^{\frac{1}{4}} \left(\frac{E_{\mathrm{iso}}}{10^{50}\,\mathrm{erg}}\right)^{\frac{1}{4}} \mathrm{cm} \tag{4.58}$$

となる．この半径で晴れ上がるためには，$n'_{\mathrm{p}} \propto R^{-3}$ が $T' = T'_{\mathrm{ann}}$ のときの電子・陽電子の密度 $n'_{\mathrm{ann}} \simeq 4.9 \times 10^{17}\,\mathrm{cm}^{-3}$ よりも少なくなければいけないので，

$$\eta \geqq \eta_{\mathrm{ann}} \equiv \frac{3 E_{\mathrm{iso}}}{4\pi R_{\mathrm{ann}}^3 n'_{\mathrm{ann}} m_{\mathrm{p}} c^2} \tag{4.59}$$

$$\simeq 1.2 \times 10^7 \left(\frac{R_0}{100\,\mathrm{km}}\right)^{-\frac{3}{4}} \left(\frac{E_{\mathrm{iso}}}{10^{50}\,\mathrm{erg}}\right)^{\frac{1}{4}} \tag{4.60}$$

がこの半径で晴れ上がる条件．

この半径で加速は終了し，そのときのローレンツ因子は式（4.51）から

$$\Gamma_{\infty} = \frac{R_{\mathrm{ann}}}{R_0} = \frac{T_0}{T'_{\mathrm{ann}}} \simeq 140 \left(\frac{R_0}{100\,\mathrm{km}}\right)^{-\frac{3}{4}} \left(\frac{E_{\mathrm{iso}}}{10^{50}\,\mathrm{erg}}\right)^{\frac{1}{4}} \ll \eta \tag{4.61}$$

となり，ほとんどのエネルギー $(\eta - \Gamma_{\infty}) M_{\mathrm{iso}} c^2 \sim E_{\mathrm{iso}}$ は輻射として逃げていく．

ケース2：輻射優勢期での晴れ上がり

η の値が式（4.59）の η_{ann} よりも小さければ，晴れ上がる前に陽子に付随した電子の密度 n'_{p} が電子・陽電子の密度を上回る．輻射優勢期（$R < R_{\mathrm{m}}$）にこの条件で晴れ上がるのであれば，

$$\tau_{\mathrm{T}} = n'_{\mathrm{p}} \sigma_{\mathrm{T}} \frac{R}{\Gamma} = \frac{3 E_{\mathrm{iso}} R_0 \sigma_{\mathrm{T}}}{4\pi R^3 \eta m_{\mathrm{p}} c^2} \tag{4.62}$$

から，熱的放射が放たれる晴れ上がり半径

$$R_{\rm th} = \left(\frac{3E_{\rm iso}R_0\sigma_{\rm T}}{4\pi\eta m_{\rm p}c^2}\right)^{\frac{1}{3}} \tag{4.63}$$

$$\simeq 2.2\times 10^{10}\left(\frac{\eta}{10^4}\right)^{-\frac{1}{3}}\left(\frac{R_0}{100\,{\rm km}}\right)^{\frac{1}{3}}\left(\frac{E_{\rm iso}}{10^{50}\,{\rm erg}}\right)^{\frac{1}{3}}{\rm cm} \tag{4.64}$$

が求まる．$R_{\rm th} < R_{\rm m}$ の条件があったので，

$$\eta > \eta_* \equiv \left(\frac{3E_{\rm iso}\sigma_{\rm T}}{4\pi R_0^2 m_{\rm p}c^2}\right)^{\frac{1}{4}} \simeq 3200\left(\frac{R_0}{100\,{\rm km}}\right)^{-\frac{1}{2}}\left(\frac{E_{\rm iso}}{10^{50}\,{\rm erg}}\right)^{\frac{1}{4}}. \tag{4.65}$$

あるいはエネルギー放出率 $L_{\rm iso} = cE_{\rm iso}/R_0$ を用いて，

$$\eta_* \simeq 1400\left(\frac{R_0}{100\,{\rm km}}\right)^{-\frac{1}{4}}\left(\frac{L_{\rm iso}}{10^{52}\,{\rm erg/s}}\right)^{\frac{1}{4}} \tag{4.66}$$

と η には下限が付く．

晴れ上がって加速が終わったときのローレンツ因子は式 (4.51) から

$$\Gamma_\infty = \frac{R_{\rm th}}{R_0} \simeq 2200\left(\frac{\eta}{10^4}\right)^{-\frac{1}{3}}\left(\frac{R_0}{100\,{\rm km}}\right)^{-\frac{2}{3}}\left(\frac{E_{\rm iso}}{10^{50}\,{\rm erg}}\right)^{\frac{1}{3}} \tag{4.67}$$

$$\simeq 710\left(\frac{\eta}{10^4}\right)^{-\frac{1}{3}}\left(\frac{R_0}{100\,{\rm km}}\right)^{-\frac{1}{3}}\left(\frac{L_{\rm iso}}{10^{52}\,{\rm erg/s}}\right)^{\frac{1}{3}} \tag{4.68}$$

となり，η とともにローレンツ因子は減っていく．つまり η の増大とともに加速効率が悪くなっていき，エネルギーの大部分は半径 $R_{\rm th}$ から熱的な放射として放たれる．火の玉モデルが達成可能なローレンツ因子の上限が式 (4.65) あるいは式 (4.66) で表される $\Gamma = \eta_*$ であることがわかる．

ケース3：バリオン優勢期での晴れ上がり

$\eta < \eta_*$ のときは，火の玉の加速が完全に終わった $R > R_{\rm m}$ で晴れ上がる．ガンマ線バーストのジェット加速モデルとしては，このケースが最も標準的である．晴れ上がり半径を具体的に求める．シェルの厚さには，$R > R_{\rm sp}$ で膨張を始めるなどの理由で不定性があるので，以下では密度を評価する際に，ジェットのエネルギー放出率 $L_{\rm iso}$ を用いる．外部慣性系でのエネルギー密度は $L_{\rm iso}/4\pi cR^2$ で，

シェル静止系での値の Γ^2 倍となっている[*10]．エネルギー密度の大部分は陽子の静止質量エネルギーとなっているので，バリオンの密度は

$$n'_\mathrm{p} = \frac{L_\mathrm{iso}}{4\pi R^2 \eta^2 m_\mathrm{p} c^3}. \tag{4.69}$$

今までと同様に晴れ上がり半径を求めると，

$$R_\mathrm{ph} = \frac{L_\mathrm{iso}\sigma_\mathrm{T}}{4\pi \eta^3 m_\mathrm{p} c^3} \simeq 1.2 \times 10^{13} \left(\frac{\eta}{100}\right)^{-3} \left(\frac{L_\mathrm{iso}}{10^{52}\,\mathrm{erg/s}}\right)\,\mathrm{cm}. \tag{4.70}$$

重力崩壊直前の巨星の半径 $R_\star \sim 10^{10}$ cm よりも十分外側である．

$R > R_\mathrm{m}$ では $e'_\mathrm{rad}/\rho' \propto R^{-2/3}$ なので，$R = R_\mathrm{ph}$ で晴れ上がった際に漏れ出す熱的光子の光度 $L_\mathrm{ph,iso}$ は，

$$\frac{L_\mathrm{ph,iso}}{L_\mathrm{iso}} = \left(\frac{R_\mathrm{ph}}{R_\mathrm{m}}\right)^{-\frac{2}{3}} = \left(\frac{4\pi \eta^4 R_0 m_\mathrm{p} c^3}{L_\mathrm{iso}\sigma_\mathrm{T}}\right)^{\frac{2}{3}} \tag{4.71}$$

$$\simeq 1.9 \times 10^{-3} \left(\frac{\eta}{100}\right)^{\frac{8}{3}} \left(\frac{R_0}{100\,\mathrm{km}}\right)^{\frac{2}{3}} \left(\frac{L_\mathrm{iso}}{10^{52}\,\mathrm{erg/s}}\right)^{-\frac{2}{3}} \tag{4.72}$$

となり，$\eta \simeq 100$ なら無視できる．しかし $\eta \simeq 1000$ のような大きな値の場合，ガンマ線バースト自体と比較して無視できない明るさの熱的放射が見えるはずである．

この節の結果をまとめると，

- $\eta > \eta_\mathrm{ann}$ の火の玉

初期半径 R_0 から加速膨張を始めるが，R_ann で電子・陽電子の対消滅により，光学的に薄くなり，$\Gamma \simeq 140$ ほどで加速が終了する．大部分のエネルギーは熱的放射として放たれる．

- $\eta_\mathrm{ann} > \eta > \eta_*$ の火の玉

初期半径 R_0 から加速膨張を始めるが，R_ann で対消滅が終了する前に，バリオン密度が電子・陽電子密度を逆転する．R_th で光学的に薄くなり，$\Gamma < \eta$ の段階で加速は終了する．この場合も大部分のエネルギーは熱的放射として放たれる．

- $\eta_* > \eta$ の火の玉

初期半径 R_0 から加速膨張を始め，輻射エネルギーのほとんどを運動エネルギー

[*10] 4.8.1 節の脚注 23 参照．

に変え，R_m で加速が終わり $\Gamma = \eta$ となる．その後はシェルの厚さを保ちながら，$n'_\mathrm{p} \propto R^{-2}$ で密度は減少していく．星の半径 $R_\star$ から外へ出ると，R_sp より外側でシェルの厚さが膨らみ始め，バリオンの密度は再び $n'_\mathrm{p} \propto R^{-3}$ のように振る舞う．やがて R_ph で光学的に薄くなり，その外側で内部衝撃波などを介して運動エネルギーをガンマ線に転換すると考えられる．

4.4.2 磁場優勢ジェット

2.5 節や 4.2.3 節で述べたように，GeV ガンマ線の観測から，ローレンツ因子が 1000，あるいはそれ以上であることを要求されているガンマ線バーストもある．前節で議論した通り，火の玉モデルが正しければ，そのようなガンマ線バーストには晴れ上がりの際の熱的放射が伴うはずだが，観測的にそのような放射は見つかっていない．観測からの Γ の見積りなどにも不定性があるので，簡単に結論は出せないが，$\Gamma \gtrsim 1000$ の報告は火の玉以外の加速モデルを考える動機の一つとなっている．

降着円盤の差動回転などで増幅される螺旋状の磁場は，ジェットを細く絞りつつ，加速させる機構として長年検討されてきた．4.3.3 節で紹介した BZ 機構などにより，ファンネル部分に磁場のエネルギーを集中させることで，そのエネルギー密度がガスのエネルギー密度を圧倒する，磁場優勢ジェットを考えることができる．あるいは中心にブラックホールではなく，マグネターが生まれたと考える場合でも同様である．巻末の付録（A.2 節および A.3 節）に，相対論的磁気流体力学に基づくジェット加速の基礎についてまとめてあるが，ここでは簡略化した議論を行う．

磁場優勢ジェットの加速の仕方は，火の玉モデルとは異なる．今までと同様，簡単のために速度 v で広がっていく，球対称の定常流を仮定する．よく知られているように，運動方向に平行な磁場成分は $B_{//} \propto r^{-2}$ のように急激に落ちていく．したがって十分 r が大きければ，運動方向に垂直な成分だけ考えれば良く，$B \simeq B_\perp$ と近似できる．このとき，半径 r の球面から単位時間に流れ出る磁場のエネルギーは

$$L_{B,\mathrm{iso}} = 4\pi r^2 \frac{B^2}{4\pi} v = v(rB)^2 \tag{4.73}$$

と表せる．慣習的にしばしば使われるシグマ・パラメータは，ガスのエネルギー放出率 $L_{\mathrm{K,iso}} = 4\pi r^2 \Gamma^2 \rho' c^2 v$ を用いて，

$$\sigma \equiv \frac{L_{B,\mathrm{iso}}}{L_{\mathrm{K,iso}}} = \frac{B^2}{4\pi \Gamma^2 \rho' c^2} \tag{4.74}$$

と定義される．ジェットの根元では磁場優勢なので $\sigma = \sigma_0 \gg 1$ となっている．ジェット全体のエネルギー放出率は質量放出率 $\dot{M}_{\mathrm{iso}}$ を用いて，$L_{\mathrm{iso}} = (1+\sigma)\Gamma\dot{M}_{\mathrm{iso}}c^2 \simeq \sigma \Gamma \dot{M}_{\mathrm{iso}} c^2$ と書ける．$B \simeq B_\perp \gg B_{/\!/}$ のとき，ジェット静止系での磁場の値は $B' = B/\Gamma$ なので，静止系でのアルヴェン波[*11] の四元速度は $u'_{\mathrm{A}} = \sqrt{\sigma}$ と表せる．

ジェットは磁気圧で加速していくが，電気抵抗が無視できる理想磁気流体（理想 MHD）近似の範囲では，$\Gamma \simeq u'_{\mathrm{A}}$ となるあたりで，加速は止まってしまう．電磁誘導の式を球対称・定常の系に適用すると，$\nabla \times (\boldsymbol{v} \times \boldsymbol{B}) = 0$ から，$B \simeq B_\perp \propto (rv)^{-1}$ あるいは $rB \propto 1/v$ である．式（4.73）から速度 v の増加とともに，$L_{B,\mathrm{iso}} \propto 1/v$ で磁場のエネルギーは減少していく．全体のエネルギー放出率は一定なので，これは磁場のエネルギーが運動エネルギーに変わり，Γ が増大していくことを意味する．しかし，v が光速に近づいてくると，その減少率は鈍っていく．$\Gamma \simeq \sqrt{\sigma}$ に達したときの $L_{B,\mathrm{iso}}$ と，目いっぱい加速した近似 $v = c$ で評価した $L_{B,\mathrm{iso}}$ との誤差は $(c-v)(rB)^2 \sim L_{B,\mathrm{iso}}/\sigma \simeq L_{\mathrm{K,iso}}$ 程度である．この誤差が $L_{\mathrm{K,iso}}$ よりもはるかに大きければ，さらに $v \to c$ へ近づけることで，磁場からエネルギーを渡して，有意に $L_{\mathrm{K,iso}}$ を増加させられる．しかし $\Gamma \simeq \sqrt{\sigma}$ のときに，これ以上 $v \to c$ へと近づけると rB は一定．つまりほとんど磁場エネルギーは変化しないのに，Γ がみるみる増加し，$L_{\mathrm{K,iso}}$ が有意に増えて，エネルギー保存を破ってしまう．上記誤差の精度で $L_{B,\mathrm{iso}}$ は r とともに減少できなくなり，磁気エネルギーをガスの加速に使えなくなっているのである．

L_{iso} は保存するので，$\sigma_0 \dot{M}_{\mathrm{iso}} c^2 \simeq \sigma \Gamma \dot{M}_{\mathrm{iso}} c^2$ だが，$\Gamma \simeq \sqrt{\sigma}$ で加速が止まってしまうとすると，そのローレンツ因子は $\Gamma \simeq \sigma_0^{1/3} \ll \sigma_0$ となる．このモデルで $\Gamma = 100$ を達成するためには，$\sigma_0 > 10^6$ にも及ぶ非常に大きな磁化パラメータが必要とされ，加速終了後も $\sigma = \sigma_0^{2/3} \gg 1$ のように磁場優勢のままである．

理想 MHD 近似を保って，上のような磁場優勢ジェットを一つのモデルとし

[*11] 磁場の揺動が横波として伝わる速度．四元速度なら $u_{\mathrm{A}} = B/\sqrt{4\pi \rho c^2}$．

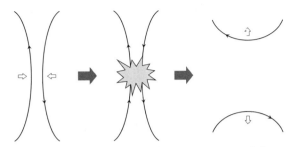

図 4.8 磁気再結合．反平行磁場の領域では $\nabla \times \boldsymbol{B}$ が大きいので，大きな電流が流れる．実効的な電気抵抗があれば，ジュール散逸によって磁場エネルギーが解放され，磁力線の繋ぎ換えが起きる．

て考えても良いかもしれない．しかし，パルサー風の観測によると，根元で磁場優勢であったはずの流れが加速を受けて，外側ではガスの運動エネルギーが優勢になっていることが示唆されている．これには理想 MHD 近似を破る物理過程が関わっているのかもしれない．図 4.8 に示されている，磁気再結合（magnetic reconnection）による磁場エネルギーの解放が，そのような物理過程の代表である．磁気再結合は，太陽コロナで日常的に観測されている現象ではあるが，ガンマ線バーストに適用できる洗練された理論モデル（特に $\sigma \gg 1$ のケースにおいて）は，残念ながら今のところない．ここでは現象論的にジェット加速に対する磁気再結合の効果を考えてみる．

最初に磁気再結合の時間スケールを求める．4.4.1 節のシェルの厚さの議論と同じであるが，すべての流体要素はほぼ光速で運動するので，ほとんど速度差がない．したがって，外部慣性系における乱れた磁場の典型的スケール l_B は不変と見なせる．流体静止系での磁気再結合現象の伝播速度は，アルヴェン速度 v_A に何らかの因子 $\kappa < 1$ をかけた程度だと仮定する．$\sigma \gg 1$ から $v_A \sim c$ なので，伝播速度 κc も定数とみなせる．以上から磁気再結合の時間スケールは $t'_{\rm rec} = l'_B/\kappa c = \Gamma l_B/\kappa c \propto \Gamma$ となる．外部慣性系では $t_{\rm rec} = \Gamma t'_{\rm rec} \propto \Gamma^2$．流体静止系でのスケール l'_B が Γ の増加に伴い徐々に大きくなるのは，再結合で散逸した磁場のエネルギーがガスの熱エネルギーに転換され，その圧力で流体が膨張したと解釈できる．

理想 MHD 近似では $\partial(vrB)/\partial r = 0$ であったが，磁気再結合の効果を取り入れて，

と書けるだろう．$v \simeq c$ の近似から

$$\frac{\partial}{\partial r}(vrB) \simeq -\frac{(vrB)}{vt_{\rm rec}} \tag{4.75}$$

$$\frac{\partial}{\partial r}(rB)^2 \simeq -2\frac{(rB)^2}{ct_{\rm rec}} \tag{4.76}$$

と変形でき，これに $L_{\rm iso} = \Gamma \dot{M}_{\rm iso} c^2 + c(rB)^2 \simeq \sigma_0 \dot{M}_{\rm iso} c^2$ を代入すると，

$$\frac{d\Gamma}{dr} \simeq 2\frac{\sigma_0}{ct_{\rm rec}} \propto \Gamma^{-2} \tag{4.77}$$

が得られる．よってこの現象論的なモデルの場合，半径を $r = R$ として，

$$\Gamma = \left(\frac{R}{R_0}\right)^{\frac{1}{3}},\ R < \sigma_0^3 R_0\ \text{のとき} \tag{4.78}$$

であり，火の玉モデル（$\Gamma \propto R$）に比べゆっくりとした加速になる．

　定常の仮定を外すことで，磁場エネルギーを解放する方法もある（撃力（impulsive）加速）．周りの圧力を無視できるほどの磁気圧に満ちた，非常に薄いシェルを中心エンジンから打ち出す．シェルの運動の重心系で考えると，シェルの外側はほぼ真空なので，磁気圧によってシェルはアルヴェン速度程度で前後に膨張する．これを外部慣性形から観測すると，シェルの後面が減速し，前面は加速していくこととなる．周りを真空と見なせる限り，シェルの前後には圧力勾配があるので加速は続く．重心系で考えれば，およそ半分の質量が減速を受け，残りの半分の質量が加速を受けている．加速が終了したときに外部慣性形で評価すると，減速を受けた後面はほぼ非相対論的速度となり，エネルギーの大部分は加速を受けた前面のシェルが持っている．シェルが分厚いと（やはり R/Γ^2 が厚みの基準），定常解の振舞いに近くなるので，初期に十分薄いシェルを作らなくてはいけない．

　磁気再結合では一旦ガスの熱エネルギーを介して流体を加速膨張させていたが，このモデルでは磁気圧で直接加速膨張を起こしているのが違いである．詳細な計算は省略するが，結局どちらのモデルも磁場エネルギーを解放しており，その時間スケールやガスの膨張がアルヴェン速度で決まっているのも共通している．したがって，このモデルでも加速の振舞いは磁気再結合と同様に $\Gamma \propto R^{1/3}$ となる．

4.5 内部衝撃波と即時放射

内部衝撃波モデル (internal shock model) によるガンマ線バーストの即時放射 (prompt emission) の説明を試みる．2.2 節で見たように，ガンマ線バーストの光度曲線には多くの場合，短い時間変動を持つパルスが複数存在し，その時間変動のスケール $\delta t_{\rm obs}$ はバースト全体の継続時間 $t_{\rm dur}$ よりもはるかに短い．この時間変動を一つの光源で再現できるだろうか？ 光源が半径 $r=0$ から R まで相対論的速度で広がりながら，何度かに分けてガンマ線を放射したとする．この場合，観測者にとっての継続時間は式 (4.13) にあるように，$t_{\rm dur} \simeq t_{\rm rad}$ となる．一方最後の放射が $r=R$ で起きたとすると，その最後のパルスが持つ時間変動は，少なくとも式 (4.16) の角時間スケール $t_{\rm ang}$ よりも長いであろう．$t_{\rm rad} \simeq t_{\rm ang}$ から，このモデルの場合 $t_{\rm dur} \simeq \delta t_{\rm obs}$ となってしまい，観測的な事実 $t_{\rm dur} \gg \delta t_{\rm obs}$ と矛盾する．

光度曲線を説明するためには，複数の光源が独立に光っていることが要求される．最も自然なモデルは，中心エンジンの活動が時間変動することで，複数のシェルが放出され，それらのシェル同士の衝突の際にガンマ線を放つものである．このモデルを内部衝撃波モデルと呼んでいる．

観測されるパルスの時間変動と，中心エンジンの時間変動との関係について考える．中心エンジンの時間変動は降着円盤内の対流不安定性などによってもたらされるのであろう．最初のシェルがローレンツ因子 $\varGamma_{\rm s}$ でエンジンから打ち出された後，時間 $\delta t_{\rm BH}$ 後に 2 枚目のシェルが $\varGamma_{\rm r} \gg \varGamma_{\rm s}$ で放出されたとする．2 枚のシェルの間隔は $c\delta t_{\rm BH}$，速度差は $v_{\rm r} - v_{\rm s} \simeq c(1/2\varGamma_{\rm s}^2 - 1/2\varGamma_{\rm r}^2) \simeq c/2\varGamma_{\rm s}^2$ なので，後ろのシェルが前のシェルに追いつく半径は

$$R = 2c\delta t_{\rm BH}\varGamma_{\rm s}^2 \simeq 6.0 \times 10^{12} \left(\frac{\varGamma_{\rm s}}{100}\right)^2 \left(\frac{\delta t_{\rm BH}}{10{\rm ms}}\right) {\rm cm}. \tag{4.79}$$

このときガンマ線が放出される．放射体のローレンツ因子を $\varGamma \simeq \varGamma_{\rm s}$ とすると，観測者にとってのパルス変動時間スケールは，式 (4.13) あるいは (4.16) より，

$$\delta t_{\rm obs} \simeq \frac{R}{2\varGamma^2 c} = \delta t_{\rm BH} \tag{4.80}$$

となる．よってパルスの時間変動は中心エンジンの時間変動をそのまま反映していると考えて良い．

観測光度からジェットのエネルギー密度が推定できる．ジェット流の一部分，幅 $\Delta R = R/\Gamma^2$ の部分を切り出したときの体積 $V' = 4\pi R^3/\Gamma$ を考える．この中で一様な光子エネルギー密度を U'_γ だとすると，その総エネルギーは $E_{\gamma,\mathrm{iso}} = \Gamma V' U'_\gamma = 4\pi R^3 U'_\gamma$．この光子を観測する時間スケールが δt_obs なので，観測されるガンマ線光度は

$$L_{\gamma,\mathrm{iso}} = E_{\gamma,\mathrm{iso}}/\delta t_\mathrm{obs} \simeq 4\pi c R^2 \Gamma^2 U'_\gamma \tag{4.81}$$

となり，外部慣性系での値 $cE_{\gamma,\mathrm{iso}}/\Delta R$ とほぼ同じである．

4.5.1　エネルギー効率

ガンマ線のエネルギー源は，二つのシェルが衝突した際に散逸された運動エネルギーの一部である．静止質量 M_s，ローレンツ因子 Γ_s のシェルに，同 M_r，Γ_r のシェルが追突する場合を考える．簡単のために，二つのシェルは衝突した後には合体し，ローレンツ因子 Γ_m で運動すると仮定する．エネルギー保存と運動量保存の式は

$$M_\mathrm{s} c^2 \Gamma_\mathrm{s} + M_\mathrm{r} c^2 \Gamma_\mathrm{r} = (M_\mathrm{s} c^2 + M_\mathrm{r} c^2 + E'_\mathrm{int}) \Gamma_\mathrm{m} \tag{4.82}$$

$$M_\mathrm{s} c \sqrt{\Gamma_\mathrm{s}^2 - 1} + M_\mathrm{r} c \sqrt{\Gamma_\mathrm{r}^2 - 1} = (M_\mathrm{s} c + M_\mathrm{r} c + E'_\mathrm{int}/c) \sqrt{\Gamma_\mathrm{m}^2 - 1} \tag{4.83}$$

となる．ここで E'_int は衝突により発生した内部エネルギーである．ガンマ線に変換できるエネルギーはこの E'_int の一部である．これを解くと，

$$\Gamma_\mathrm{m} \simeq \sqrt{\frac{M_\mathrm{s}\Gamma_\mathrm{s} + M_\mathrm{r}\Gamma_\mathrm{r}}{M_\mathrm{s}/\Gamma_\mathrm{s} + M_\mathrm{r}/\Gamma_\mathrm{r}}} \rightarrow \Gamma_\mathrm{m} \simeq \sqrt{\Gamma_\mathrm{s}\Gamma_\mathrm{r}} \quad (M_\mathrm{s} = M_\mathrm{r} \text{ のとき}) \tag{4.84}$$

となり，散逸により発生した内部エネルギーは

$$E_\mathrm{int} = \Gamma_\mathrm{m} E'_\mathrm{int} = M_\mathrm{s} c^2 (\Gamma_\mathrm{s} - \Gamma_\mathrm{m}) + M_\mathrm{r} c^2 (\Gamma_\mathrm{r} - \Gamma_\mathrm{m}) \tag{4.85}$$

と書ける．

衝突前の全運動エネルギーに対する散逸したエネルギーの割合 f_dis を求める．簡単のために $M_\mathrm{s} = M_\mathrm{r} = M$ とすると，

$$f_{\text{dis}} = \frac{\Gamma_{\text{m}} E'_{\text{int}}}{M(\Gamma_{\text{s}} + \Gamma_{\text{r}})c^2} \simeq 1 - \frac{2\sqrt{\Gamma_{\text{r}}/\Gamma_{\text{s}}}}{1 + \Gamma_{\text{r}}/\Gamma_{\text{s}}} \tag{4.86}$$

となる．たとえばローレンツ因子が 100 と 200 の衝突のような，$\Gamma_{\text{r}}/\Gamma_{\text{s}} = 2$ の場合，$f_{\text{dis}} \simeq 0.057$ となってしまい，シェル衝突によるエネルギー散逸効率は非常に悪くなってしまう．エネルギー効率を上げるには Γ が 100 と 1000 の衝突のような，$\Gamma_{\text{r}}/\Gamma_{\text{s}} = 10$ ($f_{\text{dis}} \simeq 0.43$) くらいの値が望ましい．つまり，即時放射の段階で運動エネルギーの大部分をガンマ線に変えるためには，シェルのローレンツ因子に大きな分散が必要とされるのである．

4.5.2 衝撃波の構造

ここでは二つのシェルが衝突した際の衝撃波の構造について解説する．その前にシェルの典型的な密度について確認しておく．

$$n'_{\text{p}} = \frac{L_{\text{iso}}}{4\pi R^2 \Gamma^2 m_{\text{p}} c^3} \tag{4.87}$$

$$= 1.8 \times 10^{13} \left(\frac{\Gamma}{100}\right)^{-2} \left(\frac{R}{10^{13}\,\text{cm}}\right)^{-2} \left(\frac{L_{\text{iso}}}{10^{52}\,\text{erg/s}}\right) \text{cm}^{-3}. \tag{4.88}$$

こうした密度を持った二つのシェルが衝突した際の衝撃波を考える．同じ方向に運動している二つのシェルの相対ローレンツ因子は

$$\Gamma_{\text{rel}} = \Gamma_{\text{s}} \Gamma_{\text{r}} (1 - \beta_{\text{s}} \beta_{\text{r}}) \simeq \frac{1}{2} \left(\frac{\Gamma_{\text{r}}}{\Gamma_{\text{s}}} + \frac{\Gamma_{\text{s}}}{\Gamma_{\text{r}}}\right) \tag{4.89}$$

で，内部衝撃波モデルの場合 $\Gamma_{\text{r}}/\Gamma_{\text{s}} \lesssim 10$ なので，$\Gamma_{\text{rel}} \lesssim 5$ とそれほど大きな値にはならない．

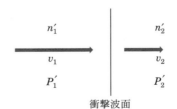

図 4.9 衝撃波面静止系では，上流から流体が速度 v_1 で流れ込み，衝撃波面で減速を受けて下流へ速度 v_2 で流れていく．それぞれに対応するローレンツ因子を Γ_1, Γ_2 とし，相対ローレンツ因子を Γ_{12} と表す．

図 4.9 のように衝撃波面静止系で考える．今までと同様，ダッシュのついた量はそれぞれの流体静止系での量である．衝撃波面を挟んで流れ込む粒子数 $n'\Gamma v$, 運動量 $(e'_\mathrm{m} + P')\Gamma^2 v^2/c^2 + P'$，エネルギー $(e'_\mathrm{m} + P')\Gamma^2 v$ の流束が保存する．エネルギー密度 e_m（あるいは内部エネルギー密度 U）と圧力 P の関係は比熱比 $\hat{\gamma}$ を用いて，

$$P = (\hat{\gamma} - 1)(e_\mathrm{m} - nmc^2) = (\hat{\gamma} - 1)U = nT \tag{4.90}$$

と書けるので，3 つの保存則と合わせて衝撃波のジャンプ条件が求まる．以下では強いショックの近似 $P'_2/n'_2 \gg P'_1/n'_1$ を採用し，ショックを受ける前の上流は十分低温（$e'_1 \simeq n'_1 m_\mathrm{p} c^2$）である一方，ショックを受けた下流は相対論的な温度（$\hat{\gamma} = 4/3$）に達していると仮定する．上流静止系から見た下流のローレンツ因子を Γ_{12} とすると，最終的にジャンプ条件は

$$\Gamma_1 = \sqrt{\frac{(\Gamma_{12} + 1)(4\Gamma_{12} - 1)^2}{8\Gamma_{12} + 10}}, \tag{4.91}$$

$$\frac{n'_2}{n'_1} = 4\Gamma_{12} + 3, \quad U'_2 = (\Gamma_{12} - 1)n'_2 m_\mathrm{p} c^2 \tag{4.92}$$

と求まる．$\Gamma_1 \gg 1$ とすると，上の式から下流の速度が

$$\Gamma_2 \simeq \frac{3\sqrt{2}}{4}, \quad v_2 \simeq \frac{c}{3} \tag{4.93}$$

となることがわかる．

二つのシェルが衝突すると，図 4.10 のように前方に伝播する衝撃波（forward

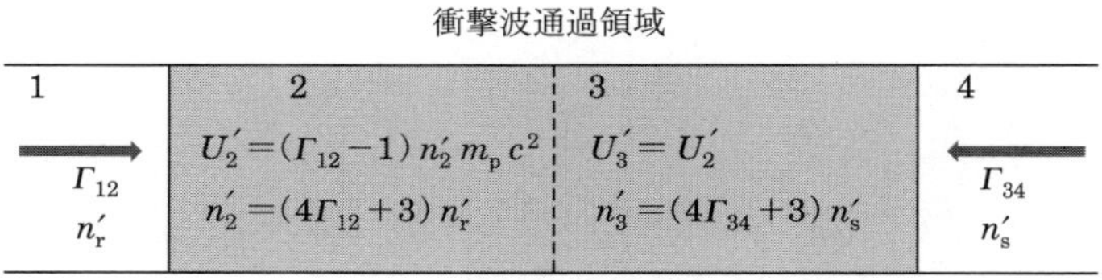

衝撃波通過領域

1	2	3	4
$\rightarrow$ Γ_{12} n'_r	$U'_2 = (\Gamma_{12} - 1) n'_2 m_\mathrm{p} c^2$ $n'_2 = (4\Gamma_{12} + 3) n'_\mathrm{r}$	$U'_3 = U'_2$ $n'_3 = (4\Gamma_{34} + 3) n'_\mathrm{s}$	$\leftarrow$ Γ_{34} n'_s

図 4.10 密度 n'_s のシェルに密度 n'_r が衝突した際に，衝撃波面がすでに通過した領域 2 あるいは領域 3 静止系で見た図．衝撃波面が左右外側へ伝播し，左からはこの系に対しローレンツ因子 Γ_{12}, 右からは Γ_{34} で流体が突っ込んできている．

shock）と後方へ伝播する衝撃波（reverse shock）の 2 つが発達する．後ろのシェルで衝撃波が通過していない領域を 1，通過した領域を 2，前のシェルで衝撃波が通過した領域を 3，通過していない領域を 4 とする．領域 2 と領域 3 の境界（破線）は接触不連続面と呼ばれ，圧力が釣り合っている．つまり $P_2' = U_2'/3 = U_3'/3$ から内部エネルギー密度が等しくなっている．この領域 2 や領域 3 静止系で見て，後ろのシェルが Γ_{12}，前のシェルが Γ_{34} で流れ込んできている．この互いに接近するシェルの相対ローレンツ因子が式（4.89）で与えられているので，Γ_{12} と Γ_{34} は

$$\Gamma_{\rm rel} = \Gamma_{12}\Gamma_{34} + \sqrt{\Gamma_{12}^2 - 1}\sqrt{\Gamma_{34}^2 - 1} \tag{4.94}$$

の関係式を満たしており，図 4.10 のジャンプ条件から得られる式，

$$\frac{n_{\rm r}'}{n_{\rm s}'} = \frac{(\Gamma_{34}-1)(4\Gamma_{34}+3)}{(\Gamma_{12}-1)(4\Gamma_{12}+3)} \tag{4.95}$$

と連立させることで解を求められる．参考までに $n_{\rm r}'/n_{\rm s}' = 1/10$，$\Gamma_{\rm rel} = 5$ の解は，$\Gamma_{12} \simeq 2.6$，$\Gamma_{34} \simeq 1.3$．式（4.84）と同じ意味を持つ，外部慣性系から見た領域 2 と 3 のローレンツ因子は

$$\Gamma_{\rm m} \simeq \Gamma_{\rm r}\left(\Gamma_{12} - \sqrt{\Gamma_{12}^2-1}\right) \tag{4.96}$$

と近似できる．

4.5.3 シンクロトロン放射

活動銀河核ジェットや超新星残骸などの高エネルギー天体からの X 線放射は，衝撃波で加速された電子からのシンクロトロン放射で説明される．ガンマ線バーストの放射モデルとして，同様のモデルを最初に検討するのは自然であろう．衝撃波による粒子加速の説明は本書の範囲を超えているので，簡単に概説するのみとする．

そもそも宇宙のプラズマは密度が非常に薄いため，粒子同士の衝突が無視できるはずである．それにも関わらず，相対運動しているプラズマ同士はすれ違うことなく "無衝突衝撃波" を形成しているのが観測で確かめられている．無衝突衝撃波では荷電粒子の集団的な相互作用を介したプラズマ不安定性[*12] により，電

[*12] シリーズ現代の天文学『天体物理学の基礎 II』第 2 章参照．

場や磁場の波が励起されると考えられている．こうした波による粒子の散乱が，上流プラズマの減速，つまり運動エネルギーの散逸をもたらす．プラズマ波動を励起する有力な機構として，二流体不安定性やワイベル不安定性などが挙げられている．プラズマ波動の典型的なスケールは，電子のプラズマ振動数

$$\omega_{\rm pe} = \sqrt{\frac{4\pi n_e e^2}{m_e}} \tag{4.97}$$

を用いて表すと，$c/\omega_{\rm pe} \simeq 5.3(n_e/10^{10}{\rm cm}^{-3})^{-\frac{1}{2}}{\rm cm}$ となり，非常に小さなスケールの現象であることがわかる．

　無衝突衝撃波では，励起された乱流磁場によって散乱されながら下流に流される粒子だけではなく，衝撃波面をまたいで何度も往復する粒子も現れる．上流と下流の間には速度差があるため，こうした粒子は一往復するたびにエネルギーを得て加速されていく．この過程はフェルミ加速（Fermi acceleration）と呼ばれ，加速粒子のエネルギー分布は冪乗分布になることが知られている[*13]．背景流体のマックスウェル–ボルツマン分布に従う熱的な成分に対し，冪乗分布をした成分は非熱的成分（non-thermal component）と呼ばれる．多くの高エネルギー天体で実際に非熱的な電子が見つかっており，地球に降り注いでいる宇宙線も超新星残骸の衝撃波で加速された陽子や原子核だと考えられている．図 4.11 は衝撃波によるフェルミ加速のシミュレーションの一例である．

　衝撃波近傍では非熱的成分の生成だけではなく，プラズマ不安定性や MHD 的乱流，非熱的粒子の反作用などによって磁場が増幅されている可能性もある．図 4.12 は MHD 乱流による磁場増幅シミュレーションの一例．最も理想的な場合，衝撃波で散逸されたエネルギーの 10%ほどが磁場エネルギーに転換されている．以上のように衝撃波での粒子加速は，背景流体・非熱的粒子・乱流磁場の非線形な相互作用によって律せられており，大規模な数値シミュレーションの発展にも関わらず，その詳細は未だ分かっていない．加速に要する時間スケール，加速粒子の割合やエネルギー配分，磁場増幅の度合いとその空間スケールなどを知りたいのだが，超新星残骸のような近傍の現象の観測ですら，その解釈は収束していない．ましてやガンマ線バーストのような相対論的な衝撃波で何が起きているかについては，不確かな想像をすることしかできない．

[*13] シリーズ現代の天文学『ブラックホールと高エネルギー現象』第 4 章参照．

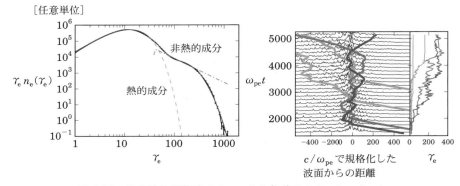

図 4.11 相対論的衝撃波でのフェルミ加速のシミュレーション (Spitkovsky 2008, *ApJ*, 682, L5). 左は電子スペクトルで高エネルギー側に非熱的成分が見えている. 右はいくつかの粒子を選んで, それらが衝撃波を往復してエネルギーを得ていく様子を示したもの. 縦軸が時間に対応していて, 背景には電磁波動を描いている.

"標準的"な内部衝撃波モデルでは, 衝撃波面で散逸されたエネルギーが効率よく電子に運ばれ, 非熱的電子を生成すると仮定する. 電子のエネルギー分布は放射冷却の影響を受けた折れ曲がりを持つ冪乗分布となる. この分布を反映して, シンクロトロン放射のスペクトルにも折れ曲がりが現れ, 2.3 節で議論した典型的な即時放射のスペクトルの形, 式 (2.4) の Band 関数を再現するとされている. 以下では電子や光子の典型的なエネルギーを見積もってみる.

加速電子の典型的なエネルギー

衝撃波下流静止系における電子の典型的なエネルギーを求める. 前節では $\hat{\gamma} = 4/3$ の近似からジャンプ条件を求めたが, 内部衝撃波の場合 $\Gamma_{\rm rel}$ や Γ_{12} は $O(1)$ で, 相対論的というよりも, 弱相対論的 (mildly relativistic) とでも呼ぶべきショックの速度である. いずれにせよこういった近似に依存せず, 上流が十分低温であれば, 下流の陽子 1 個あたりの運動エネルギーは

$$\frac{U'}{n'_{\rm p}} = (\Gamma_{12} - 1) m_{\rm p} c^2 \tag{4.98}$$

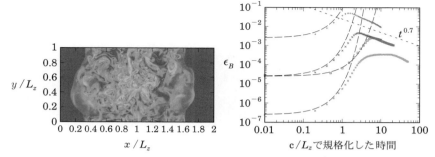

図4.12 内部衝撃波での MHD 乱流による磁場増幅シミュレーション (Inoue et al. 2011, ApJ, 734, 77). 左は左右に伝播する衝撃波における磁場強度分布. 右は式 (4.103) に用いられている磁場のパラメータ ϵ_B (内部エネルギーにおける磁場の割合) が成長する様子.

と書ける.これは下流静止系で見ると,上流の陽子が 1 個あたり $\Gamma_{12} m_\mathrm{p} c^2$ のエネルギーを持っていることから,自明である.単純にジャンプ条件を適用すると,電子の運動エネルギーは質量比 $m_\mathrm{e}/m_\mathrm{p} \simeq 1/1800$ の分だけ,陽子よりも小さくなる.クーロン散乱を介して陽子から電子にエネルギーが輸送されれば,いずれは電子と陽子が等温になるであろうが,その時間スケールはガンマ線バーストの放射時間スケールと比べて非常に長い.しかし,ここでは先に述べたプラズマ不安定性などにより,効率的に陽子から電子へエネルギーの輸送が起き,その電子は冪乗分布をしていると仮定する.

後で見るように,実際の電子の分布には放射冷却の効果を取り入れなくてはいけないが,冷却を受ける前の注入時の電子の分布をまず求める.各電子のエネルギーを $\varepsilon_\mathrm{e} = \gamma_\mathrm{e} m_\mathrm{e} c^2$ として,注入時の電子密度のエネルギー(正確には γ_e)分布を

$$n'_\mathrm{inj}(\gamma'_\mathrm{e}) = f_\mathrm{e} \frac{(p-1) n'_\mathrm{p}}{\gamma'^{1-p}_\mathrm{m}} \gamma'^{-p}_\mathrm{e} \quad \gamma'_\mathrm{e} > \gamma'_\mathrm{m} \text{ のとき} \tag{4.99}$$

と表す.注入時の γ'_e には下限 γ'_m が設けられていることに注意.ここでは冪指数 $p > 2$ を仮定しており,γ'_m よりも上で積分すると $f_\mathrm{e} n'_\mathrm{p}$ となる.つまり f_e は全電子に対する加速された電子の割合である.

この分布の場合,電子のエネルギー密度 $U'_\mathrm{e} = \int d\gamma'_\mathrm{e} \varepsilon'_\mathrm{e} n'_\mathrm{inj}(\gamma'_\mathrm{e})$ を陽子数密度で

割ると,

$$\frac{U'_\mathrm{e}}{n'_\mathrm{p}} = f_\mathrm{e} \frac{p-1}{p-2} \gamma'_\mathrm{m} m_\mathrm{e} c^2 \tag{4.100}$$

となる. 現象論的なエネルギー配分のパラメータ ϵ_e を使って, $U'_\mathrm{e} = \epsilon_\mathrm{e} U'$ と表すと, 陽子1個あたりのエネルギーは (4.98) 式で与えられているので,

$$\gamma'_\mathrm{m} = \frac{\epsilon_\mathrm{e}}{f_\mathrm{e}} \frac{p-2}{p-1}(\varGamma_{12}-1)\frac{m_\mathrm{p}}{m_\mathrm{e}} \simeq 610 \mathcal{G} f_\mathrm{e}^{-1} \left(\frac{\epsilon_\mathrm{e}}{0.5}\right) \tag{4.101}$$

のように電子の最低エネルギーに対応するローレンツ因子が求まる. $\varGamma_{12}-1=2$, $p=2.5$ くらいの値を意識して, 上では

$$\frac{p-2}{p-1}(\varGamma_{12}-1) \equiv \frac{2}{3}\mathcal{G} \tag{4.102}$$

と定義した. γ'_m はこの $\mathcal{G}$ (~ 1) にのみ依存し, 残りはパラメータである.

加速電子の割合に対して, $f_\mathrm{e} \ll 1$ と仮定することもあるが, $f_\mathrm{e}=1$ を採用することも多い. $\gamma'_\mathrm{e} > \gamma'_\mathrm{m}$ なので, $f_\mathrm{e}=1$ の場合, すべての電子の γ'_e が熱的な温度に対応する $\sim \varGamma_{12}$ よりもはるかに高い値を持っている. これを不自然に感じるかもしれないが, いくつかの相対論的衝撃波の数値シミュレーションでは, 上流の大振幅の波動により, 電子が効率的に加熱され, 衝撃波に突入する前から陽子と同程度のエネルギーを持っている可能性が指摘されている. よって $f_\mathrm{e}=1$ の可能性を現時点で否定することはできない. いずれにせよ, γ'_m はプラズマ物理から決まってくる量のはずだが, 以下ではパラメータ ϵ_e などを用いて現象論的に扱う.

磁場強度と冷却時間

電子に輸送されたエネルギーはすべてガンマ線として放たれるとすると, 式 (4.81) と同様, ガンマ線光度は $L_{\gamma,\mathrm{iso}} = 4\pi c R^2 \varGamma_\mathrm{m}^2 \epsilon_\mathrm{e} U'$ と書ける. 磁場は衝撃波によって増幅されており, そのエネルギー密度 $U'_B = B'^2/8\pi$ は U' に比例すると仮定する. パラメータ ϵ_B を採用して $U'_B = \epsilon_B U'$ と表すと,

$$B' = \sqrt{\frac{2\epsilon_B L_{\gamma,\mathrm{iso}}}{\epsilon_\mathrm{e} c R^2 \varGamma_\mathrm{m}^2}} \simeq 3.7 \times 10^5 \epsilon_{\mathrm{e},0.5}^{-1/2} \epsilon_{B,0.1}^{1/2} \varGamma_{100}^{-1} R_{13}^{-1} L_{52}^{1/2} \,\mathrm{G} \tag{4.103}$$

となる．ここからはパラメータが増えてくるので，$\epsilon_{e,0.5} \equiv \epsilon_e/0.5$, $\epsilon_{B,0.1} \equiv \epsilon_B/0.1$, $\Gamma_{100} \equiv \Gamma_m/100$, $R_{13} \equiv R/10^{13}$cm, $L_{52} \equiv L_{\gamma,\mathrm{iso}}/10^{52}$ erg s^{-1} などと表す．図 4.12 の MHD シミュレーションが示すように，$\epsilon_B = 0.1$ 程度がこのパラメータの上限であろう．

一個の電子がシンクロトロン放射で単位時間あたりに放つエネルギー[*14] は

$$\left.\frac{dE}{dt}\right|_{\mathrm{syn}} = -\dot{\varepsilon}_{e,\mathrm{syn}} = \frac{4}{3}c\sigma_T\gamma_e^2 U_B \tag{4.104}$$

なので，放射による冷却時間は

$$t'_c = \frac{\varepsilon_e}{|\dot{\varepsilon}_{e,\mathrm{syn}}|} = \frac{6\pi m_e c}{\sigma_T B'^2 \gamma'_e} \simeq 1.3 \times 10^{-4} B'^{-2}_5 \left(\frac{\gamma'_e}{600}\right)^{-1} \mathrm{s} \tag{4.105}$$

となり，シェル膨張の時間スケール $t'_{\exp} = R/\Gamma_m c \simeq 3.3 R_{13} \Gamma^{-1}_{100}$ s よりもはるかに短い．よってフェルミ加速を受けた電子は，注入されるやいなや，すぐに冷えてしまう．

実効的な電子の分布

シンクロトロン放射による冷却が強い場合の電子スペクトルを考える．膨張時間スケール $t'_{\exp}$ 程度の間，電子が連続的に注入され，その分布が定常状態になっているとする．電子が瞬時にエネルギーを失うことを考慮すると，定常状態を仮定した電子の分布から求められる放射スペクトルの形は，すべての電子が瞬間的に注入されてからエネルギーを失うまでの間に放つ全放射を積分したものと同じになる．すなわち，冷却が強い系では，観測者が時間積分してスペクトルを求める限り，電子注入が定常的か瞬間的かは問題にならない．

電子のエネルギー空間，つまり γ_e-空間における連続の式を考える．定常の仮定から

$$\frac{\partial}{\partial \gamma_e}[\dot{\gamma}_e n_e(\gamma_e)] = \dot{n}_{\mathrm{inj}} \propto \gamma_e^{-p} \quad \gamma_e > \gamma_m \text{ のとき} \tag{4.106}$$

となる．シンクロトロンによる冷却率から $\dot{\gamma}_e \propto -\gamma_e^2$ なので，$\gamma_e > \gamma_m$ では $n_e(\gamma_e) \propto \gamma_e^{-(p+1)}$，$\gamma_e < \gamma_m$ では右辺がゼロとなり，$n_e(\gamma_e) \propto \gamma_e^{-2}$ となることが

[*14] シリーズ現代の天文学『天体物理学の基礎 II』第 3 章参照．

わかる．$\gamma_{\rm e} = \gamma_{\rm m}$ の電子の冷却時間 $t_{\rm c,m}$ を用いて，冷却を無視した注入時の密度の式 (4.99) から最終的に，

$$n'_{\rm e}(\gamma'_{\rm e}) = f_{\rm e} \frac{t'_{\rm c,m}}{t'_{\rm exp}} \frac{n'_{\rm p}}{\gamma'_{\rm m}} \begin{cases} (\gamma'_{\rm e}/\gamma'_{\rm m})^{-(p+1)}, & \gamma'_{\rm e} > \gamma'_{\rm m} \text{ のとき} \\ (\gamma'_{\rm e}/\gamma'_{\rm m})^{-2}, & \gamma'_{\rm e} < \gamma'_{\rm m}. \text{ のとき} \end{cases} \quad (4.107)$$

放射スペクトル

上記のような，折れ曲がりを持つ冪乗分布の電子が放つシンクロトロン放射のスペクトルを求める．以下では放射の光子数スペクトル $\Phi(\varepsilon)$ とエネルギー・スペクトル $F(\varepsilon) = \varepsilon \Phi(\varepsilon)$ を混同しないように注意してもらいたい．一つの電子からのシンクロトロン放射のエネルギー・スペクトルは

$$\left.\frac{dE}{dtd\varepsilon}\right|_{\rm syn} = \frac{\sqrt{3}e^3 B}{8\hbar m_{\rm e} c^2} g_{\rm syn}(x), \quad x \equiv \frac{8 m_{\rm e} c}{3\pi \gamma_{\rm e}^2 \hbar e B}\varepsilon. \quad (4.108)$$

ここでシンクロトロン関数[*15] $g_{\rm syn}(x)$ は $x \sim 1.3$，つまり

$$\varepsilon = \varepsilon_{\rm syn} \equiv \frac{3}{2}\frac{\hbar e B}{m_{\rm e} c}\gamma_{\rm e}^2 \quad (4.109)$$

付近で $xg_{\rm syn}(x)$ がピークの値 ($g_{\rm syn}(1.3) \sim 0.52$) を持つ．$x \gg 1$ では指数関数的に減少し，低エネルギー側の $x \ll 1$ では $g_{\rm syn}(x) \propto x^{1/3} \propto \varepsilon^{1/3}$ のように振る舞う．光子の個数スペクトルはエネルギー・スペクトルを ε で割ればよいので，$x \ll 1$ では $\propto \varepsilon^{-2/3}$ である．

電子の分布が $n_{\rm e}(\varepsilon_{\rm e}) \propto \varepsilon_{\rm e}^{-q}$ のような冪乗のとき，この分布を積分して光子数スペクトルを求めると，

$$\left.\frac{dN}{dtdVd\varepsilon}\right|_{\rm syn} = \int d\varepsilon_{\rm e} n_{\rm e}(\varepsilon_{\rm e}) \frac{1}{\varepsilon} \left.\frac{dE}{dtd\varepsilon}\right|_{\rm syn} \propto \frac{1}{\varepsilon}\int d\varepsilon_{\rm e} \varepsilon_{\rm e}^{-q} g_{\rm syn}(x) \quad (4.110)$$

$$\propto \varepsilon^{-\frac{q+1}{2}} \int dx\, x^{\frac{q-3}{2}} g_{\rm syn}(x) \quad (4.111)$$

となり，指数 $-(q+1)/2$ の冪乗則となる．エネルギー・スペクトルなら冪は $-(q-1)/2$ である．

[*15] 第二種変形ベッセル関数を用いて $g_{\rm syn}(x) \equiv x \int_x^\infty dy K_{\frac{5}{3}}(y)$．詳細はシリーズ現代の天文学『天体物理学の基礎 II』第 3 章参照．

以上の関係を用いて，式 (4.107) のような電子分布を考えるとガンマ線バーストのスペクトル，Band 関数に近いものを実現できる．スペクトルの折れ曲がりに対応するエネルギーは，$\gamma'_e = \gamma'_m$ の電子の $\varepsilon'_{\rm syn}$ に対応するエネルギーを光源のローレンツ因子 Γ_m でブーストして，

$$\varepsilon_{\rm pk} = \Gamma_m \frac{3\hbar e B'}{2 m_e c} \gamma'^2_m \tag{4.112}$$

$$\simeq 240 \mathcal{G}^2 f_e^{-2} \epsilon_{e,0.5}^{3/2} \epsilon_{B,0.1}^{1/2} R_{13}^{-1} L_{52}^{1/2} \text{ keV}. \tag{4.113}$$

あるいは $R = 2c\delta t_{\rm obs} \Gamma_m^2$, $\delta t_{\rm obs} \equiv 10 \delta t_{10\,\rm m}$[ms] を用いて

$$\varepsilon_{\rm pk} \simeq 400 \mathcal{G}^2 f_e^{-2} \epsilon_{e,0.5}^{3/2} \epsilon_{B,0.1}^{1/2} \delta t_{10\,\rm m}^{-1} \Gamma_{100}^{-2} L_{52}^{1/2} \text{ keV}. \tag{4.114}$$

電子の冪 $q = p+1$ と 2 に対応して，Band 関数の冪指数は

$$\beta = -(p+2)/2, \quad \alpha = -3/2 \tag{4.115}$$

となり，$p = 2.5$ 程度が典型的な β を再現する値である．

シンクロトロン自己吸収

このモデルにおける低エネルギー側の光子スペクトルは $\propto \varepsilon^\alpha$ なのだが，さらに低いエネルギーでは，シンクロトロン放射の逆反応である吸収（synchrotron self-absorption）が効いてくる．電子の分布を $n_e(\varepsilon_e) = n_e(\gamma_e)/m_e c^2 = C \varepsilon_e^{-q}$ と表すと，式 (4.107) の低エネルギー側の分布から

$$C' = \frac{3}{4} f_e \frac{\Gamma_m}{R} \frac{m_e}{m_p} \frac{m_e c^2}{\epsilon_B (\Gamma_{12} - 1)\sigma_T} \tag{4.116}$$

となる．冪 $q = 2$ に対応した吸収係数[*16] は，

$$\alpha_{\rm SA}(\varepsilon) = \frac{\sqrt{3}\pi e^4 \hbar^3 B^2}{m_e^4 c^5} C \Gamma\left(\frac{2}{3}\right) \Gamma\left(\frac{7}{3}\right) \varepsilon^{-3} \tag{4.117}$$

である．この式の Γ は特殊関数のガンマ関数である．$\tau_{\rm SA} = \alpha'_{\rm SA}(\varepsilon'_a) R/\Gamma_m = 1$ で定義される，吸収が効き始める光子のエネルギー ε'_a を観測者系に直すと，

[*16] 一般の冪に対しては，後述する式 (4.179) を用いる．

$$\varepsilon_a \simeq 140 \mathcal{G}^{-1/3} f_e^{1/3} \epsilon_{e,0.5}^{-1/3} R_{13}^{-2/3} \Gamma_{100}^{1/3} L_{52}^{1/3} \text{ eV} \tag{4.118}$$

$$\simeq 200 \mathcal{G}^{-1/3} f_e^{1/3} \epsilon_{e,0.5}^{-1/3} \delta t_{10\,\text{m}}^{-2/3} \Gamma_{100}^{-1} L_{52}^{1/3} \text{ eV} \tag{4.119}$$

と評価できる．このエネルギーよりも下の光子数分布は放射と吸収の釣合いから $\propto \varepsilon^\alpha / \alpha_{\text{SA}} \propto \varepsilon^{3/2}$ となり，急激に暗くなるはずである．2.7節で紹介したように，一部には可視光で明るい，$\varepsilon_a \lesssim 1$ eV のガンマ線バーストも見つかっている．観測量 δt_{obs} などが固定されている場合，小さな ε_a の値は大きな Γ_m，あるいは小さな f_e を要求することとなる．

4.5.4 内部衝撃波モデルの問題点

　内部衝撃波自体は，時間変動する相対論的なジェットがもたらす自然な帰結である．粒子加速のメカニズムや磁場の増幅など，理論的に解明されていない課題がある一方，こうした現象論的なモデルの前提を認めさえすれば，時間変動や非熱的な放射のスペクトルを説明することができる．同じブラックホールをエンジンとする，活動銀河核ジェットからのフレア放射も同様の機構で説明されることが多く，内部衝撃波モデルの傍証とも言える．しかし，仮にモデルの前提を認めたとしても，定量的に検討してみると，多くの問題点が残されていることがわかる．

エネルギー効率問題

　3.2節の図3.18にあるように，即時放射として放たれたエネルギーと比較して，残光のエネルギーははるかに小さいことが多い．つまり，ガンマ線バーストは即時放射の段階でほとんどの運動エネルギーを散逸してしまっていると考えられる．4.5.1節で議論したように，放射効率を上げるためには，$\Gamma_r / \Gamma_s \gtrsim 10$ のように大きな分散が必要とされる．しかし，常にそのような効率の良い組み合わせでシェル同士が衝突するとは考え難い．エネルギー効率を上げるには，一度の衝突だけではなく，一つのシェルが何度も衝突するなどの工夫が必要となるかもしれない．

ピーク・エネルギー問題

　2.3節で述べたように，数十秒続くような長いガンマ線バーストでも，スペクトルの典型的なエネルギー ε_{pk} は，ファクター程度しか時間変化しないことが多

い．内部衝撃波モデルでは，複数の独立したシェルからガンマ線が放たれるので，$\varepsilon_{\rm pk}$ は大きくばらついても良いはずである．先に述べたエネルギー効率問題を考えると，Γ に大きな分散が要求されるので，衝突の際のショックのローレンツ因子 Γ_{12} も大きくばらつくはずである．4.5.2 節にあるように，ショックが弱ければ簡単に $\Gamma_{12} - 1 \ll 1$ となり，式（4.113）で表される $\varepsilon_{\rm pk}$ は桁で大きく変化すべきである．また，2.4 節で述べた，Yonetoku 関係のような光度と $\varepsilon_{\rm pk}$ の間の経験的な相関を積極的に説明する理由もない．

低エネルギー・スペクトル問題

内部衝撃波モデルの低エネルギー・スペクトル指数の予言は式（4.115）にあるように，$\alpha = -1.5$ である．これは短い冷却時間のために，冷えた電子が $\gamma_{\rm m}$ よりも低エネルギー側に冪指数 -2 で分布しているためである．ガンマ線バーストの中にはこれと同じ冪指数を持つものもあるが，典型的には $\alpha = -1.0$ である．光子冪指数で 0.5 の違いだが，電子の冪に直すと指数が 1 つ異なることになり，これは大きな違いである．

冷却が効かない状況を考えても良いが，これはガンマ線放射効率が落ちることと等価で，エネルギー効率問題が悪化してしまう．注入された電子が単調に冷えるだけではなく，乱流による加熱などが効いているのかもしれない．いずれにせよ，冷えた電子からの放射の抑制と高い放射効率を両立させることは簡単ではない．

さらに深刻な場合はシンクロトロン放射の限界である $-2/3$ よりも大きな α を持つケースが時々あることである．この限界値は $g_{\rm syn}(x)$ の $x \ll 1$ の形に由来している．シンクロトロン関数 $g_{\rm syn}(x)$ をどんなに工夫して重ね合わせても，$-2/3$ よりも硬いスペクトルを作ることはできない．シンクロトロン自己吸収がこのエネルギー帯域で効いてくれば良いのだが，式（4.119）にあるように，$\varepsilon_{\rm a}$ のパラメータ依存性は弱い．$\varepsilon_{\rm pk}$ を用いて依存性を書き直すと，

$$\varepsilon_{\rm a} \propto \varepsilon_{\rm pk}^{-1/6} \epsilon_{\rm e,0.5}^{-1/12} \epsilon_{B,0.1}^{1/12} \delta t_{10\,{\rm m}}^{-5/6} \Gamma_{100}^{-4/3} L_{52}^{5/12} \tag{4.120}$$

である．$\varepsilon_{\rm a}$ を上げるために，観測的な不確定性が大きい $\delta t_{10\,{\rm m}}$ を極端に小さくとると，今度は電子・陽電子対生成が効いて，4.2 節で述べたコンパクトネス問題が

生じてしまう．想定されるパラメータの範囲では $\varepsilon_{\rm pk} \sim \varepsilon_{\rm a} \sim 100$ keV は実現できない．

非常に小さなスケールで磁場が乱れていると，電子が綺麗な螺旋運動をできない可能性がある．このような場合には通常のシンクロトロン放射よりも硬いスペクトルを作ることができる（jitter radiation）．しかし，この解決策も電子の冷却を妨げることが前提となっている．

4.6 代替モデル

ガンマ線バーストを内部衝撃波によるシンクロトロン放射と解釈しても，4.5.4節で述べた問題が残されている．ここではそれに代わる代替モデルを紹介する．

4.6.1 逆コンプトン放射

高エネルギー電子が光子を散乱すると，光子は高エネルギーに叩き上げられる．何らかの種光子が低エネルギー側にあれば，ガンマ線バーストはこの逆コンプトン散乱（inverse Compton scattering）でも説明できる．電子のローレンツ因子を $\gamma_{\rm e}$，種光子のエネルギーを ε_0 とすると，散乱された光子の典型的なエネルギーは

$$\varepsilon_{\rm IC} \sim \gamma_{\rm e}^2 \varepsilon_0 \tag{4.121}$$

である．種光子のエネルギー密度を $U_{\rm ph}$ とすると，電子が単位時間あたりに放つエネルギーは

$$\left.\frac{dE}{dt}\right|_{\rm IC} = \frac{4}{3} c \sigma_{\rm T} \gamma_{\rm e}^2 U_{\rm ph} = \frac{U_{\rm ph}}{U_B} \left.\frac{dE}{dt}\right|_{\rm syn} \tag{4.122}$$

となり，シンクロトロン放射のときとほとんど同じ形である．ただし，上の評価は $\gamma_{\rm e}\varepsilon_0 < m_{\rm e}c^2$，つまり電子静止系での種光子のエネルギーが，電子静止質量エネルギーよりも小さい場合に限る．電子静止系で考えると，この散乱は断面積 $\sigma_{\rm T}$ のトムソン散乱，つまり電子への反作用がほとんど無視できる散乱である．

種光子が単色（エネルギー分布がデルタ関数で近似される）の場合，1 個の電子の放つ $\varepsilon \ll \varepsilon_{\rm IC}$ での光子数スペクトルは $\propto \varepsilon^0$ で，シンクロトロンのスペクトル $\propto \varepsilon^{-2/3}$ より硬い．実際には種光子のエネルギー分布にも依存するが，これは低エネルギー・スペクトル問題の解決には有利である．ただし，電子の冷却が効

けば逆コンプトン放射でも $\dot{\gamma}_e \propto -\gamma_e^2$ なので,電子の分布はシンクロトロンの場合と同じになり,やはり光子スペクトルは -1.5 の冪になってしまう.

具体的なモデルは種光子の仮定に依存する.最も簡単なモデルは,電子が自ら放ったシンクロトロン光を散乱する,シンクロトロン自己コンプトン放射 (SSC: synchrotron-self Compton) と呼ばれるもので,活動銀河核ジェットからの GeV–TeV ガンマ線放射を説明する最も標準的なモデルである.式 (4.113) で $\epsilon_B \ll 1$ とすると,シンクロトロンの典型的エネルギーを $0.1\,\mathrm{MeV}$ よりはるかに小さくできる.この種光子を逆コンプトン散乱することで,0.1–$1\,\mathrm{MeV}$ のガンマ線放射を実現できる.

式 (4.122) からわかるように,SSC を主要な放射過程とするためには,シンクロトロン種光子のエネルギー密度 U_syn が,U_B を上回る必要がある.シンクロトロン放射に対する逆コンプトン放射の強度比は,$Y \equiv L_\mathrm{IC}/L_\mathrm{syn} = U_\mathrm{syn}/U_B$ と書ける.冷却効率が良いときは,電子のエネルギー密度 U_e のうち $1/(1+Y)$ の割合が,シンクロトロン光へと転換されるので,

$$Y = \frac{\epsilon_e}{(1+Y)\epsilon_B} \tag{4.123}$$

となる.逆コンプトン放射が卓越していれば,$Y \gg 1$ なので,

$$\frac{L_\mathrm{IC}}{L_\mathrm{syn}} \simeq \sqrt{\frac{\epsilon_e}{\epsilon_B}} \gg 1 \tag{4.124}$$

と書ける.

SSC モデルは磁場の顕著な増幅などを考えなくても良いことに利点がある.しかし,内部衝撃波モデルの一種である以上,SSC モデルはエネルギー効率問題を解決することはできず,ピーク・エネルギー問題に至っては,$\varepsilon_\mathrm{pk} \simeq \Gamma \gamma_\mathrm{m}^2 \varepsilon'_\mathrm{syn} \propto \Gamma \gamma_\mathrm{m}^4$ のようにパラメータ依存性が強くなり,より問題を悪化させる.

種光子を放射領域の外に求める,外部コンプトン (EIC: external inverse Compton) モデルもある.そのうちの一つ,キャノンボール・モデル (cannon ball model) では,球状のプラズマをローレンツ因子 $\Gamma \sim 300$ ほどで中心エンジンから打ち出し,星表面からの放射を EIC によって叩き上げる.ここでは加速電子を考えず,プラズマ全体の運動による光子の叩き上げを考える.$10\,\mathrm{eV}$ ほどの星の光は Γ^2 倍のエネルギー $\sim 1\,\mathrm{MeV}$ に叩き上げられ,観測されている典型的なエネルギー

に近くなる．このモデルでは低エネルギー・スペクトル問題だけではなく，安定した星の光を種光子とするため，Γ の分散さえ小さければ，ピーク・エネルギー問題も解決できる．

しかし，こうした EIC モデルは決して放射効率の良いモデルではない．星の光をプランク分布で近似するとその密度は，

$$n_{\gamma,\mathrm{ex}} = \frac{2\zeta(3)}{\pi^2}\left(\frac{T_\star}{\hbar c}\right)^3 \simeq 3.2\times 10^{16}\left(\frac{T_\star}{10\mathrm{eV}}\right)^3 \mathrm{cm}^{-3} \qquad (4.125)$$

で，各電子は平均自由行程 $(\sigma_\mathrm{T} n_{\gamma,\mathrm{ex}})^{-1}$ 毎に光子 1 個分のエネルギー $\varepsilon_\mathrm{pk} = \Gamma^2 T_\star$ を失う．電子 1 個あたり，$\Gamma m_\mathrm{p} c^2$ のエネルギーを持つ陽子が 1 つ付随していることに留意すると，ジェットがエネルギーを失うまでに走らなければならない距離は，

$$R_\mathrm{EIC} \simeq \frac{\Gamma m_\mathrm{p} c^2}{n_{\gamma,\mathrm{ex}} \sigma_\mathrm{T} \varepsilon_\mathrm{pk}} \simeq 1.5 \times 10^{13}\left(\frac{\Gamma}{300}\right)^{-1}\left(\frac{T_\star}{10\mathrm{eV}}\right)^{-4} \mathrm{cm}. \qquad (4.126)$$

これほどのスケールに渡って外部光子密度が一様であることは有り得ないので，運動エネルギーは散逸されないということになる．電子・陽電子の数が陽子数を圧倒していれば良いのかもしれないが，4.4.1 節で議論したように，電子・陽電子を主成分とするプラズマ・ジェットの生成法は自明ではない．

4.6.2 光球モデル

スペクトルのピークは非熱的な放射ではなく，火の玉からの熱的放射によって作られているとするのが，光球モデル（photosphere model）である．4.4.1 節で議論したように，$\eta \gtrsim \eta_*$ のときはジェットのエネルギーのほとんどを熱的放射として放つこととなり，エネルギー効率問題は自動的に解決する．ε_pk は式（4.50）にあるように，火の玉の初期温度で近似できるため，ピーク・エネルギー問題も解決される．プランク分布を適用できれば，低エネルギーのスペクトルは最大 $\alpha = 1$ まで硬くすることができる．

このように光球モデルは 4.5.4 節の 3 つの問題をすべて解決する，素晴らしいモデルに見える．しかし，火の玉の初期温度の安定性が逆に弱点となるかもしれない．単純に式（4.50）を採用すると，

$$\varepsilon_{\rm pk} \simeq T_0 \propto R_0^{-1/2} L_{\rm iso}^{1/4} \tag{4.127}$$

のように $\varepsilon_{\rm pk}$ の光度依存性は非常に弱くなり，Yonetoku 関係 $\varepsilon_{\rm pk} \propto L_{\rm iso}^{1/2}$ と矛盾する．内部衝撃波モデルにとって，観測されている $\varepsilon_{\rm pk}$ 分布は狭すぎたが，光球モデルにとっては広すぎるとも言える．

スペクトルの形状を再現するのも容易ではない．低エネルギー・スペクトルをプランク分布よりソフトにするためには，光子数を増やさなくてはならず，電子による散乱だけでは無理である．あるいはジェット正面からの主成分放射に加え，ドップラーブースト（95 ページ）が弱い，視線方向から外れた場所からの放射が寄与することで，低エネルギー側のフラックスを上げることができるだろう．しかし，ジェットの光度やローレンツ因子の角度依存性に対し，かなりの工夫をしない限り，典型的な値 $\alpha = -1$ にまでするのは難しいと考えられている．いろいろな温度を持つ複数のパルスを重ね合わせるのも一つの手だが，光球モデルの温度安定性が逆にネックとなる．

高エネルギー側も，数十 GeV まで冪乗に伸びるスペクトルを再現するには，熱的な放射だけでは無理であろう．光球モデルでは非熱的粒子の寄与も同時に考えなくてならず，式（4.64）で表される晴れ上がり半径，$R_{\rm th}$ 付近でのジェット・エネルギーの散逸が要求される．放射半径 $R_{\rm th}$ も内部衝撃波モデルに比べて小さく，GeV 以上の高エネルギー光子が吸収されやすいのも弱点である．以上のように，単純な火の玉からの放射に加えて，自明ではない複合的なモデル設定が求められる．

4.6.3 磁気再結合モデル

衝撃波によるエネルギー散逸は，4.4.2 節で述べたような磁場優勢ジェットには有効ではない．4.5.2 節で議論した衝撃波ジャンプ条件に対する磁場の影響は，簡単のために $B_\perp$ 成分だけを考えると，$e'_{\rm m} \to e'_{\rm m} + B'^{2}_{\perp}/8\pi$，$P' \to P' + B'^{2}_{\perp}/8\pi$ と変更することで取り入れられる．衝撃波面静止系では粒子数，運動量，エネルギーの流束に加え，電磁誘導の式に対応する保存量 $B'_\perp \Gamma v$ が存在する．この系で見た上流の磁化パラメータ（4.4.2 節の定義を参照）を $\sigma \gg 1$ と仮定し，4.5.2 節と同様に上流は $\Gamma_1 \gg 1$ かつ十分低温で，下流は相対論的な温度だとする．ジャンプ条件から下流のローレンツ因子は，

$$\Gamma_2 \simeq \sqrt{\sigma} \gg 1 \tag{4.128}$$

と評価でき，磁場のないときの値 $v_2 \sim c/3$ とは異なり，相対論的な速度を保っている．つまり減速を受けない分，運動エネルギーの散逸も効率が悪くなる．これは実効的な音速がほとんど光速になっているので（アルヴェン速度 $v_\mathrm{A} \sim c$），わずかな減速によって流体が亜音速になるからである．実際に，衝撃波面静止系で評価した上流のエネルギー密度に対する下流の内部エネルギーの割合は，

$$\frac{U_2'}{n_1' m_\mathrm{p} c^2 \Gamma_1^2} \simeq \frac{3}{8\sigma} \ll 1 \tag{4.129}$$

と小さな値になっている．

このように磁場優勢ジェットでは衝撃波によるエネルギー散逸は期待できないので，磁気再結合によるエネルギー解放を考える．問題は磁気再結合が起きるきっかけである．放射半径より内側では磁気再結合が起きないか，起きてもそのエネルギーはジェットの加速に費やされなければならない．この再結合過程が，特定の半径で，ガンマ線放射効率の良い過程に切り替わるきっかけが必要となる．そもそも強力な磁気張力を持つ磁力線を捻じ曲げ，反平行の磁力線を接近させることなどできるのであろうか？ 再結合誘発の第一の候補はやはり衝撃波で，衝撃波下流の乱流によって連鎖的に磁気再結合が起きるとする考え方があり，数値シミュレーションなどによる検証が待たれている．

あるいはより微視的な物理過程が磁気再結合の契機を与えているのかもしれない．宇宙物理で扱うプラズマは無衝突の近似が良く，電気抵抗は無視できる．しかし，輻射場に満たされたプラズマの場合，光子による散乱が実効的な電気抵抗をもたらす．エネルギー密度 U_γ，平均エネルギー $\bar{\varepsilon}$ で等方分布している輻射場の中で，非相対論的な速度 v_e で流れている電子を考える．電子静止系で等方に散乱されるトムソン散乱の極限では，入射角 θ_in の光子との散乱 1 回あたりに交換する平均運動量は $\Delta p_\mathrm{e} = \bar{\varepsilon}(\cos\theta_\mathrm{in} - v_\mathrm{e}/c)/c$ である．電子と光子の相対速度は $\Delta v_\mathrm{e} = c - v_\mathrm{e}\cos\theta_\mathrm{in}$ なので，単位時間あたりに電子が光子から受ける力は，式 (4.1) や式 (4.5) の計算と同様に，

$$\frac{dp_\mathrm{e}}{dt} = \int d\Omega \frac{n_\gamma}{4\pi} \sigma_\mathrm{T} \Delta v_\mathrm{e} \Delta p_\mathrm{e} \tag{4.130}$$

$$= 2\pi \int d(\cos\theta_{\rm in}) \frac{U_\gamma}{4\pi\bar{\varepsilon}} \sigma_{\rm T}(c - v_{\rm e}\cos\theta_{\rm in}) \frac{\bar{\varepsilon}}{c}\left(\cos\theta_{\rm in} - \frac{v_{\rm e}}{c}\right) \quad (4.131)$$

$$= -\frac{4U_\gamma \sigma_{\rm T}}{3c} v_{\rm e}. \quad (4.132)$$

これが電場による力 $-e\boldsymbol{E}$ と釣り合うので，オームの法則 $\boldsymbol{E} = \eta_{\rm res}\boldsymbol{j} = -\eta_{\rm res}en_{\rm e}\boldsymbol{v}_{\rm e}$ より，トムソン散乱による電気抵抗率は，

$$\eta_{\rm res} = \frac{4U_\gamma \sigma_{\rm T}}{3e^2 n_{\rm e} c} \quad (4.133)$$

と求まる．

詳細な説明は専門書に譲るが[*17]，磁気レイノルズ数

$$\mathcal{R}_B \equiv \frac{4\pi v_{\rm A} l_B}{c^2 \eta_{\rm res}} \quad (4.134)$$

を用いると，磁気再結合が起きるプラズマの厚みのスケールは，

$$\delta_B \sim \frac{l_B}{\sqrt{\mathcal{R}_B}} \quad (4.135)$$

と書ける．ここで l_B は 4.4.2 節と同様，磁場の乱れの典型的スケールである．一方，電子だけではなく陽子の振動も伴う，長波長のプラズマ波動の典型的スケールは，式 (4.97) で $m_{\rm e} \to m_{\rm p}$ とした陽子のプラズマ振動数 $\omega_{\rm pp}$ を用いて，$c/\omega_{\rm pp}$ となる．これよりも大きなスケールではプラズマの集団的効果は無視でき，MHD 近似が有効である．しかしジェットが晴れ上がって，輻射場が急激に減少し，

$$\delta'_B < \frac{c}{\omega'_{\rm pp}} \quad (4.136)$$

となると，プラズマの運動論的効果が無視できなくなる．こうした系の電気抵抗は，プラズマ波動によって誘起される異常抵抗によってもたらされるであろう．この電気抵抗の質的な変化が，効率的な磁気再結合へと繋がるのかもしれない．

放射過程については内部衝撃波モデル以上に不確かである．磁場が強いことから，加速電子からのシンクロトロン放射が最初に検討すべき放射過程であろうが，ピーク・エネルギー問題や低エネルギー・スペクトル問題を積極的に解決する要素は見当たらない．衝撃波モデルとの違いとしては，磁気再結合による粒子加速の場合，$p < 2$ のような硬いスペクトルになる可能性が一つある．また，乱流の

[*17] シリーズ現代の天文学『太陽［第 2 版］』などを参照．

ある，いたるところで粒子加速が起きるため，長い時間加速が続くかもしれない．これも衝撃波面での瞬間的な加速電子の注入を仮定する，衝撃波モデルとの違いである．電子がゆっくりと加熱されると，その分布は加熱と冷却の釣り合いから準熱的なものになるだろう．この場合，制動放射などの準熱的な放射が卓越するかもしれず，上記二問題の解決には好都合である．エネルギー効率問題は，磁気再結合の効率で決まっており，今のところ再結合に関する仮定がそのまま結論となっている．

光球モデルとの合わせ技も考えられている．磁場優勢ジェットは加速が遅いので，その光球は火の玉よりも外側になる．そのような領域で，磁気再結合で加熱されたプラズマが，光球起源の熱的光子を散乱することで，観測されているスペクトルを作るモデルが議論されている．このモデルも光球の光度と，その後に磁場から得る光度とのバランスをうまく保たなければ，都合のよいスペクトルの形とはならない．

これらのモデルでシンクロトロン放射が主要な放射過程であるならば，他のモデルよりも強いガンマ線の偏光を予言する．乱流的な磁場があるとはいえ，螺旋構造を反映した大域的な磁場の成分もあるからである．一方の衝撃波面近傍のプラズマ乱流による磁場増幅モデルでは，微視的なスケールの乱流磁場が主成分となるので，2.6 節のバーストで観測されたような大きな偏光は難しいかもしれない．

4.7 高エネルギー粒子

内部衝撃波からのシンクロトロン放射は，数十 GeV までにも至る高エネルギーガンマ線放射（2.5 節参照）を説明する最も自然なモデルである．このモデルで放射可能な光子の最高エネルギーは幾らになるであろうか？ 電子の加速時間をラーマー半径 r_L と無次元のパラメータ ξ_e を用いて，

$$t_\mathrm{acc} = \xi_\mathrm{e} \frac{r_\mathrm{L}}{c} = \xi_\mathrm{e} \frac{\gamma_\mathrm{e} m_\mathrm{e} c}{eB} \tag{4.137}$$

と表す．パラメータ ξ_e は乱流モデルの詳細に依存するが，磁場による散乱で粒子が加速されている以上，$\xi_\mathrm{e} \geq 1$ であろう．電子の最高エネルギーは，加速時間とシンクロトロンによる冷却時間の釣合いから求められる．冷却時間として式

(4.105) を用いると,

$$\gamma_{e,\max} = \sqrt{\frac{6\pi e}{\xi_e \sigma_T B}} \qquad (4.138)$$

なので，シンクロトロンによる光子の最高エネルギーは，式 (4.109) にこの値を代入して，

$$\varepsilon_{\rm syn,max} = \Gamma_m \varepsilon'_{\rm syn,max} = \Gamma_m \frac{9\pi\hbar e^2}{\xi_e \sigma_T m_e c} \simeq 71 \xi_e^{-1} \left(\frac{\Gamma_m}{300}\right) {\rm GeV} \qquad (4.139)$$

となり，磁場に依存しない値となる．

ただし，こうした光子は光源から常に脱出できるわけではなく，電子・陽電子対生成による吸収を考えなくてはいけない．光子は指数 β の冪乗分布だと仮定し，$\varepsilon_{\rm pk}$ より高エネルギー側で積分した光度 $L_{\rm H}$ を用いると，式 (4.20) から $\tau_{\gamma\gamma} = 1$ となる光子のエネルギーが，

$$\varepsilon_{\gamma\gamma} \simeq 2.6 \left(\frac{\Gamma_m}{300}\right)^{\frac{16}{3}} \left(\frac{\varepsilon_{\rm pk}}{100\,{\rm keV}}\right)^{-\frac{1}{6}} \left(\frac{\delta t_{\rm obs}}{10\,{\rm ms}}\right)^{\frac{5}{6}} \left(\frac{L_{\rm H}}{10^{52}\,{\rm erg/s}}\right)^{-\frac{5}{6}} {\rm GeV} \qquad (4.140)$$

と書ける．ここでは $\beta = -2.2$ とした．

このように $\xi_e \sim 1$ という極限の場合が許されるのであれば，GeV 放射はシンクロトロンだけで説明できる．しかし，フェルミ衛星などの観測によると，GeV 放射は MeV に比べて遅れて始まる傾向があり，スペクトル的にも MeV 領域とは別成分である可能性が高い．GeV 放射は外部衝撃波起源だとする説もあるが，ここでは内部衝撃波モデルに沿って高エネルギーガンマ線の起源について考えてみる．

4.7.1 逆コンプトン放射

まず最初に考えるべきモデルは，4.6.1 節で議論した逆コンプトン散乱である．エネルギー的に支配している $\varepsilon_{\rm pk}$ の光子をさらに高エネルギーに叩き上げることが期待される．多くの場合 $\epsilon_e/\epsilon_B > 1$ と仮定しているので，式 (4.124) にあるように，むしろ GeV 領域の逆コンプトン放射の方が卓越するのであろうか？ しかし，内部衝撃波モデルの標準的なパラメータを採用すると，4.6.1 節で用いたトムソン散乱の近似，$\gamma'_e \varepsilon'_{\rm pk} < m_e c^2$ は妥当ではないことがわかる．$\varepsilon_{\rm pk} \sim 1$ MeV と

$\Gamma_{\rm m} = 100\text{--}1000$ より $\varepsilon'_{\rm pk} \sim 1$ keV で,式(4.101)にあるように $\gamma'_{\rm m} \gtrsim 10^3$ なので,$\gamma'_{\rm m} \varepsilon'_{\rm pk} \gtrsim 1$ MeV となる.つまり電子静止系で見た光子のエネルギーは $m_e c^2 \sim 0.5$ MeV より大きい.このようなエネルギー領域では,光子のエネルギーとともに散乱断面積が下がっていき,放射効率が落ちていく.これをクライン–仁科効果と呼ぶ.式(4.121)にある単純な関係 $\varepsilon_{\rm IC} \sim \gamma_e^2 \varepsilon_0$ も,もはや正しくない.$\gamma_e \varepsilon_0 > m_e c^2$ の場合にこの近似を用いてしまうと,$\varepsilon_{\rm IC}$ は元の電子のエネルギーを超えてしまうからである.

上記の理由から,標準的なパラメータでは,逆コンプトン放射の効率は非常に悪く,MeV 放射と比較して顕著な GeV 成分を作ることは難しい.面白いことに,逆コンプトン成分を大きくするために ϵ_B を小さくしていくと,よりクライン–仁科効果がきつくなっていく.観測で決まっている $\varepsilon_{\rm pk} \propto \epsilon_B^{1/2} \gamma_{\rm m}'^2$ は動かせないので,$\gamma_{\rm m}'^2 \propto \epsilon_B^{-1/2}$ となり,小さな ϵ_B に対しては $\gamma'_{\rm m}$ を大きくとらなくてはならず,クライン–仁科効果がより効いてしまう.

しかし,断面積とエネルギー叩き上げの度合いが小さくなるとはいえ,相互作用がまったくなくなるわけではない.また,低エネルギーの光子 $\varepsilon' \ll \varepsilon'_{\rm pk}$ とは相互作用ができる.詳しい数値計算の結果によれば,GeV 領域のスペクトルを若干持ち上げる程度の効果はあるようだ[*18].シェル内部において電子の注入が始まり,シンクロトロン光子密度が増加するまでの間($\sim t'_{\rm exp}$),逆コンプトン放射は抑えられ,その分 GeV 放射は遅れるはずである.ただし,その遅延はパルスの時間スケールと同程度で,フェルミ衛星が報告しているような大きな遅延を説明することはできない.

シェルの後ろからやってくる,星表面からの熱的な放射などを外部コンプトン(EIC)で叩くことにより,GeV 放射を説明できるかもしれない.後ろからやってくる光子はシェル静止系では赤方偏移してしまうことから,高エネルギーに叩き上げるためには加速電子が必要である.内部衝撃波が起きている十分外側まで,外部光子が伝播する時間が GeV の遅延をもたらすのかもしれない.しかし,こうしたモデルも 4.6.1 節のキャノンボール・モデルと同様,放射効率が悪い傾向がある.

[*18] もう一つ注意すべき点は,逆コンプトン成分が(4.140)式の $\varepsilon_{\gamma\gamma}$ よりも低いエネルギーで放たれなければ,吸収されてしまうことである.MeV のシンクロトロン成分とともに,際立った逆コンプトン成分を GeV にもたらすためには,B' や $\gamma'_{\rm m}$ の微調整が必要とされる.

4.7.2 加速陽子と最高エネルギー宇宙線

衝撃波によって電子が加速されているのであれば，陽子の加速も必然的に期待される．銀河系内で生成されている宇宙線では，むしろ陽子の加速効率の方が電子よりも良いことがわかっている．陽子は電磁波放射による冷却効率が悪いので，その最高エネルギーは加速時間と膨張時間スケール $t'_{\rm exp}$ が一致するところで決まるであろう．式（4.137）で e→p として，

$$\varepsilon_{\rm p,max} = \Gamma_{\rm m}\varepsilon'_{\rm p,max} = \frac{e}{\xi_{\rm p}\Gamma_{\rm m}}\sqrt{\frac{2\epsilon_B L_{\gamma,\rm iso}}{\epsilon_e c}} \tag{4.141}$$

$$\simeq 3.7\times 10^{20}\xi_{\rm p}^{-1}\epsilon_{e,0.5}^{-1/2}\epsilon_{B,0.1}^{1/2}\Gamma_{300}^{-1}L_{52}^{1/2}\,{\rm eV} \tag{4.142}$$

となる．$\xi_{\rm p}\geqq 1$ なので，これはラーマー半径が光源のスケール $R/\Gamma_{\rm m}$ よりも小さいとする条件と等価である．

興味深いことに，10^{20} eV は最高エネルギー宇宙線（UHECR: ultra-high-energy cosmic ray）のエネルギースケールに対応している（図 4.13）．UHECR 加速源は未だ同定されておらず，ガンマ線バーストも有力な候補天体の一つである．我々近傍での UHECR 生成率は，10^{19} eV から積分すると，およそ 10^{44} erg Mpc^{-3}yr^{-1} 程度だと見積もられている．一方近傍でのガンマ線バースト発生率は $\sim 0.1 - 1$ Gpc^{-3} yr^{-1} なので，一つのバーストあたり $E_{\rm p,iso} \sim 10^{53}$ erg 以上のエネルギーを UHECR として放出する必要がある[*19]．低エネルギー（10^{19} eV 以下）の宇宙線も同時に生成されているはずなので，フェルミ加速の典型的な冪指数を採用す

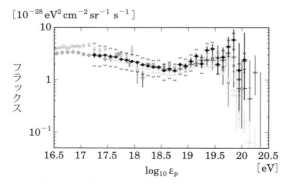

図 4.13　地球に降り注いでいる最高エネルギー宇宙線のスペクトル（Abbasi *et al.* 2016, *APh*, 80, 131）．

る限り，全加速陽子の持っているエネルギーは上の見積りの 10 倍ほどになる．典型的なガンマ線の $E_{\gamma,\mathrm{iso}}$ は 10^{52}–10^{53} erg なので，ガンマ線バーストが UHECR 源となるためには，放たれているガンマ線の 10–100 倍のエネルギーを加速陽子が担っていると考えなくてはいけない．つまり放出されたエネルギーの大部分は観測されずに宇宙線となっている．低いガンマ線放射効率は理論的には不自然ではないが，要求される全エネルギーの放出量はその分莫大なものとなってしまう．

こうした高エネルギー陽子が光源にあると，そこで飛び交っている光子と衝突し，二次粒子を生成することになる．二次粒子からのガンマ線放射を GeV 放射の主要な成分とするモデルが，ハドロン・モデルである．陽子のエネルギー $\gamma'_\mathrm{p} m_\mathrm{p} c^2$ の増大に伴い，陽子静止系での光子のエネルギー $\varepsilon'' \sim \gamma'_\mathrm{p} \varepsilon'$ も増加していく．これが電子 2 つ分の質量エネルギー $2 m_e c^2$ を超えてくると，ベーテ–ハイトラー過程 $\mathrm{p} + \gamma \to \mathrm{p} + \mathrm{e}^+ + \mathrm{e}^-$ が起きる．この反応は比較的大きな断面積 $(\sim e^2 \sigma_\mathrm{T}/\hbar c)$ を持っているが，反応 1 回あたりに失うエネルギーは微々たるもので，ハドロン・モデルで果たす役割は大きくない．

さらなる高エネルギーの領域では，ε'' がパイ中間子の静止質量エネルギー $m_\pi c^2$ を上回り，光中間子生成 $\mathrm{p} + \gamma \to \mathrm{p} + \pi^0, \mathrm{n} + \pi^+$ が効いてくる．実験によると，この反応の断面積は $\varepsilon'' \sim 300\,\mathrm{MeV}$ 付近で，Δ 共鳴と呼ばれるピークを持つ．以下では簡単のために，この Δ 共鳴の寄与だけを考えて，$200\,\mathrm{MeV} \leq \varepsilon'' \leq 400\,\mathrm{MeV}$ の範囲で，断面積を $\sigma_{\mathrm{p}\gamma} = 5 \times 10^{-28}\,\mathrm{cm}^2$ と近似する（図 4.14）．こうした二体 → 二体の反応では，重心系でのエネルギーと運動量の保存を計算することで，1 回の衝突で陽子が失うエネルギーの割合，非弾性率を簡単に評価できる．陽子が相対論的 $\gamma'_\mathrm{p} \gg 1$ であると近似すると，非弾性率は

$$K_{\mathrm{p}\gamma} = \frac{1}{2}\left(1 - \frac{m_\mathrm{p}^2 - m_\pi^2}{m_\mathrm{p}^2 c^2 + 2 m_\mathrm{p} \varepsilon''} c^2\right) \tag{4.143}$$

と書ける．上記のエネルギー範囲では，$K_{\mathrm{p}\gamma} \simeq 0.2$ と近似できる．

高エネルギーの陽子は主に ε'_pk より低いエネルギーの光子と相互作用する．こ

---

*19 （141 ページ）ここでのバースト発生率は観測から決まる見かけ上のもので，すべてのバーストが球対称にエネルギーを放っていることに対応している．しかしジェット状の幾何構造を考慮すると，多くのバーストは観測にかかっていないと考えられる．この場合，真のバースト発生率は大きくなるが，バースト 1 つあたりの真のエネルギー放出量は小さくなる．UHECR を説明するために要求される，加速陽子の等方換算の全エネルギー $E_{\mathrm{p},\mathrm{iso}}$ の見積りには，見かけ上のバースト発生率を用いて差し支えない．

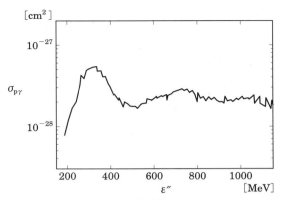

図4.14 光中間子生成の反応断面積（Particle Data Group のデータに基づく）．

の領域の光度を L_L とすると，式 (4.19) と同様に，光子分布は冪乗

$$n'_\gamma(\varepsilon') = \frac{(2+\alpha)L_\mathrm{L}}{4\pi c \varepsilon'^2_\mathrm{pk} R^2 \Gamma_\mathrm{m}^2} \left(\frac{\varepsilon'}{\varepsilon'_\mathrm{pk}}\right)^\alpha \tag{4.144}$$

で近似できる．光中間子生成によって陽子がエネルギーを失う時間スケールを式 (4.5) と同様に計算する．陽子と光子の運動の成す角度 θ'_in を用いると $\varepsilon'' = \gamma'_\mathrm{p}(1-\cos\theta'_\mathrm{in})\varepsilon'$ なので，

$$t'^{-1}_\mathrm{p\gamma} = \frac{c}{2}\int d\varepsilon' \int_{-1}^{1} d(\cos\theta'_\mathrm{in})(1-\cos\theta'_\mathrm{in})n'_\gamma(\varepsilon')\sigma_\mathrm{p\gamma}K_\mathrm{p\gamma} \tag{4.145}$$

$$= \frac{(2+\alpha)L_\mathrm{L}}{8\pi R^2 \Gamma_\mathrm{m}^2}\frac{2^{1-\alpha}}{1-\alpha}\varepsilon'^{-(\alpha+2)}_\mathrm{pk}\gamma'^{-(\alpha+1)}_\mathrm{p}\int d\varepsilon'' K_\mathrm{p\gamma}\sigma_\mathrm{p\gamma}\varepsilon''^\alpha \tag{4.146}$$

$$\simeq \frac{K_\mathrm{p\gamma}\sigma_\mathrm{p\gamma}L_\mathrm{L}}{4\pi\varepsilon_\mathrm{pk}R^2\Gamma_\mathrm{m}}\ln(2) \tag{4.147}$$

となる．ここで最後に $\alpha = -1$ とした．

低エネルギー陽子の場合，反応相手光子の典型的なエネルギー $\varepsilon' \sim 300\,\mathrm{MeV}/\gamma'_\mathrm{p}$ が，上の仮定と異なり，ε'_pk よりも大きくなってしまう．よって

$$\varepsilon_\mathrm{p,th} \equiv \frac{300\,\mathrm{MeV}}{\varepsilon_\mathrm{pk}}\Gamma_\mathrm{m}^2 m_\mathrm{p} c^2 \simeq 8.4\times 10^{16}\left(\frac{\Gamma_\mathrm{m}}{300}\right)^2\left(\frac{\varepsilon_\mathrm{pk}}{300\,\mathrm{keV}}\right)^{-1}\mathrm{eV} \tag{4.148}$$

よりも低エネルギーの陽子は，$n_\gamma(\varepsilon) \propto \varepsilon^\beta$（$\beta < -2$）の領域の光子と相互作用す

る．この場合，式 (4.146) より $t'^{-1}_{\mathrm{p}\gamma} \propto \varepsilon'^{-(1+\beta)}_{\mathrm{p}}$ のように，陽子エネルギーの減少とともに中間子生成効率が落ちていく．

以上をまとめると，膨張時間スケール t'_{exp} の間に陽子が光中間子生成で失うエネルギーの割合は，

$$f_{\mathrm{p}\gamma} \equiv \frac{t'_{\mathrm{exp}}}{t'_{\mathrm{p}\gamma}} \simeq 0.79 \left(\frac{\Gamma_{\mathrm{m}}}{300}\right)^{-4} \left(\frac{\varepsilon_{\mathrm{pk}}}{300\,\mathrm{keV}}\right)^{-1} \left(\frac{\delta t_{\mathrm{obs}}}{10\,\mathrm{ms}}\right)^{-1} \left(\frac{L_{\mathrm{L}}}{10^{52}\,\mathrm{erg/s}}\right)$$
$$\times \begin{cases} 1, & \varepsilon_{\mathrm{p}} > \varepsilon_{\mathrm{p,th}} \text{ のとき} \\ \left(\dfrac{\varepsilon_{\mathrm{p}}}{\varepsilon_{\mathrm{p,th}}}\right)^{-(1+\beta)}, & \varepsilon_{\mathrm{p}} \leqq \varepsilon_{\mathrm{p,th}} \text{ のとき} \end{cases} \quad (4.149)$$

となる．Δ 共鳴より高エネルギー領域での反応も寄与するので，この値にはファクター程度の不定性がある．パラメータ次第で $f_{\mathrm{p}\gamma} \gg 1$ とすることができる．この場合，$\varepsilon_{\mathrm{p,th}}$ より高エネルギーの陽子は光源から逃げ出す前にエネルギーを失ってしまうので，UHECR 源となることはできない．ガンマ線バーストが UHECR 源であるなら，$\varepsilon_{\mathrm{p,th}}$ より高エネルギーの陽子は，0.1–1 MeV を支配するガンマ線エネルギーの数倍あるだろう．仮に $f_{\mathrm{p}\gamma} \sim 0.1$ 程度なら，MeV ガンマ線と同程度のエネルギーがパイ中間子に転換されることとなる．

生成されたパイ中間子の寿命は有限なので，そのエネルギーの一部は電磁波に転換される．先ほども述べたように，光中間子生成では Δ 共鳴以外の寄与も無視できない．Δ 共鳴によって作られる π^+ と π^0 の比は $1:2$ 程度だが，冪乗分布の光子との相互作用では，$\pi^+ : \pi^0 = 2:1$ が良い近似となる．結果として，陽子が失ったエネルギーの $1/3$ はただちに $\pi^0 \to \gamma + \gamma$ の反応で，高エネルギーガンマ線となる．

以下では UHECR 源として最も楽観的な陽子数分布，$n_{\mathrm{p}}(\varepsilon_{\mathrm{p}}) \propto \varepsilon_{\mathrm{p}}^{-2}$ を仮定する．この分布を反映して，π^0 起源のガンマ線は典型的なエネルギー

$$\varepsilon_{\pi 0} \equiv K_{\mathrm{p}\gamma}\varepsilon_{\mathrm{p,th}}/2 \simeq \varepsilon_{\mathrm{p,th}}/10 \quad (4.150)$$

よりも高エネルギー側に ε^{-2} に比例する光子数分布で生成される．しかし明らかに $\varepsilon_{\pi 0} > \varepsilon_{\gamma\gamma}$ なので，π^0 起源光子は即座に吸収され，二次的な電子・陽電子を γ_{e}^{-2} で注入することになる．これらの二次電子・陽電子はさらに低エネルギー側にシンクロトロン光子を放つが，冷却が効いているので（4.5.3 節を参照），シン

クロトロン光子の冪指数もやはり -2 くらいになる．仮にこの光子のエネルギーが $\varepsilon_{\gamma\gamma}$ よりも大きければ，再び電子・陽電子を生成する．こうして繰り返されるプロセスを電磁カスケードと呼ぶが，最終的には幅広いエネルギー帯域にシンクロトロン光子を ε^{-2} のスペクトルで生成することになり，GeV 放射も期待できる．高エネルギー陽子の加速時間は，$\gamma'_e \sim \gamma'_m$ の電子加速時間より長いので，GeV 放射は遅延して始まるかもしれないが，やはりその時間スケールは $\delta t_{\rm obs}$ と同程度であろう．

ハドロン起源ガンマ線は広いエネルギー帯域に分布しているので，GeV 領域だけに顕著なスペクトルのピークを作るわけではない．電磁カスケードは可視光から X 線にかけてもエネルギーを放つので，低エネルギーにカスケードの兆候を探るのもハドロンモデル検証の一つの方法である．図 2.23 の GRB 141207A や，図 2.28 の裸眼 GRB 080319B などのケースが，ハドロン起源電磁カスケード放射の候補である．しかし，4.5.4 節で議論したように，ガンマ線バーストでは何らかの機構で，$\varepsilon_{\rm pk}$ より低エネルギー側の放射が抑制されている可能性があり，低エネルギー成分の存在は必ずしも保証されていない．

4.7.3 ニュートリノ

4.7.2 節で議論したように，加速陽子からは π^0 だけではなく，π^+ も生成される．陽子の冪 -2 を反映して，$\varepsilon_{\pi,\rm th} \equiv K_{\rm p\gamma}\varepsilon_{\rm p,th}$ よりも高エネルギー側では ε_π^{-2}，低エネルギー側では $\varepsilon_\pi^{-(3+\beta)}$ に比例するスペクトルで π^+ が注入される．これらの中間子は粒子静止系での寿命 $t_{\rm dec,0} = 2.6 \times 10^{-8}$ s で，$\pi^+ \to \mu^+ + \nu_\mu$ へと崩壊する．中間子静止系でのエネルギー・運動量保存則を計算すると，ニュートリノが持ち去る中間子エネルギーの割合が $\simeq 1 - m_\mu/m_\pi \simeq 0.24$ と求まる．ニュートリノのスペクトルは親粒子のスペクトルを 0.24 倍シフトするだけである．

しかし，π^+ は電荷を持っているので，シンクロトロン冷却の効果を取り入れる必要がある．冷却時間は式 (4.105) で $m_e \to m_\pi$ として，

$$t'_{\pi,\rm c} = \frac{6\pi m_\pi^3 c}{\sigma_{\rm T} m_e^2 B'^2 \gamma'_\pi}. \tag{4.151}$$

これが相対論的効果で伸びている寿命 $t'_{\rm dec} = \gamma'_\pi t_{\rm dec,0}$ と同じになるエネルギー

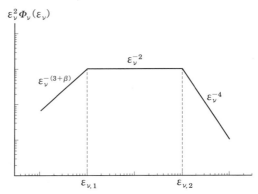

図4.15 加速陽子起源のニュートリノスペクトル. $n_p(\varepsilon_p) \propto \varepsilon_p^{-2}$, $\alpha = -1$ と仮定されている. ニュートリノ数スペクトル $\Phi_\nu(\varepsilon_\nu)$ [neutrinos cm^{-2} s^{-1} eV^{-1}] のエネルギー依存性が示されているが, 縦軸にはエネルギーの二乗がかかっていることに注意.

$$\varepsilon_{\pi,c} = \Gamma_m \varepsilon'_{\pi,c} = \Gamma_m m_\pi c^2 \sqrt{\frac{6\pi m_\pi^3 c}{\sigma_T m_e^2 B'^2 t_{\rm dec,0}}} \tag{4.152}$$

$$\simeq 1.4 \times 10^{18} \epsilon_{e,0.5}^{1/2} \epsilon_{B,0.1}^{-1/2} \delta t_{10\,{\rm m}} \Gamma_{300}^4 L_{52}^{-1/2}\,{\rm eV} \tag{4.153}$$

よりも高エネルギー側では冷却の効果が効いている. 式 (4.107) の高エネルギー側と同様に, 実効的な中間子スペクトルの冪指数は 1 つ減って -3 となる. この中間子分布から生まれるニュートリノのスペクトルには, 中間子寿命 ($\propto \gamma'_\pi$) に対応したニュートリノ生成率 $\propto \varepsilon_\pi^{-1}$ の因子がさらに加わり, 冪は -4 となる.

以上をまとめると, ニュートリノのエネルギーには特徴的な 2 つのスケール,

$$\varepsilon_{\nu,1} \equiv 0.24 K_{p\gamma} \varepsilon_{p,\rm th}, \qquad \varepsilon_{\nu,2} \equiv 0.24 \varepsilon_{\pi,c} \tag{4.154}$$

があり, 図 4.15 のようなスペクトルとなる.

一方のミュー粒子も $\mu^+ \to e^+ + \bar{\nu}_\mu + \nu_e$ へと崩壊する. $m_\mu \gg m_e$ から, ニュートリノ 2 つと陽電子のエネルギーはほぼ三等分されると近似してかまわない. パイ中間子起源ニュートリノと同様にスペクトルを計算できるが, ミュー粒子は寿命 (2.2×10^{-6} s) が長いので, シンクロトロン冷却[*20] がより効き, 高エネルギー

[*20] π^+, μ^+, e^+ からのシンクロトロン放射も電磁カスケードに寄与する. ただしスペクトルの上で π^0 起源の成分と区別するのは難しい.

側にはあまり伸びない．

　こうした加速陽子起源ニュートリノをバーストと同時に検出できれば，陽子加速の確かな証拠となる．IceCube のような巨大なニュートリノ望遠鏡が高エネルギーニュートリノ検出を目指している．しかし，今のところはニュートリノ光度の上限しか求まっていない．ニュートリノ放射の制限については，6.7.3 節で議論することとする．

　4.3 節で述べたように，中心エンジンからもニュートリノが放たれているかもしれない．ニュートリノからジェットへのエネルギー変換効率の悪さを考えると，ガンマ線の 10–100 倍のニュートリノフラックスを期待しても良いかもしれない．しかし，こうしたニュートリノの平均エネルギーは 10 MeV 程度と予想されるので[*21]，現在の技術で検出することはできないであろう[*22]．

4.8　残光

　この節ではガンマ線バーストの即時放射に続いて起こる，残光のメカニズムについて考えていく．残光の観測については，3 章にまとめられているので，適宜参照してほしい．内部衝撃波などで運動エネルギーの一部を散逸した後も，ジェットは相対論的速度を保って外側に流れていく．星の外に広がる水素からなる星間ガスは，典型的には 1 個 cm^{-3} 程度の密度を持つ．ジェットの先端はピストンのように星間物質を掃き集め，圧縮し，その結果それらを加速および加熱することになる．初期においては星間物質による反作用は無視でき，ジェットは減速することなく外側へ伝播していく．この時期を慣性走行期（coasting phase）と呼ぶ．掃き集められた星間物質のエネルギーがジェットのエネルギーと同程度になったとき，ジェットは減速を始め，加速・加熱を受けた星間ガスと受けていないガスの境界が衝撃波面として外側へ伝播することになる．これを外部衝撃波（external shock）と呼ぶ．

[*21] 原始中性子星や降着円盤自体は止まっているので，そこからのニュートリノに対しての相対論的効果は無視できる．放射もほぼ等方的であろう．

[*22] ニュートリノ検出の鍵となる，ニュートリノの散乱断面積はエネルギーの二乗に比例している．したがって，同じフラックスであれば，ニュートリノの平均エネルギーが高いほど検出効率が良い．

4.8.1 外部衝撃波の伝播

ここでは一様な密度 $n_{\rm ex}$ の星間物質中での相対論的衝撃波の伝播を考える。ショックを受けた星間ガスは我々に対してローレンツ因子 Γ で運動している。この Γ は衝撃波面の伝播速度に対する量 $\Gamma_{\rm sh}$ と区別して用いられる。4.5.2 節のジャンプ条件をこの系に適用する。外部衝撃波の場合、ショックを受ける前の星間物質静止系（上流静止系）は、外部慣性系と同じである。星間物質静止系でのショックを受けたガス（下流）の速度は、下流静止系から見た上流の速度と同じなので、ローレンツ因子 Γ は 4.5.2 節の Γ_{12} に対応する。一方、ショック波面静止系での上流のローレンツ因子 Γ_1 は、上流静止系での波面のローレンツ因子 $\Gamma_{\rm sh}$ である。ジャンプ条件の式 (4.91) で $\Gamma_{12} = \Gamma \gg 1$ とすると、

$$\Gamma_{\rm sh} \simeq \sqrt{2}\Gamma \qquad (4.155)$$

となる。

ジャンプ条件 (4.92) から下流の粒子数とエネルギーの密度は

$$n'_{\rm d} \simeq 4\Gamma n_{\rm ex}, \quad U'_{\rm d} \simeq \Gamma n'_{\rm d} m_{\rm p} c^2 \simeq 4\Gamma^2 n_{\rm ex} m_{\rm p} c^2. \qquad (4.156)$$

外部慣性形へローレンツ変換すると、$n_{\rm d} = \Gamma n'_{\rm d}$ および $U_{\rm d} = \Gamma^2 U'_{\rm d}$ である[*23]。今までと同様、球対称に伝播する衝撃波面を考え、その半径を R とする。掃き集められた星間物質は、衝撃波後面に厚さ ΔR のシェルを成すと近似する。粒子数

[*23] 厳密に言えば、エネルギー密度のローレンツ変換は $e_{\rm m} = \Gamma^2(e'_{\rm m} + P'\beta_{\rm b}^2)$ で、相対論的流体の場合 ($P' = e'_{\rm m}/3$) は $e_{\rm m} = (4/3)\Gamma^2 e'_{\rm m}$ となる。外部慣性系での粒子数密度は静止系の Γ 倍なので、粒子の平均エネルギーは流体静止系での値の $(4/3)\Gamma$ 倍となっている。一方、流体静止系において等方に運動している個々の粒子（平均運動量がゼロ）をローレンツ変換すると、外部慣性系での平均エネルギーは静止系の Γ 倍となり、因子 $4/3$ だけ矛盾しているように思われる。粒子集団をシェルに閉じ込めて、人為的に等方な運動を保つ場合を考える。このときでも、外部慣性系での粒子の平均エネルギーは静止系の $(4/3)\Gamma$ 倍になっているはず。外部慣性系では、後ろの壁にぶつかった粒子はエネルギーを得て、前方へ跳ね返される。前の壁に関してはこれと逆となる。つまり、後ろの壁からエネルギーを注入し、前の壁で吸収しているように見え、箱と粒子のエネルギー交換は釣り合っている。この場合、粒子を閉じ込めている実体である、"箱"のエネルギーの一部が粒子のエネルギーへと転換され、その平均エネルギーを $1/3$ だけ押し上げていると解釈できる。次に箱の前後の壁を静止系で同時に開ける（同時に開けないと大局的な粒子の運動が非等方となる）。相対論の初歩的知識だが、静止系で同時の事象は外部慣性系では同時ではない。外部慣性系では最初に後ろの壁が取り払われ、エネルギーの注入が止まり、遅れて前の壁が開く。この間に粒子の全エネルギーは減少し、平均エネルギーは本来の値、静止系の Γ 倍へと回復するであろう。いずれにせよ、ここでは大局的なエネルギーの辻褄（つまり $E_{\rm iso} = \Gamma E'_{\rm iso}$）を重視しつつ、一様シェル近似を保持するので、$e_{\rm m} = \Gamma^2 e'_{\rm m}$ として議論を進める。

保存

$$\frac{4\pi}{3}R^3 n_{\mathrm{ex}} = 4\pi R^2 \Delta R n_{\mathrm{d}} \tag{4.157}$$

より，

$$\Delta R \simeq \frac{R}{12\varGamma^2}. \tag{4.158}$$

残光の放射効率は非常に悪いと仮定し，シェルの全エネルギー $E_{\mathrm{iso}} = 4\pi R^2 \Delta R U_{\mathrm{d}}$ が保存する断熱近似を採用すると，(4.156) 式と (4.158) 式から

$$\varGamma^2 = \frac{3E_{\mathrm{iso}}}{4\pi n_{\mathrm{ex}} m_{\mathrm{p}} c^2 R^3}. \tag{4.159}$$

よって $\varGamma_{\mathrm{sh}} = \sqrt{2}\varGamma \propto R^{-3/2}$ のように衝撃波面は減速していく．

ここまで一様な密度を持つシェルで運動を近似してきたが，波面内側の密度分布の自己相似解がブランドフォード–マッキー（Blandford & McKee）(1976) によって求められている．導出は煩雑なので結果だけをここに記すと，$r = R$ のローレンツ因子 $\varGamma(R) \propto R^{-3/2}$ と無次元量

$$\chi \equiv 1 + 16\varGamma^2(R)\left(1 - \frac{r}{R}\right) \tag{4.160}$$

を用いて，$r < R$ の領域では

$$\varGamma(r) = \varGamma(R)\chi^{-1/2}, \tag{4.161}$$

$$n'_{\mathrm{d}}(r) = 4n_{\mathrm{ex}}\varGamma(R)\chi^{-5/4}, \tag{4.162}$$

$$U'_{\mathrm{d}}(r) = 4n_{\mathrm{ex}} m_{\mathrm{p}} c^2 \varGamma^2(R)\chi^{-17/12} \tag{4.163}$$

と書ける．一般的には一様シェル近似よりは正確な解になっていると考えられるが，一次元のプロファイルをどこまで計算に取り入れるかは難しいところである．この場合にエネルギー密度を全空間に渡って積分すると，

$$E_{\mathrm{iso}} = 4\pi \int_0^R dr r^2 \varGamma^2(r) U'_{\mathrm{d}}(r) = \frac{16\pi n_{\mathrm{ex}} m_{\mathrm{p}} c^2 R^3 \varGamma^2(R)}{17} \tag{4.164}$$

となり，式 (4.159) と比べて 12/17 倍だけ小さく評価される．多くの論文では上記の小さめの E_{iso} を用いているが，空間分布の影響はそこにだけ取り入れ，後

は一様シェル近似に基づいて放射の計算をしている．以下では式（4.159）と一様シェル近似を用いて評価する．

半径 $R \simeq ct$ の衝撃波面からの放射が観測される時刻は，式（4.13）のときと同様に $(c-v)dt$ を積分すると，$t_{\text{obs}} \simeq R/(8c\Gamma_{\text{sh}}^2) \simeq R/(16c\Gamma^2)$ となる．我々の正面にある点源からの放射を観測していればこれで正しいが，実際にはシェルの曲率に起因する遅延放射もあり，式（4.16）にある角時間スケールによってなまらされる．また，有限のシェルの厚みがもたらす効果も無視できない．数値的な評価などから経験的に

$$t_{\text{obs}} \simeq (1+z)\frac{R}{4c\Gamma^2} \equiv (1+z)t_{\text{obs,s}} \qquad (4.165)$$

を用いるのが標準的である．ここで宇宙膨張によって時間間隔が伸びる効果を考慮し，$(1+z)$ の因子を導入した．

式（4.159）から，観測者の時間で表した Γ と R は

$$\Gamma = \frac{1}{2}\left(\frac{3E_{\text{iso}}}{\pi n_{\text{ex}} m_{\text{p}} c^5 t_{\text{obs,s}}^3}\right)^{1/8} \simeq 19(1+z)^{\frac{3}{8}} E_{52}^{1/8} n_0^{-1/8} t_{\text{h}}^{-3/8}, \qquad (4.166)$$

$$R = \left(\frac{3E_{\text{iso}} t_{\text{obs,s}}}{\pi n_{\text{ex}} m_{\text{p}} c}\right)^{1/4} \simeq 1.6 \times 10^{17} (1+z)^{-\frac{1}{4}} E_{52}^{1/4} n_0^{-1/4} t_{\text{h}}^{1/4} \, \text{cm} \qquad (4.167)$$

となる．ここで $E_{52} \equiv E_{\text{iso}}/10^{52}\,\text{erg}$，$n_0 \equiv n_{\text{ex}}/1\,\text{cm}^{-3}$，$t_{\text{h}} \equiv t_{\text{obs}}/1\,\text{hour}$ である．

放射冷却と密度勾配：衝撃波伝播に対する影響

ここまで一様密度の星間物質中を伝播する断熱衝撃波を考えてきた．多くの場合，この単純な近似を用いた振舞いで観測を説明できるが，この近似が破れた場合の外部衝撃波の進化について簡単に触れておく．

まず，放射によるエネルギー損失の効果について考えてみる．式（4.156）に示されているように，衝撃波は陽子 1 個あたりに $\Gamma^2 m_{\text{p}} c^2$ のエネルギーを与える．実際にはありえないが，極限の仮定として，熱エネルギーのすべてを放射によって瞬時に失うとする，放射優勢衝撃波（radiative shock）を考える．放射が済んだ後もガスはローレンツ因子 Γ で運動しているので，質量 ΔM のガスに与えたエネルギー $\Gamma^2 \Delta M c^2$ のうち，$(\Gamma^2 - \Gamma)\Delta M c^2$ のエネルギーが放射によって失われる．$\Gamma \gg 1$ の極限で，シェルが持っているエネルギーの進化は $dE_{\text{iso}}/dM \sim$

$-\Gamma^2 c^2$ となる．$E_{\mathrm{iso}} = \Gamma E'_{\mathrm{iso}}$ であるが，熱エネルギーはすべて失われるので，流体静止系でのエネルギーの増加は $\Delta E'_{\mathrm{iso}} = \Delta M c^2 \ll E'_{\mathrm{iso}}$ のようにわずかだと見なせる．このことから，短い時間間隔を取るなら E'_{iso} は一定とみなせ，$E_{\mathrm{iso}} \propto \Gamma$ となる．これから $dM/dE_{\mathrm{iso}} \propto dM/d\Gamma \propto -\Gamma^{-2}$ となる．以上から $M \propto \Gamma^{-1}$ であり，一様密度のガスを掃き集めているなら $M \propto R^3$ なので，

$$\Gamma \propto R^{-3} \propto t_{\mathrm{obs}}^{-3/7}, \quad R \propto t_{\mathrm{obs}}^{1/7} \tag{4.168}$$

が最大限に放射が効いているときの振舞い．ここでも $t_{\mathrm{obs}} \propto R/\Gamma^2$ を用いた．断熱近似（$\Gamma \propto R^{-3/2}$）と比較して急激に減速することがわかる．

仮に星が重力崩壊する寸前まで星風を放出し続けていたとする．質量放出率が一定で，星表面での初速度を保ったまま一定の速度で星風が広がっていくとすると，星の周りには $n_{\mathrm{ex}} \propto r^{-2}$ でガスが分布する（wind case）．この場合，半径 $r = R$ まで積分したガスの質量は $M \propto R$ なので，$E_{\mathrm{iso}} \sim \Gamma^2 M c^2 \propto R\Gamma^2$．断熱近似（$E_{\mathrm{iso}}$ が一定）を適用すると，

$$\Gamma \propto E_{\mathrm{iso}}^{1/2} R^{-1/2} \propto E_{\mathrm{iso}}^{1/4} t_{\mathrm{obs}}^{-1/4}, \quad R \propto E_{\mathrm{iso}}^{1/2} t_{\mathrm{obs}}^{1/2}. \tag{4.169}$$

その他の様々なケースについても同様の考え方で，外部衝撃波の発展を定量的に求められる．

4.8.2 残光放射

外部衝撃波からの放射に対しても，4.5.3 節の内部衝撃波に対するものと同様のシンクロトロン放射を考える．以下で見ていくように，残光のスペクトルには3つの特徴的なエネルギーが存在する．一つ目は電子の注入時最低エネルギーに対応する ε_{m} である．式（4.101）から，電子注入時の最低ローレンツ因子は

$$\gamma'_{\mathrm{m}} \simeq \frac{\epsilon_{\mathrm{e}}}{f_{\mathrm{e}}} \frac{p-2}{p-1} \Gamma \frac{m_{\mathrm{p}}}{m_{\mathrm{e}}} \tag{4.170}$$

と書ける．シンクロトロンには磁場が必要なのだが，星間物質の典型的な磁場は 10^{-6} G 程度なので，$U_B/(n_{\mathrm{ex}} m_{\mathrm{p}} c^2) \sim 10^{-11}$ とわずかな量である．これに相対論的なジャンプ条件を単純に適用しても，下流の ϵ_B は上記の値のせいぜい4倍にしかならない．したがって外部衝撃波でも波面前後における磁場増幅を仮定する．

磁場はジャンプ条件の式 (4.156) より

$$B' = \sqrt{8\pi\epsilon_B U'_d} = \Gamma\sqrt{32\pi\epsilon_B n_{\mathrm{ex}} m_p c^2} \tag{4.171}$$

なので，γ'_{m} の電子が放つ典型的な光子のエネルギーは式 (4.112) と (4.166) を用いて，

$$\varepsilon_{\mathrm{m}} \equiv \frac{\Gamma}{1+z}\frac{3\hbar e B'}{2m_e c}\gamma'^2_{\mathrm{m}} \tag{4.172}$$

$$\simeq 1.1(1+z)^{1/2}\chi_p^2 f_e^{-2}\epsilon_{e,0.1}^2 \epsilon_{B,0.1}^{1/2} E_{52}^{1/2} t_{\mathrm{h}}^{-3/2}\,\mathrm{eV}. \tag{4.173}$$

ここでは $p = 2.5$ 前後の値を意識して，$\chi_p \sim 1$ を

$$\frac{p-2}{p-1} \equiv \frac{1}{3}\chi_p \tag{4.174}$$

と定義した．

二つ目の特徴的光子エネルギーは，電子の冷却が効くエネルギースケールに対応する ε_{c} である．シェル静止系での経過時間 $\sim R/(c\Gamma) \sim t_{\mathrm{obs,s}}\Gamma$ とシンクロトロン放射による冷却時間スケールを比較する．式 (4.105) の冷却時間で評価すると，

$$\gamma'_{\mathrm{c}} = \frac{6\pi m_e c}{\sigma_{\mathrm{T}} B'^2 \Gamma t_{\mathrm{obs,s}}} \tag{4.175}$$

よりも大きな γ'_e を持つ電子の分布に冷却の効果が現れる．これに対応するシンクロトロン光子のエネルギーは

$$\varepsilon_{\mathrm{c}} \equiv \frac{\Gamma}{1+z}\frac{3\hbar e B'}{2m_e c}\gamma'^2_{\mathrm{c}} \tag{4.176}$$

$$\simeq 3.1(1+z)^{-1/2}\epsilon_{B,0.1}^{-3/2} E_{52}^{-1/2} n_0^{-1} t_{\mathrm{h}}^{-1/2}\,\mathrm{eV}. \tag{4.177}$$

ここまでで 3 つのエネルギースケールのうち，ε_{m} と ε_{c} の 2 つが求まった．ε_{m} も ε_{c} も時間とともに小さくなっていくが，ε_{m} の方が減少率が大きい．初期には Γ も大きく，磁場も強いので，$\varepsilon_{\mathrm{m}} > \varepsilon_{\mathrm{c}}$（つまり $\gamma'_{\mathrm{m}} > \gamma'_{\mathrm{c}}$）となっており，注入された電子は即座に冷える．これは即時放射のときと同じ状況で，急速冷却（fast cooling）のケースと呼ぶ．やがて $\gamma'_{\mathrm{c}} = \gamma'_{\mathrm{m}}$ となる時刻

$$t_{\mathrm{eq}} \simeq 1300(1+z)\chi_p^2 f_e^{-2}\epsilon_{e,0.1}^2\epsilon_{B,0.1}^2 E_{52} n_0\,\mathrm{s} \tag{4.178}$$

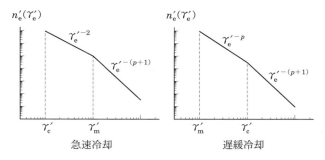

図4.16 外部衝撃波での電子スペクトル.

に $\varepsilon_c = \varepsilon_m$ となる．この後は $\varepsilon_c > \varepsilon_m$ となり，高エネルギーの一部の電子にしか冷却の効果は現れない．このケースは遅緩冷却（slow cooling）と呼ばれる．

注入時の電子の冪を p とする．内部衝撃波に対する式（4.107）の議論と同じ方法で，電子の分布は容易に求められる．冷却が効いている領域の電子分布は注入時の冪と比べて1つ折れて，$p+1$ となる．一方，電子が直接注入されていない $\gamma'_m > \gamma'_e > \gamma'_c$ の領域では，元々 γ'_m よりも上にいた電子が冷却されることで，冪 -2 の分布となる．これらに留意すると，電子の分布は図 4.16 のように近似できるであろう．急速冷却，遅緩冷却のいずれの場合でも，最小のローレンツ因子 $\gamma'_q \equiv \min(\gamma'_m, \gamma'_c)$ よりも低エネルギー側に電子は分布していない．

最後の三つ目のエネルギースケールは，シンクロトロン自己吸収が効きはじめるエネルギー ε_a である．冪乗分布 $n_e(\varepsilon_e) = C \varepsilon_e^{-q}$ をしている電子に対する吸収係数は，

$$\alpha_{\rm SA}(\varepsilon) = (q+2)\frac{\pi^2 \hbar^3 c^2}{\varepsilon^2} \int d\varepsilon_e \left. \frac{dE}{dtd\varepsilon} \right|_{\rm syn} \frac{n_e(\varepsilon_e)}{\varepsilon_e} \tag{4.179}$$

と書ける．式（4.111）と同様に，式（4.108）で定義される無次元量 x に関する積分へと変換すると，

$$\alpha_{\rm SA}(\varepsilon) = \frac{(q+2)\pi}{2\sqrt{3}} \left(\frac{\sqrt{6\pi}}{4}\right)^{q+2} C \left(\hbar c\right)^{1-q} \left(\frac{\hbar}{m_e c}\right)^{\frac{3q+2}{2}} e^2 (eB)^{\frac{q+2}{2}} \varepsilon^{-\frac{q+4}{2}}$$
$$\times \int_0^{x_{\max}} dx\, x^{\frac{q-2}{2}} g_{\rm syn}(x). \tag{4.180}$$

ここで積分の上端 $x_{\max}$ を無限大とし，$q = 2$ とすると，(4.117) 式と一致する．しかし残光の場合は最低ローレンツ因子 γ'_q に対応する，シンクロトロン光子の典型的エネルギー $\varepsilon_q = \min(\varepsilon_{\mathrm{m}}, \varepsilon_{\mathrm{c}})$ よりも ε_{a} がはるかに小さい．この場合，電子エネルギーの最小値，つまり x の最大値が有限であることを考慮しなくてはいけない．吸収を考える光子のエネルギー $\varepsilon \ll \varepsilon_q$ を固定すると，積分の上端は

$$x_{\max} = \frac{4}{\pi}\frac{\varepsilon}{\varepsilon_q} \ll 1 \tag{4.181}$$

のように小さな値である．$x \ll 1$ のときはシンクロトロン関数を

$$g_{\mathrm{syn}}(x) \simeq \frac{4\pi}{\sqrt{3}\Gamma(1/3)}\left(\frac{x}{2}\right)^{1/3} \tag{4.182}$$

と近似できるので，最終的に

$$\begin{aligned}\alpha_{\mathrm{SA}}(\varepsilon) = {} & \frac{(q+2)\pi^2}{(3q+2)\Gamma(1/3)}(2\pi^2)^{\frac{1}{3}}\left(\frac{3}{2}\right)^{\frac{q+2}{2}} \\ & \times C\,(\hbar c)^{1-q}\left(\frac{\hbar}{m_{\mathrm{e}}c}\right)^{\frac{3q+2}{2}} e^2(eB)^{\frac{q+2}{2}}\varepsilon_q^{-\frac{1}{3}-\frac{q}{2}}\varepsilon^{-\frac{5}{3}}\end{aligned} \tag{4.183}$$

が吸収係数の表式となる．

半径 R まで星間物質を掃き集めた後の加速電子の総数は $N_{\mathrm{e}} = f_{\mathrm{e}}n_{\mathrm{ex}}4\pi R^3/3$ で，これが体積 $V' = 4\pi R^2 \Delta R'$ に閉じ込められているので，電子密度の規格化定数は

$$C' = f_{\mathrm{e}}\frac{(q-1)R}{3\Delta R'}(\gamma'_q m_{\mathrm{e}} c^2)^{q-1} n_{\mathrm{ex}}. \tag{4.184}$$

$\varepsilon'_{\mathrm{a}}$ の定義，$\alpha'_{\mathrm{SA}}(\varepsilon'_{\mathrm{a}})\Delta R' = 1$ と $\varepsilon'_q \propto \gamma'^2_q B'$ から

$$\varepsilon_{\mathrm{a}} = \frac{\Gamma}{1+z}\varepsilon'_{\mathrm{a}} \propto \frac{\Gamma}{1+z} f_{\mathrm{e}}^{3/5} R^{3/5} B'^{2/5} n_{\mathrm{ex}}^{3/5} \gamma'^{-1}_q \tag{4.185}$$

となり，指数部分から q への依存性は消える．急速冷却 ($\varepsilon_{\mathrm{m}} > \varepsilon_{\mathrm{c}}$) のときは，$\gamma'_q = \gamma'_{\mathrm{c}}$，$q = 2$ を採用すれば良い．通常電波領域となるので，振動数 $\nu_{\mathrm{a}} = \varepsilon_{\mathrm{a}}/h$ を用いて表すと，

$$\nu_{\mathrm{a}} \simeq 20(1+z)^{-1/2} f_{\mathrm{e}}^{3/5} \epsilon_{B,0.1}^{6/5} E_{52}^{7/10} n_0^{11/10} t_2^{-1/2}\,\mathrm{GHz}. \tag{4.186}$$

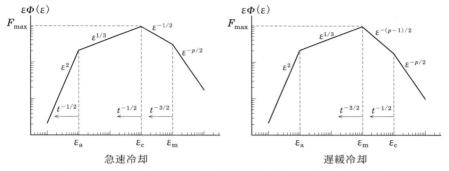

図4.17 残光のスペクトル．スペクトル $F(\varepsilon) = \varepsilon\Phi(\varepsilon)$ の冪と特徴的エネルギーの時間進化の冪を示している．

ここで $t_2 \equiv t_{\rm obs}/100$ s である．一方遅緩冷却 ($\varepsilon_{\rm c} > \varepsilon_{\rm m}$) の場合は，$\gamma'_q = \gamma'_{\rm m}$，$q = p$ として，

$$\nu_{\rm a} \simeq 6.9(1+z)^{-1} \Pi_p f_{\rm e}^{8/5} \epsilon_{{\rm e},0.1}^{-1} \epsilon_{B,0.1}^{1/5} E_{52}^{1/5} n_0^{3/5} \text{ GHz} \tag{4.187}$$

のように時間に依存せず一定となる．ここで p に関する因子は，

$$2.44 \Pi_p \equiv \frac{p-1}{p-2}\left(\frac{(p+2)(p-1)}{3p+2}\right)^{3/5} \tag{4.188}$$

と定義されており，$p = 2.5$ で $\Pi_p \simeq 1$ である．

以上のように電子分布と特徴的な 3 つのエネルギースケールが与えられたので，放射スペクトルも即時放射のときと同様に表すことができる．観測者にとっての光子数スペクトル $\Phi(\varepsilon)$ [photons/cm^2/s/eV]，あるいはエネルギースペクトル $F(\varepsilon) = \varepsilon\Phi(\varepsilon)$ [erg/cm^2/s/eV] は図4.17にまとめられている．急速冷却か遅緩冷却かに関わらず，電子のローレンツ因子の最小値 γ'_q に対応する $\varepsilon = \varepsilon_q$ で，$F(\varepsilon)$ は最大値 $F_{\max}$ となる．後で示すように，この $F_{\max}$ は時間に依存せず一定とみなせる．ε_q よりも低エネルギー側では，最も低エネルギーの電子 ($\gamma'_{\rm e} = \gamma'_q$) からの放射が支配的で，シンクロトロン関数の生の形 ($g_{\rm syn}(x)$ の $x \ll 1$ の形) が反映されて，$\Phi(\varepsilon) \propto \varepsilon^{-2/3}$ (あるいは $F = \varepsilon\Phi(\varepsilon) \propto \varepsilon^{1/3}$) となる．さらなる低エネルギー側の $\varepsilon < \varepsilon_{\rm a}$ では，シンクロトロン自己吸収が効き，$\Phi(\varepsilon) \propto \varepsilon^{-2/3}/\alpha_{\rm SA} \propto \varepsilon$ (同じく $F \propto \varepsilon^2$) である．

エネルギースペクトルの最大値，$F_{\max}$ を求めよう．まず電子 1 個からの放射

を考える．ローレンツ因子 γ'_e の電子が放つ，典型的な光子エネルギー $\varepsilon_{\mathrm{syn}}$ は式（4.109）で与えられている．電子 1 個が放つ $\varepsilon = \varepsilon_{\mathrm{syn}}$ での放射強度は，式（4.108）で $g_{\mathrm{syn}} \sim 1/2$ として，

$$\left.\frac{dE'}{dt'd\varepsilon'}\right|_{\max} = \frac{\sqrt{3}e^3 B'}{16\hbar m_e c^2} \tag{4.189}$$

となり，電子のエネルギーに依存しない．$dE'/d\varepsilon'$ はローレンツ不変な量で，$dt' = dt/\Gamma$ は式（4.165）より $dt' \simeq \Gamma dt_{\mathrm{obs,s}}$ となるので，外部慣性系での値は

$$\left.\frac{dE}{dt_{\mathrm{obs,s}}d\varepsilon}\right|_{\max} = \frac{\sqrt{3}e^3 B'}{16\hbar m_e c^2}\Gamma \tag{4.190}$$

となる．電子は $q > 1$ の冪乗分布をしているので，数的に圧倒しているのは最低エネルギー $\gamma'_e = \gamma'_q$ の電子である．そこで電子総数 $N_e = f_e n_{\mathrm{ex}} 4\pi R^3/3$ を採用して，$\gamma'_e \simeq \gamma'_q$ の電子の数を近似する．式（4.190）にこの電子数をかけ，光度距離（luminosity distance）$D_{\mathrm{L}} = 10^{28} D_{28}$ cm を用いて $4\pi D_{\mathrm{L}}^2/(1+z)$ で割ると，$\varepsilon = \varepsilon_q$ でのフラックス，$F_{\max}$ となり[*24]，

$$F_{\max} \simeq (1+z)\frac{N_e}{4\pi D_{\mathrm{L}}^2}\frac{\sqrt{3}e^3 B'}{16\hbar m_e c^2}\Gamma \propto R^3 B'\Gamma \propto R^3 \Gamma^2 \propto t_{\mathrm{obs}}^0 \tag{4.191}$$

と一定となる．具体的な値を代入すると，

$$F_{\max} \simeq 6.0(1+z)f_e \epsilon_{B,0.1}^{1/2} E_{52} n_0^{1/2} D_{28}^{-2} \text{ mJy} \tag{4.192}$$

$$\simeq 1.4 \times 10^{-11}(1+z)f_e \epsilon_{B,0.1}^{1/2} E_{52} n_0^{1/2} D_{28}^{-2} \text{ erg/cm}^2/\text{s/eV}. \tag{4.193}$$

ここですべてをまとめると，図 4.17 から急速冷却の場合，

$$F(\varepsilon) = F_{\max} \times \begin{cases} (\varepsilon_{\mathrm{m}}/\varepsilon_{\mathrm{c}})^{-1/2}(\varepsilon/\varepsilon_{\mathrm{m}})^{-p/2}, & \varepsilon_{\mathrm{m}} < \varepsilon \text{ のとき} \\ (\varepsilon/\varepsilon_{\mathrm{c}})^{-1/2}, & \varepsilon_{\mathrm{c}} < \varepsilon < \varepsilon_{\mathrm{m}} \text{ のとき} \\ (\varepsilon/\varepsilon_{\mathrm{c}})^{1/3}, & \varepsilon_{\mathrm{a}} < \varepsilon < \varepsilon_{\mathrm{c}} \text{ のとき} \\ (\varepsilon_{\mathrm{a}}/\varepsilon_{\mathrm{c}})^{1/3}(\varepsilon/\varepsilon_{\mathrm{a}})^2, & \varepsilon < \varepsilon_{\mathrm{a}} \text{ のとき}, \end{cases} \tag{4.194}$$

[*24] 光度距離（エネルギーフラックス $F = L/4\pi D_{\mathrm{L}}^2$）の定義には宇宙膨張による時間間隔拡張の効果 $t_{\mathrm{obs}} = (1+z)t_{\mathrm{obs,s}}$ とエネルギーシフトの効果 $\varepsilon_{\mathrm{obs}} = \varepsilon_{\mathrm{obs,s}}/(1+z)$ が含まれている．しかし後者は，スペクトル密度 $F(\varepsilon) \equiv dF/d\varepsilon$ の場合，効果がキャンセルされるので，D_{L}^2 から余分な因子を取り除くため，$(1+z)$ が 1 つかかる．赤方偏移 $z = 1$ は $D_{28} \simeq 2$ に対応する．

遅緩冷却の場合，

$$F(\varepsilon) = F_{\max} \times \begin{cases} (\varepsilon_c/\varepsilon_m)^{-(p-1)/2}(\varepsilon/\varepsilon_c)^{-p/2}, & \varepsilon_c < \varepsilon \text{ のとき} \\ (\varepsilon/\varepsilon_m)^{-(p-1)/2}, & \varepsilon_m < \varepsilon < \varepsilon_c \text{ のとき} \\ (\varepsilon/\varepsilon_m)^{1/3}, & \varepsilon_a < \varepsilon < \varepsilon_m \text{ のとき} \\ (\varepsilon_a/\varepsilon_m)^{1/3}(\varepsilon/\varepsilon_a)^2, & \varepsilon < \varepsilon_a \text{ のとき}. \end{cases} \quad (4.195)$$

観測者が特定の光子エネルギーで観測していると，その明るさは増光あるいは減光していく．一例として遅緩冷却の最も高エネルギー側，つまり $\varepsilon > \varepsilon_c$ のエネルギー帯域を考えると，(4.195) 式から $F \propto F_{\max}\varepsilon_c^{1/2}\varepsilon_m^{(p-1)/2}$ と変形でき，これに (4.173) 式と (4.177) 式を代入すると $F \propto t_{\mathrm{obs}}^{(2-3p)/4}$ が得られる．電子の冪指数として典型的な値 $p = 2.5$ を採用すると，$F \propto t_{\mathrm{obs}}^{-1.4}$ となり，X 線における減光の実際の振舞いに近い．

その他のケースについても同様に計算し，そのパラメータ依存性を以下にまとめる．光子のエネルギーあるいは振動数を規格化して $\varepsilon = \varepsilon_3\,\mathrm{keV}$，$0.1\varepsilon_2\,\mathrm{keV}$，$2\varepsilon_{\mathrm{opt}}\,\mathrm{eV}$，$\nu = \nu_9\,\mathrm{GHz}$，$100\nu_{11}\,\mathrm{GHz}$ と表すと，

・急速冷却の場合，

$$F(\varepsilon) \simeq \begin{cases} 6.8 \times 10^{-13}(1+z)^{\frac{p+2}{4}}\chi_p^{p-1}f_{\mathrm{e}}^{2-p}\epsilon_{\mathrm{e},0.1}^{p-1}\epsilon_{B,0.1}^{(p-2)/4}E_{52}^{(p+2)/4}D_{28}^{-2}\varepsilon_3^{-p/2}t_2^{\frac{2-3p}{4}} \\ \qquad\qquad\qquad \mathrm{erg/cm^2/s/eV}, \quad \varepsilon_m < \varepsilon \text{ のとき} \\ 6.2 \times 10^{-12}(1+z)^{3/4}f_{\mathrm{e}}\epsilon_{B,0.1}^{-1/4}E_{52}^{3/4}D_{28}^{-2}\varepsilon_2^{-1/2}t_2^{-1/4} \\ \qquad\qquad\qquad \mathrm{erg/cm^2/s/eV}, \quad \varepsilon_c < \varepsilon < \varepsilon_m \text{ のとき} \\ 6.9 \times 10^{-12}(1+z)^{7/6}f_{\mathrm{e}}\epsilon_{B,0.1}E_{52}^{7/6}n_0^{5/6}D_{28}^{-2}\varepsilon_{\mathrm{opt}}^{1/3}t_2^{1/6} \\ \qquad\qquad\qquad \mathrm{erg/cm^2/s/eV}, \quad \varepsilon_a < \varepsilon < \varepsilon_c \text{ のとき} \\ 0.24(1+z)^2\epsilon_{B,0.1}^{-1}n_0^{-1}D_{28}^{-2}\nu_9^2 t_2\,\mu\mathrm{Jy}, \quad \varepsilon < \varepsilon_a \text{ のとき}. \end{cases}$$
$$(4.196)$$

・遅緩冷却の場合,

$$F(\varepsilon) \simeq \begin{cases} 4.9 \times 10^{-15}(1+z)^{\frac{p+2}{4}} \chi_p^{p-1} f_e^{2-p} \epsilon_{e,0.1}^{p-1} \epsilon_{B,0.1}^{(p-2)/4} E_{52}^{(p+2)/4} D_{28}^{-2} \varepsilon_3^{-p/2} t_h^{\frac{2-3p}{4}} \\ \qquad\qquad \mathrm{erg/cm^2/s/eV}, \quad \varepsilon_c < \varepsilon \text{ のとき} \\ 9.4 \times 10^{-12}(1+z)^{\frac{p+3}{4}} \chi_p^{p-1} f_e^{2-p} \epsilon_{e,0.1}^{p-1} \epsilon_{B,0.1}^{(p+1)/4} E_{52}^{(p+3)/4} n_0^{1/2} D_{28}^{-2} \varepsilon_{\mathrm{opt}}^{\frac{1-p}{2}} t_h^{\frac{3(1-p)}{4}} \\ \qquad\qquad \mathrm{erg/cm^2/s/eV}, \quad \varepsilon_m < \varepsilon < \varepsilon_c \text{ のとき} \\ 0.43(1+z)^{5/6} \chi_p^{-2/3} f_e^{5/3} \epsilon_{e,0.1}^{-2/3} \epsilon_{B,0.1}^{1/3} E_{52}^{5/6} n_0^{1/2} D_{28}^{-2} \nu_{11}^{1/3} t_h^{1/2} \mathrm{mJy}, \\ \qquad\qquad \varepsilon_a < \varepsilon < \varepsilon_m \text{ のとき} \\ 3.7(1+z)^{5/2} \chi_p^{-2/3} \Pi_p^{-5/3} f_e^{-1} \epsilon_{e,0.1} E_{52}^{1/2} n_0^{-1/2} D_{28}^{-2} \nu_9^2 t_h^{1/2} \mu\mathrm{Jy}, \\ \qquad\qquad \varepsilon < \varepsilon_a \text{ のとき.} \end{cases}$$
(4.197)

遅緩冷却の場合,低エネルギー側では $F(\varepsilon) \propto t_{\mathrm{obs}}^{1/2}$ の増光となっている.ε_m の式 (4.173) で用いているパラメータを採用すると,ε_m が 100 GHz 以下に下がるまで 200 時間程度かかる[*25].それまでの間,電波領域ではこの増光が続くこととなる(3.1.3 節参照).

観測スペクトルから電子の冪 p は決まるので,残りのモデルパラメータは E_{iso}, n_{ex}, ϵ_e, ϵ_B, f_e の 5 つ.一方観測から求まる物理量は $F_{\max}$, ε_m, ε_c, ε_a の 4 つで,その時間発展も単調に冪則に則って振る舞うだけなので,新たな情報をもたらすことはない.したがって多くの場合,加速電子の割合を $f_e = 1$ と仮定して,残りのパラメータを決めることとなる.パラメータ f_e を決めるには,加速されていない熱的な電子からの放射を捉えるなど,困難な観測が要求される.仮に真の値が $f_e < 1$ であれば,$f_e = 1$ として求めた ϵ_e と ϵ_B を f_e 倍,E_{iso} と n_{ex} を f_e^{-1} 倍することで,真のパラメータを求めることができる.

放射冷却と密度勾配:残光放射に対する影響

最後に放射優勢衝撃波(150 ページ)の場合と,密度勾配の影響がある場合の残光の振舞いについて述べる.一度ここで復習しておくと,式 (4.170),(4.172),

---

[*25] 実際にはその前に,4.8.3 節で見るジェットブレイクが起きるかもしれない.

(4.175), (4.176), (4.191) から,

$$\varepsilon_{\mathrm{m}} \propto B'\Gamma^3, \quad \varepsilon_{\mathrm{c}} \propto B'^{-3}\Gamma^{-1}t_{\mathrm{obs}}^{-2}, \quad F_{\max} \propto N_{\mathrm{e}}B'\Gamma \tag{4.198}$$

である. ε_{a} より低エネルギー側は観測が困難なこともあり, ここでは省略する. 放射冷却が効いている場合は, 定義から急速冷却になっていなければならない. 一様密度なら, 今までと同様に $N_{\mathrm{e}} \propto R^3$, $B' \propto \Gamma$ なので, 式 (4.168) と (4.194) から

$$F_{\mathrm{rad}} \propto \begin{cases} F_{\max}\varepsilon_{\mathrm{c}}^{1/2}\varepsilon_{\mathrm{m}}^{(p-1)/2} \propto t_{\mathrm{obs}}^{-(6p-2)/7}, & \varepsilon_{\mathrm{m}} < \varepsilon \text{ のとき} \\ F_{\max}\varepsilon_{\mathrm{c}}^{1/2} \propto t_{\mathrm{obs}}^{-4/7}, & \varepsilon_{\mathrm{c}} < \varepsilon < \varepsilon_{\mathrm{m}} \text{ のとき} \\ F_{\max}\varepsilon_{\mathrm{c}}^{-1/3} \propto t_{\mathrm{obs}}^{-1/3}, & \varepsilon_{\mathrm{a}} < \varepsilon < \varepsilon_{\mathrm{c}} \text{ のとき.} \end{cases} \tag{4.199}$$

最も高エネルギー側では $F \propto t_{\mathrm{obs}}^{-1.9}$ 程度となり, かなり急激な減光となる.

星風密度が $n_{\mathrm{ex}} \propto r^{-2}$ の場合, $N_{\mathrm{e}} \propto R$, (4.171) から $B' \propto \Gamma n_{\mathrm{ex}}^{1/2} \propto R^{-1}\Gamma$ となる. 式 (4.169) を用いて残光の振舞いを評価するが, 特徴的な点は ε_{c} が $t_{\mathrm{obs}}^{1/2}$ に比例して大きくなり, より速やかに遅緩冷却へと遷移することである. 急速冷却の場合,

$$F_{\mathrm{wind}} \propto \begin{cases} t_{\mathrm{obs}}^{-(3p-2)/4}, & \varepsilon_{\mathrm{m}} < \varepsilon \text{ のとき} \\ t_{\mathrm{obs}}^{-1/4}, & \varepsilon_{\mathrm{c}} < \varepsilon < \varepsilon_{\mathrm{m}} \text{ のとき} \\ t_{\mathrm{obs}}^{-2/3}, & \varepsilon_{\mathrm{a}} < \varepsilon < \varepsilon_{\mathrm{c}} \text{ のとき,} \end{cases} \tag{4.200}$$

遅緩冷却の場合, (4.195) 式を用いて,

$$F_{\mathrm{wind}} \propto \begin{cases} F_{\max}\varepsilon_{\mathrm{c}}^{1/2}\varepsilon_{\mathrm{m}}^{(p-1)/2} \propto t_{\mathrm{obs}}^{-(3p-2)/4}, & \varepsilon_{\mathrm{c}} < \varepsilon \text{ のとき} \\ F_{\max}\varepsilon_{\mathrm{m}}^{(p-1)/2} \propto t_{\mathrm{obs}}^{-(3p-1)/4}, & \varepsilon_{\mathrm{m}} < \varepsilon < \varepsilon_{\mathrm{c}} \text{ のとき} \\ F_{\max}\varepsilon_{\mathrm{m}}^{-1/3} \propto t_{\mathrm{obs}}^{0}, & \varepsilon_{\mathrm{a}} < \varepsilon < \varepsilon_{\mathrm{m}} \text{ のとき.} \end{cases} \tag{4.201}$$

4.8.3 ジェットブレーク

今までは球対称に衝撃波が伝播しているとして計算してきたが, 現実のガンマ線バーストはジェット状の構造を持っていると考えられている. 4.2.2 節で述べたように, 我々は角度 $1/\Gamma$ よりも狭い領域からの放射しか観測することができない

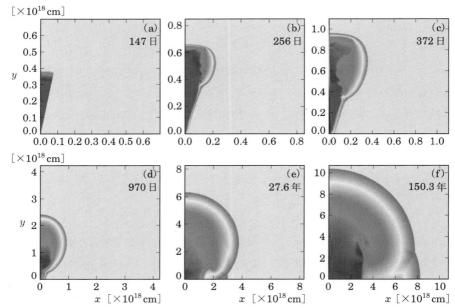

図4.18 ジェットブレークのシミュレーション（Zhang & MacFadyen 2009, *ApJ*, 698, 1261）. $\theta_0 = 0.2$ rad, $E_{\rm j} = 2 \times 10^{51}$ erg の場合の密度分布. 初期においてはジェット形状を保っているが，その後横方向に広がりだし，後半はほぼ球対称となっている．

ので，初期のジェットの開口角 θ_0 が $1/\Gamma$ よりも十分大きければ，この球対称近似は問題にならない．しかしジェットが徐々に減速していけば，$1/\Gamma$ が大きくなり，いずれはジェット状の構造が観測量に影響を及ぼすはずである．

最初に，どこまでジェット形状を保ち続けられるかを評価してみる．ジェットの静止系では相対論的な温度のガスが音速 $c/\sqrt{3}$ で膨張しようとする．有限時間 t' が経過したときに，ガス圧による膨張のスケール $ct'/\sqrt{3}$ がジェット先端の幅 $R\theta_0$ よりも大きくなると，もはやジェットは開口角 $\theta_{\rm j}$ を一定に保ちつづけることはできない．その結果，図 4.18 の流体シミュレーションに見られるような，ジェットブレークが起きる．$t' = t/\Gamma = R/\Gamma c$ より，ジェットブレークが起きるのは $R\theta_0 = R/\sqrt{3}\Gamma \sim R/\Gamma$，つまり

$$\Gamma \simeq \frac{1}{\theta_0} \tag{4.202}$$

となったときである．$\theta_0 = 0.1\theta_{0.1}$ rad として，Γ の式（4.166）から観測者にとってジェットブレークが起きる時刻は

$$t_{\rm jb} \simeq 5.8(1+z)E_{52}^{1/3}n_0^{-1/3}\theta_{0.1}^{8/3} \text{ hour} \tag{4.203}$$

と求まる．この後はジェットは横方向にも膨張していくので，ジェットの開口角は，

$$\theta_{\rm j} \simeq \begin{cases} \theta_0, & t_{\rm obs} \ll t_{\rm jb} \text{ のとき} \\ \dfrac{1}{\Gamma}, & t_{\rm obs} \gg t_{\rm jb} \text{ のとき} \end{cases} \tag{4.204}$$

と表せる．

ジェットブレーク後の運動を考える．ジェットの開口角が大きくなり，星間物質と接する表面積が増えるので，ジェットは急激に減速することとなる．式（4.156）からわかるように，ジェットが掃き集めたガスの質量を M とすると，衝撃波がガスに与えるエネルギーは $\sim \Gamma^2 Mc^2$ となる．したがって，真のジェットエネルギーは

$$E_{\rm j} \simeq \Gamma^2 Mc^2 \simeq \frac{\theta_0^2}{2} E_{\rm iso}. \tag{4.205}$$

この $E_{\rm j}$ を用いて，ジェットブレークを起こす半径は式（4.159）から

$$R_{\rm jb} = \left(\frac{3E_{\rm j}}{2\pi n_{\rm ex} m_{\rm p} c^2}\right)^{1/3} \tag{4.206}$$

と書ける．

ローレンツ因子は $\Gamma = \sqrt{E_{\rm j}/Mc^2}$ と表せるが，断熱近似を用いて $E_{\rm j}$ が一定だと考えられれば，

$$\frac{d\Gamma}{dR} = -\frac{E_{\rm j}^{1/2}}{2cM^{3/2}}\frac{dM}{dR} \tag{4.207}$$

となる．ジェットが占める立体角の割合は $\theta_{\rm j}^2/2$ なので，

$$\frac{dM}{dR} = 4\pi R^2 n_{\rm ex} m_{\rm p} \frac{\theta_{\rm j}^2}{2}. \tag{4.208}$$

式（4.205）を用いて M を消去し，ジェットブレークが起きた後は $\theta_{\rm j} = 1/\Gamma$ だと

すると，

$$\frac{d\Gamma}{dR} = -\frac{\pi R^2 n_{\rm ex} m_{\rm p} c^2}{E_{\rm j}}\Gamma \tag{4.209}$$

と書き表せる．非常に荒っぽい近似だが，ジェットブレーク後は急激に Γ が減少し，その間 R を一定だと考える．すると $R \simeq R_{\rm jb}$ より，

$$\frac{d\Gamma}{dR} = -\frac{3}{2R_{\rm jb}}\Gamma \tag{4.210}$$

となり，確かに $\Gamma \propto \exp(-3R/2R_{\rm jb})$ のように，急激な減速が起きることがわかる．

ジェットブレーク後の放射は以下に見るように，急激に暗くなる．式（4.165）から $t_{\rm obs} \propto R/\Gamma^2 \sim R_{\rm jb}/\Gamma^2 \propto \Gamma^{-2}$ を用いる．磁場の進化は今までと同様 $B' \propto \Gamma$ なので，特徴的な光子エネルギーは式（4.198）から $\varepsilon_{\rm m} \propto B'\Gamma^3 \propto t_{\rm obs}^{-2}$, $\varepsilon_{\rm c} \propto B'^{-3}\Gamma^{-1}t_{\rm obs}^{-2} \propto t_{\rm obs}^{0}$ のように振る舞う．ジェットが掃き集めた電子の総数は幾何構造を考慮して，$N_{\rm e} = 4\pi R^3 f_{\rm e} n_{\rm ex} \theta_{\rm j}^2/6 \propto R_{\rm jb}^3/\Gamma^2$ である．

放射されている光子はビーミングを受けているが，開口角が $\theta_{\rm j} \sim 1/\Gamma$ なので，正面にいる観測者はジェット先端の表面全体からの放射を観測できる．球対称のときは立体角 4π に満遍なく放射するので，全放射エネルギーを面積 $S_{\rm obs} = 4\pi D_{\rm L}^2$ で割れば，フラックスが求まった．今回の場合，光子は $1/\Gamma$ 以下の角度にしか放射されないので，より狭い面積 $S_{\rm obs} = 4\pi D_{\rm L}^2/2\Gamma^2$ にしか放射は届かない．観測者はたまたまこの狭い面積の中にいたと考えるわけである．この効果を考慮して，(4.198) 式から $F_{\rm max} \propto N_{\rm e}B'\Gamma/S_{\rm obs} \propto \Gamma^2 \propto t_{\rm obs}^{-1}$ となる．ジェットブレーク後には既に遅緩冷却の時期に入っているであろうから，(4.201) 式の計算のときと同様に，上の関係を用いると

$$F \propto \begin{cases} t_{\rm obs}^{-p}, & \varepsilon_{\rm c} < \varepsilon \text{ のとき} \\ t_{\rm obs}^{-p}, & \varepsilon_{\rm m} < \varepsilon < \varepsilon_{\rm c} \text{ のとき} \\ t_{\rm obs}^{-1/3}, & \varepsilon_{\rm a} < \varepsilon < \varepsilon_{\rm m} \text{ のとき} \end{cases} \tag{4.211}$$

のように減光の振舞いがわかる．X 線などの高エネルギー側では，$t_{\rm obs}^{-2.5}$ 程度の急激な減光に移るはずである．数値シミュレーションの結果（図 4.19）も，おお

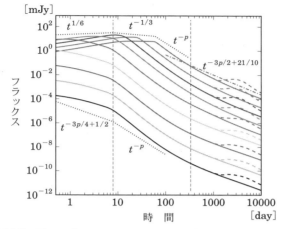

図 4.19 Zhang & MacFadyen 2009, *ApJ*, 698, 1261 のシミュレーション（図 4.18）での，ジェットブレーク時の残光光度曲線．上から下にかけて，電波からX線へと観測周波数が上がっていく．破線は反対側のジェットからの放射の寄与．

よそ上記の振る舞いを支持している．

　ガンマ線バーストの即時放射が観測された後に，残光を観測する場合，観測者は開口角 θ_0 の内側にいると考えられる．仮に θ_0 の外側に観測者がいたときは，細く絞られた即時放射を観測することができない．しかし十分時間が経ち，ジェットブレークを起こし，開口角が広がっていけば，ジェットブレーク後の残光放射が観測者に届くかもしれない．このような即時放射を伴わない，孤児残光（orphan afterglow）が予言されている．しかし，X 線などの全天モニタ観測では未だ見つかっていない．正面から見ていてもブレーク後にはかなり暗くなっているので，それを斜めから見る孤児残光の検出は難しいであろう．今後の継続的な観測による発見が期待されている．

4.8.4　初期残光

　Swift 衛星打ち上げ前までは，4.8.3 節までで議論した単純な描像で残光は説明できるとされてきた．しかし，第 3 章で紹介した通り，*Swift* がバースト開始後 3000 秒以内の詳細な残光の振舞いを観測した結果，実情はそう単純ではないことが明らかになった．初期残光の振舞いについては謎が多いが，有力な解釈を以

下で見ていく．この節では簡略化のために赤方偏移の因子 $(1+z)$ を省いて表記する．

残光の開始

今までは点源爆発のような近似で $t_{\rm obs} = 0$ から残光放射が始まっているとしてきた．しかし現実には中心エンジンから放出されたガスは，初期において減速を受けない慣性走行期にあるはずで，この間の放射は暗いはずである．十分な量の星間物質を掃き集めた後，減速を開始する時刻 $t_{\rm peak}$ に残光は最も明るくなり，この後の $t_{\rm obs} \gg t_{\rm peak}$ に至ってから，今まで議論してきた標準的な振舞いに移ると期待される．

放出ガスの初期ローレンツ因子を Γ_0 とする．今まで何度も出てきたように，衝撃波は質量 M の星間物質に $\Gamma_0^2 M c^2$ のエネルギーを与える．半径 R まで衝撃波が広がったときにガスに与えたエネルギー $4\pi R^3 n_{\rm ex} \Gamma_0^2 m_{\rm p} c^2 / 3$ が，放出ガスが最初に持っていたエネルギー $E_{\rm iso}$ と同じになる半径

$$R_{\rm dec} = \left(\frac{3 E_{\rm iso}}{4\pi n_{\rm ex} m_{\rm p} c^2 \Gamma_0^2}\right)^{1/3} \tag{4.212}$$

$$\simeq 5.4 \times 10^{16} \left(\frac{E_{\rm iso}}{10^{52}\,{\rm erg}}\right)^{\frac{1}{3}} \left(\frac{n_{\rm ex}}{1\,{\rm cm}^{-3}}\right)^{-\frac{1}{3}} \left(\frac{\Gamma_0}{100}\right)^{-\frac{2}{3}}\,{\rm cm} \tag{4.213}$$

で，衝撃波は減速を開始する．このときの観測者にとっての時刻

$$t_{\rm peak} = \frac{R_{\rm dec}}{2c\Gamma_0^2} = \left(\frac{3 E_{\rm iso}}{32\pi n_{\rm ex} m_{\rm p} c^5 \Gamma_0^8}\right)^{1/3} \tag{4.214}$$

$$\simeq 90 \left(\frac{E_{\rm iso}}{10^{52}\,{\rm erg}}\right)^{\frac{1}{3}} \left(\frac{n_{\rm ex}}{1\,{\rm cm}^{-3}}\right)^{-\frac{1}{3}} \left(\frac{\Gamma_0}{100}\right)^{-\frac{8}{3}}\,{\rm s} \tag{4.215}$$

に残光が開始されると考えられる．この残光開始時間がわかれば，放出ガスの初期ローレンツ因子を

$$\Gamma_0 \simeq 96 \left(\frac{E_{\rm iso}}{10^{52}\,{\rm erg}}\right)^{\frac{1}{8}} \left(\frac{n_{\rm ex}}{1\,{\rm cm}^{-3}}\right)^{-\frac{1}{8}} \left(\frac{t_{\rm peak}}{100\,{\rm s}}\right)^{-\frac{3}{8}} \tag{4.216}$$

のように求めることができる．$n_{\rm ex}$ と $E_{\rm iso}$ に対するパラメータ依存性が弱いので，Γ_0 の不定性は形式的には非常に小さい．

次に $t_{\rm peak}$ に達する前に残光が増光していく様子を見てみる．慣性走行期では $\Gamma = \Gamma_0$ が一定なので，式 (4.171) より $B' \propto \Gamma$ も一定である．残光の最初期なので式 (4.194) の急速冷却を仮定する．式 (4.198) を用いて計算すると，$F_{\rm max} \propto N_{\rm e} \propto R^3 \propto t_{\rm obs}^3$，$\varepsilon_{\rm m} = $ 一定，$\varepsilon_{\rm c} \propto t_{\rm obs}^{-2}$ のように振る舞うことがわかるので，$\varepsilon_{\rm m}$ と ε の大小関係に関わらず，

$$F \propto t_{\rm obs}^2 \quad \varepsilon_{\rm c} < \varepsilon \text{ のとき．} \tag{4.217}$$

仮に放射冷却が効いていても，$\Gamma = $ const. の間は運動に影響を与えないので，残光の振舞いは同じである．磁場が非常に小さければ，遅緩冷却の可能性もあり，その時の増光は

$$F \propto \begin{cases} t_{\rm obs}^2, & \varepsilon_{\rm c} < \varepsilon \text{ のとき} \\ t_{\rm obs}^3, & \varepsilon_{\rm m} < \varepsilon < \varepsilon_{\rm c} \text{ のとき} \end{cases} \tag{4.218}$$

となる．

最後に星風モデルの場合について評価してみる．今までと同様に $N_{\rm e} \propto R \propto t_{\rm obs}$，$B' \propto \Gamma n_{\rm ex}^{1/2} \propto t_{\rm obs}^{-1}$，$F_{\rm max} \propto N_{\rm e} B' \propto t_{\rm obs}^0$，$\varepsilon_{\rm m} \propto B' \propto t_{\rm obs}^{-1}$，$\varepsilon_{\rm c} \propto B'^{-3} t_{\rm obs}^{-2} \propto t_{\rm obs}$ となるので，急速冷却では

$$F_{\rm wind} \propto \begin{cases} t_{\rm obs}^{-(p-2)/2}, & \varepsilon_{\rm m} < \varepsilon \text{ のとき} \\ t_{\rm obs}^{1/2}, & \varepsilon_{\rm c} < \varepsilon < \varepsilon_{\rm m} \text{ のとき，} \end{cases} \tag{4.219}$$

遅緩冷却では

$$F_{\rm wind} \propto \begin{cases} t_{\rm obs}^{-(p-2)/2}, & \varepsilon_{\rm c} < \varepsilon \text{ のとき} \\ t_{\rm obs}^{-(p-1)/2}, & \varepsilon_{\rm m} < \varepsilon < \varepsilon_{\rm c} \text{ のとき} \end{cases} \tag{4.220}$$

となり，増光とはならない可能性がある．

逆行衝撃波からの放射

中心エンジンから放たれ，即時放射を終えた残滓である放出ガスは，星間物質を掃き集めるピストンのようなものとして今まで扱ってきた．しかし，実際には図 4.10 にあるように，放出ガスの方にも衝撃波が伝播するはずである．通常の残光を放つ外部衝撃波を順行衝撃波（forward shock）と呼ぶのに対し，この放出ガ

ス中を伝播する衝撃波を逆行衝撃波 (reverse shock) と呼ぶ．この逆行衝撃波由来の放射が可視光などで観測されることが以下のように予想される．

内部衝撃波をもたらした密度や速度の揺らぎは膨張とともになまされ，放出ガスは一様な密度のシェルであると考える．外部慣性形から見た放出シェルのローレンツ因子を Γ_0 とする．放出シェルの厚み $\Delta R_{\rm ej}$ は，即時放射の継続時間に光速をかけた程度，$ct_{\rm dur}$ であろう．しかし，式 (4.54) にあるように，半径

$$R_{\rm sp} = ct_{\rm dur}\Gamma_0^2 \simeq 9.0 \times 10^{15} \left(\frac{t_{\rm dur}}{30\,{\rm s}}\right)\left(\frac{\Gamma_0}{100}\right)^2 \,{\rm cm} \tag{4.221}$$

より外側ではシェルの厚みの膨張は無視できなくなり，

$$\Delta R_{\rm ej} = \begin{cases} ct_{\rm dur}, & R < R_{\rm sp} \text{ のとき} \\ R/\Gamma_0^2, & R > R_{\rm sp} \text{ のとき} \end{cases} \tag{4.222}$$

と表せるであろう．

逆行衝撃波の構造は図 4.10 と共通している．領域 1 がショックを受ける前の放出シェル，領域 4 が同じく星間物質とする．衝撃波で加熱された領域はそれぞれシェルが 2，星間物質が 3 で，外部慣性形において同じローレンツ因子 Γ で運動している．領域 1 と 4 の相対ローレンツ因子は，外部慣性形から見たシェルのローレンツ因子なので，$\Gamma_{\rm rel} = \Gamma_0$．一方，領域 3 と 4 の相対ローレンツ因子は，外部慣性形から見た，領域 3 の速度に対応しているので，$\Gamma_{34} = \Gamma$ となる．逆行衝撃波のローレンツ因子 Γ_{12} を $\Gamma_{12} \equiv \Gamma_{\rm RS}$ と表すと，(4.89) 式と同様に

$$\Gamma_{\rm RS} \simeq \frac{1}{2}\left(\frac{\Gamma_0}{\Gamma} + \frac{\Gamma}{\Gamma_0}\right) \tag{4.223}$$

と書ける．

逆行衝撃波が相対論的かどうかで違いが出てくるので，$\Gamma_{\rm RS} \gg 1$ となる条件を探る．まずセドフ長 (Sedov length) を以下のように定義する．

$$l_{\rm S} \equiv \left(\frac{3E_{\rm iso}}{4\pi n_{\rm ex}m_{\rm p}c^2}\right)^{1/3}. \tag{4.224}$$

すると式 (4.212) の $R_{\rm dec}$ は

$$l_{\rm S}^3 = R_{\rm dec}^3 \Gamma_0^2 \tag{4.225}$$

の関係を満たす．放出シェルの密度 $n'_{\rm ej}$ はシェルの厚さとエネルギーから求められ，ジャンプ条件の式（4.95）に表れる密度比は，セドフ長を用いて

$$f_n \equiv \frac{n'_{\rm ej}}{n_{\rm ex}} = \frac{l_{\rm S}^3}{3R^2 \Delta R_{\rm ej} \Gamma_0^2} \tag{4.226}$$

と書ける．結局 $\Gamma_{\rm RS} \gg 1$ の条件は $\Gamma_0^2 \gg f_n$ に帰着し，このときジャンプ条件から，

$$\Gamma \simeq \frac{f_n^{1/4} \Gamma_0^{1/2}}{\sqrt{2}}, \quad \Gamma_{\rm RS} \simeq \frac{\Gamma_0^{1/2}}{\sqrt{2} f_n^{1/4}} \gg 1 \tag{4.227}$$

と求められる．逆に $\Gamma_0^2 \ll f_n$ の場合は $\Gamma \simeq \Gamma_0$，$\Gamma_{\rm RS} \simeq 1$ となる．

半径 R が小さい間は密度 $n'_{\rm ej}$ も大きく，$\Gamma_0^2 \ll f_n$，つまり逆行衝撃波は非相対論的である．しかし半径の増加とともに f_n は小さくなっていき，$\Gamma_0^2 = f_n$ となる半径

$$R_{\rm N} = \frac{l_{\rm S}^{3/2}}{\sqrt{3 \Delta R_{\rm ej}} \Gamma_0^2} \tag{4.228}$$

に達したとき，逆行衝撃波の速度は，ほぼ光速となるわけである．

次に逆行衝撃波がシェルを横切ってしまう半径 R_Δ を求める．すでに $\Gamma_{\rm RS} \gg 1$ になっているとすると，外部慣性形から見た領域 1 と 2 の相対速度は $v_1 - v_2 \sim c/2\Gamma^2 \sim c/(f_n^{1/2} \Gamma_0)$．$R_\Delta$ は $(v_1 - v_2) R/c = \Delta R_{\rm ej}$ となる半径

$$R_\Delta = \frac{(\Delta R_{\rm ej})^{1/4} l_{\rm S}^{3/4}}{3^{1/4}} \tag{4.229}$$

である．

ここまでに出てきた特徴的な半径 $R_{\rm sp}$，$R_{\rm dec}$，$R_{\rm N}$，R_Δ の大小関係について調べる．まず無次元量

$$\xi \equiv \frac{1}{\Gamma_0^{4/3}} \sqrt{\frac{l_{\rm S}}{3 \Delta R_{\rm ej}}} \tag{4.230}$$

を定義する．$R < R_{\rm sp}$ のときは，

$$\xi \simeq 1.4 \left(\frac{E_{\rm iso}}{10^{52}\,{\rm erg}}\right)^{\frac{1}{6}} \left(\frac{n_{\rm ex}}{1\,{\rm cm}^{-3}}\right)^{-\frac{1}{6}} \left(\frac{t_{\rm dur}}{30\,{\rm s}}\right)^{-\frac{1}{2}} \left(\frac{\Gamma_0}{100}\right)^{-\frac{4}{3}} \quad (4.231)$$

となる．この ξ を用いると，それぞれの半径の間には

$$R_{\rm N}/\xi = R_{\rm dec} = \sqrt{3\xi}R_{\Delta} = 3\xi^2 R_{\rm sp} \quad (4.232)$$

の関係があることがわかる．

- $\xi \gtrsim 1$ の場合

シェルの厚さが薄いときは $\xi > 1$ となり得る．このとき $R_{\rm N}, R_{\rm sp}, R_{\rm dec}, R_{\Delta}$ の中で最も小さな半径は $R_{\rm sp}$ となる．逆行衝撃波は非相対論的なままで，まだほとんど伝播していないうちに，$R = R_{\rm sp}$ に達し，シェル幅 $\Delta R_{\rm ej}$ が膨らみ始める．これに伴い ξ は減少していき，$\xi \sim 1$ となったとき，一気に $R \sim R_{\rm N} \sim R_{\rm dec} \sim R_{\Delta}$ となる．ここで逆行衝撃波は相対論的になり，ほぼ同時にシェルは減速を始める．

このケースでの $\Gamma_{\rm RS}$ は弱相対論的な値，$O(1)$ であろう．放射半径 $R \sim R_{\rm N}$ から $f_n \sim \Gamma_0^2$ であり，ジャンプ条件を用いるとエネルギー密度は $U_2' \simeq (\Gamma_{\rm RS} - 1)(4\Gamma_{\rm RS} + 3)\Gamma_0^2 n_{\rm ex} m_p c^2 \sim 10\Gamma_0^2 n_{\rm ex} m_p c^2$ と見積もられる．今までと同様に磁場の値を推測すると，

$$B' = \sqrt{8\pi\epsilon_B U_2'} \sim 19 \left(\frac{\epsilon_B}{0.1}\right)^{\frac{1}{2}} \left(\frac{\Gamma_0}{100}\right) \left(\frac{n_{\rm ex}}{1\,{\rm cm}^{-3}}\right)^{\frac{1}{2}}\,{\rm G} \quad (4.233)$$

となり，内部衝撃波のときと比べて 4 桁ほど小さい．

$\Gamma_{\rm RS} \sim O(1)$ から，加速電子の典型的ローレンツ因子 $\gamma_{\rm m}$ は内部衝撃波のときと同程度であろう（式（4.101）を参照）．$\gamma_e = \gamma_{\rm m}$ の電子からの典型的な放射エネルギー $\varepsilon_{\rm m,R}$ は，即時放射と比べて磁場が弱い分だけ低エネルギー側にシフトし，$\sim 10\,{\rm eV}$ 程度となるであろう．もちろん内部衝撃波よりも ϵ_B や ϵ_e が小さければ，より低エネルギーへいく．この放射は $R = R_{\Delta} \sim R_{\rm dec}$ で終わるので，継続時間が $\Delta t_{\rm obs} \sim R_{\rm dec}/2c\Gamma^2 \sim t_{\rm peak}$ 程度の長さの可視光閃光（optical flash）が観測されると期待される．

- $\xi \ll 1$ の場合

シェルが分厚くて $\xi \ll 1$ のときは，

$$R_N < R_{\text{dec}} < R_\Delta < R_{\text{sp}} \tag{4.234}$$

の順番となる．R_{sp} が最も大きいので，逆行衝撃波が伝播する間，シェル幅および ξ は一定とみなせる．まず $R = R_N$ で衝撃波は相対論的速度に達する．順行衝撃波が減速を始める半径 $R = R_{\text{dec}}$ に達しても，まだ逆行衝撃波の伝播は終わっていない．領域 3 と領域 2 は同じ速度なので，ショックを受けたシェルも同様に減速していく．式 (4.227) より，$\Gamma \propto f_n^{1/4} \propto R^{-1/2}$ であり，$t_{\text{obs}} \propto R/\Gamma^2 \propto R^2$ となる．したがって逆行衝撃波が伝播中のシェルは，

$$\Gamma \propto t_{\text{obs}}^{-1/4}, \quad R \propto t_{\text{obs}}^{1/2} \tag{4.235}$$

に従って減速する．

順行衝撃波によって増幅された領域 3 の磁場は $B' \propto \Gamma n_{\text{ex}}^{1/2} \propto t_{\text{obs}}^{-1/4}$. 領域 2 と 3 のエネルギー密度は同じなので，ϵ_B が同じなら，領域 2 の磁場も同じとなる．このとき，式 (4.198) から，冷却が効き始める光子エネルギーは $\varepsilon_{\text{c,R}} \propto B'^{-3}\Gamma^{-1}t_{\text{obs}}^{-2} \propto t_{\text{obs}}^{-1}$ のように減少していく．次に逆行衝撃波起源の光子の典型的エネルギー $\varepsilon_{\text{m,R}}$ を考える．式 (4.101) にあるように，領域 3 では $\gamma'_m \propto \Gamma$ であるのに対し，領域 2 では $\gamma'_m \propto \Gamma_{\text{RS}}$ である．式 (4.223) から $\Gamma_{\text{RS}} \sim \Gamma_0/2\Gamma$ なので，$\varepsilon_{\text{m,R}} \propto \gamma'^2_m$ は，$\Gamma_0^2/4\Gamma^4 \sim f_n^{-1}$ 倍だけ順行衝撃波の値 $\varepsilon_{\text{m,F}}$ よりも低エネルギー側にある．ここで $\varepsilon_{\text{m,F}} \propto \Gamma^4 \propto t_{\text{obs}}^{-1}$ と振舞うので，逆行衝撃波からの典型的光子エネルギーは $\varepsilon_{\text{m,R}} \propto \varepsilon_{\text{m,F}}/f_n \propto t_{\text{obs}}^{-1} R^2 \propto t_{\text{obs}}^0$ と一定値である．

逆行衝撃波で加速された電子の数は，次のように見積もる．一定の速度 Γ_0 で運動している領域 1 の密度 n'_1 は，R^{-2} に比例して減っていく．式 (4.93) にあるように，領域 2 静止系では $\sim c/3$ の速度で衝撃波は広がっていき，ジャンプ条件 (4.91) 式から $n'_2 \simeq 4\Gamma_{\text{RS}} n'_1 \propto R^{-2}\Gamma^{-1}$ である．以上から電子数の増加は，$dN_e \simeq 4\pi R^2 n'_2 (c/3) dt' \propto R^2 n'_2 dt/\Gamma$ であり，$dt \propto dR$ から $dN_e \propto RdR$ となる．したがって $N_e \propto R^2 \propto t_{\text{obs}}$ が得られる．式 (4.198) より，$F_{\text{max}} \propto N_e B'\Gamma \propto t_{\text{obs}}^{1/2}$ となる．

逆行衝撃波の場合 γ'_m が小さいので，遅緩冷却となるであろう．この場合，式 (4.195) に上の関係を代入して，

$$F_{\text{RS}} \propto \begin{cases} t_{\text{obs}}^0, & \varepsilon_c < \varepsilon \text{ のとき} \\ t_{\text{obs}}^{1/2}, & \varepsilon_m < \varepsilon < \varepsilon_c \text{ のとき} \end{cases} \tag{4.236}$$

を得る．これが $\xi \ll 1$ の場合に，逆行衝撃波が伝播している間の放射の振る舞いとなる．

これ以上の定量的評価は省くが，$\xi \gtrsim 1$ のときと同様に，初期には X 線で明るい順行衝撃波起源の残光に対し，逆行衝撃波起源の放射は主に可視光などで放射されると期待される．領域 2 と 3 の静止系で，二つの衝撃波面は両側に同じ速度 $\sim c/3$ で広がっていき，エネルギー密度も同じなので，単位時間あたりに注入される電子のエネルギーも同程度と考えられる．しかし，逆行衝撃波は遅緩冷却なので，その分逆行衝撃波からの放射は暗いかもしれない．放射は $R = R_\Delta$ に達した後，新たに電子の注入がなくなるので，およそ $t_{\rm obs}^{-2}$ のような急激な減光を見せると見積もられている．その後，残光は順光衝撃波起源の放射が支配的になるであろう．

ただし，外部衝撃波の多次元シミュレーションによると，減速する相対論的ジェットにはレイリー–テイラー不安定性が働き，領域 2 と 3 の間の接触不連続面が乱流によって乱されている様子が見られる．両領域がはっきりと弁別されて，まったく異なる 2 成分の放射が実際に放たれるかどうかは，大いに議論の余地がある．また，ジェットが磁場優勢の場合，つまり磁気エネルギーがジェットのエネルギーの大部分を担っているときは，逆行衝撃波は非常に弱くなる．観測的に逆行衝撃波起源の放射があまり見つからないのは，磁場優勢ジェットを示唆しているのかもしれない．

急激減衰期

Swift が打ち上げられる前には，上で議論してきた残光の開始や，可視光閃光が観測されると期待されていた．しかし，実際に観測してみると初期残光は予想よりも暗く，光度曲線の振舞いも事前の予測とは異なったものであった．即時放射が終わった直後に見られたのは，$t_{\rm obs}^{-3}$ から $t_{\rm obs}^{-5}$ で急激に減衰する (steep decay) X 線であった．これはシェルの曲率に起因する，即時放射成分の遅延放射だと標準的には考えられている．

4.2.2 節の図 4.3 を眺めながら考えよう．即時放射では主に $\theta < 1/\Gamma$ の範囲の放射を見ているが，大きな角度 $\theta > 1/\Gamma$ からの放射も遅れて届くことになる．放射しているシェルの厚さ ΔR や放射の継続時間 Δt は有限値であるが，ここでは両

方について積分してしまい，薄い球面から一瞬の放射があったと近似してしまう．$dRdt$ はローレンツ不変であるので，式（4.15）を積分するとシェルの表面積 dS, 立体角 $d\Omega$ あたりのエネルギー・スペクトルが

$$\frac{dE}{d\varepsilon dS d\Omega} = \frac{dE}{dt d\varepsilon dV d\Omega}\Delta R \Delta t = \delta^2 \frac{dE'}{dt' d\varepsilon' dV' d\Omega'}\Delta R' \Delta t' \tag{4.237}$$

のようにシェル静止系での量で表される．

シェル静止系での放射は一様等方，つまり上の式でダッシュがついた量は θ に依存しないとする．$1 \gg \theta \gg 1/\Gamma$ ならドップラー因子を $\delta^{-1} = \Gamma(1 - \beta_{\rm b}\cos\theta) \simeq \Gamma\theta^2/2$ と近似できる．視線方向正面の $\theta = 0$ からの放射が届いた時刻を $t_{\rm obs} = 0$ とすると，角度 θ からの放射が届く時刻は $\theta \ll 1$ から，

$$t_{\rm obs} = (1 - \cos\theta)\frac{R}{c} \simeq \frac{R\theta^2}{2c} \propto \delta^{-1}, \quad dt_{\rm obs} \propto \theta d\theta \tag{4.238}$$

と書ける．立体角 $d\Omega$ の方向に放たれた光が距離 D 進むと，その放射は面積 $D^2 d\Omega$ の範囲に届く．したがって観測者にとってのフラックスは，式（4.237）をシェル表面（$dS = 2\pi R^2 d\cos\theta$）について積分し，観測者での時間と $D_{\rm L}^2$ で割ることで得られ，

$$F(\varepsilon, t_{\rm obs}) = \frac{dE}{d\varepsilon dS d\Omega}\frac{2\pi R^2 d\cos\theta}{D_{\rm L}^2 dt_{\rm obs}} \tag{4.239}$$

となる．因子 $d\cos\theta/dt_{\rm obs}$ は，$d\cos\theta \propto \theta d\theta \propto dt_{\rm obs}$ より θ に依存しない．シェル静止系での放射スペクトルは $dE'/d\varepsilon' \propto \varepsilon'^{1+\beta}$ であるとする．光子のエネルギーはドップラー・シフト $\varepsilon' = \delta^{-1}\varepsilon$ を受けるので，最終的に

$$F(\varepsilon, t_{\rm obs}) \propto \delta^2 \varepsilon'^{1+\beta} \propto \delta^{1-\beta}\varepsilon^{1+\beta} \propto t_{\rm obs}^{\beta-1}\varepsilon^{1+\beta} \tag{4.240}$$

が得られる．典型的には $\beta \sim -2$ なので，観測されている $F \propto t_{\rm obs}^{-3}$ に近い．

この問題だけに限らないが，負の冪則に従う光度曲線は $t_{\rm obs} = 0$ で形式的に発散する．従って，観測された光度曲線の後半部分からその冪を求めるわけだが，有限の区間を冪乗でフィットする際には，その時刻のゼロ点をどこにとるかで大きく結果が変わりえる．この事情は理論と観測の食い違いをもたらす要素の一つである．他方，実際のジェットでは，放射特性が角度 θ に依存して変化する方が自然なので，そのような複雑なモデルを導入することで，より急激な減光を再現

緩慢減衰期

多くのガンマ線バーストで，急激減衰期に続くのは，数千秒から 1 万秒続く，$F \propto t_{\rm obs}^{-0.5}$ 程度の緩慢な X 線の減衰（shallow decay, 3.1.1 節参照）である．これも Swift 打上げ以前には予想されていなかった現象である．初期の外部衝撃波のエネルギーが非常に小さいためか，期待されていたよりもはるかに暗いところから残光は始まっている．時間積分するとわかるように，この緩やかな減光の場合は最初の 100 秒よりも，後半の 1000 秒で放射するエネルギーの方が大きい．これはこの間に光源のエネルギーが増加していることを示唆しており，数千秒間光源にエネルギーが注入され続けるモデルが盛んに議論されている．放っておけば断熱近似に従ってみるみる減光していくはずだが，後から注入されるエネルギーが急激な減光を妨げているのである．エネルギー注入が終わった時刻 $t_{\rm obs} = t_{\rm br}$ からは，標準的な減光 $F \propto t_{\rm obs}^{(2-3p)/4}$ に移るとされる．このじんわりしたエネルギー注入が，顕著な可視光閃光があまり見られない理由の一つかもしれない．なぜなら，可視光閃光の予言は比較的薄いシェル状の領域を短時間で逆行衝撃波が伝わることを前提としているからである．

エネルギー注入のモデルは大きく二つに分けられる．一つは先行する放出シェルと同程度か，それよりも大きなローレンツ因子のジェットが後から放たれるものである．中心エンジンからのエネルギー放出率を $L \propto t^{-s}$ ($s < 1$) とすると，放たれたエネルギーの総量は $E_{\rm iso} \propto t^{1-s}$ となる．時刻 t に放たれたジェットが先行するシェルに追いつく半径は $R \propto \Gamma^2 t$ なので，シェルのエネルギーは $E_{\rm iso} \propto (R/\Gamma^2)^{1-s}$ で増加する．式 (4.159) の $\Gamma^2 \propto E_{\rm iso} R^{-3}$ より

$$\Gamma \propto R^{-\frac{s+2}{2(2-s)}} \propto t_{\rm obs}^{-(s+2)/8}, \quad R \propto t_{\rm obs}^{(2-s)/4} \tag{4.241}$$

となる．今までと同じ方法で評価すると，高エネルギー側では

$$F \propto t_{\rm obs}^{-\frac{2p-4+(p+2)s}{4}}, \quad \varepsilon > \max(\varepsilon_{\rm m}, \varepsilon_{\rm c}) \text{ のとき，} \tag{4.242}$$

磁場が弱くて $\varepsilon_{\rm c}$ が大きいときは

$$F \propto t_{\rm obs}^{-\frac{2p-6+(p+3)s}{4}}, \quad \varepsilon_{\rm m} < \varepsilon < \varepsilon_{\rm c} \text{ のとき}. \tag{4.243}$$

観測の $F \propto t_{\rm obs}^{-0.5}$ と一致させるためには，$p = 2.5$ に対して前者では $s \sim 0.2$，後者では ~ 0.5 である．$t_{\rm obs} = t_{\rm br}$ でエネルギー注入が終わるということは，式 (4.80) での議論と同様に，中心エンジンが即時放射の継続時間よりもはるかに長い $t_{\rm br}$ の間，活動していることを意味している．

もう一つのモデルは，中心エンジンの活動はそれほど長くはないが，後発ジェットのローレンツ因子 $\varGamma$ が徐々に小さくなるタイプである．先行する放出シェルの初期ローレンツ因子 $\varGamma_0$ よりも遅いローレンツ因子 $\varGamma_{\min} < \varGamma < \varGamma_{\max} \lesssim \varGamma_0$ で，後発ジェットが放たれる．後発ジェットのエネルギーの $\varGamma$ に対する分布が $dE/d\varGamma \propto \varGamma^{-k}$ $(k > 1)$ となっているとする．ローレンツ因子 $\varGamma_*$ の後発ジェットが追いつくためには，先行シェルが減速を始めて $\varGamma_*$ にまで下がらなければならない．先行シェルが $\varGamma = \varGamma_*$ になったとき，後発ジェットの $\varGamma > \varGamma_*$ のエネルギーが注入されたと考えると，$E_{\rm iso} \propto \varGamma^{1-k}$ のように，$\varGamma$ が減少するにつれてエネルギーが増加する．少なくとも先行シェルが $\varGamma_{\min}$ まで減速する間，エネルギー注入が続くので，エンジンの活動時間は $t_{\rm br}$ よりも短くて構わない．先ほどの $L \propto t^{-s}$ のモデルと同様に残光の振舞いを計算できるが，たとえば $\varepsilon > \max(\varepsilon_{\rm m}, \varepsilon_{\rm c})$ の場合，$k = (10 - 7s)/(s + 2)$ とすると結果は同じになり，観測的に区別はつかない．

後で見るX線フレアと合わせると，中心エンジンが長時間活動する方が有力であるとされる．長い活動を実現する方法として，一度吹き飛ばされたガスが重力に引かれて再び中心ブラックホールに戻ってくる，再落下（fall-back）モデルが考えられる．最初の爆発で様々なエネルギーを持ったガスが外側へ広がっていき，ある部分はそのまま吹き飛ばされ，ある部分は再び戻ってくる．

単位質量あたりのエネルギーを $\mathcal{E}$ とすると，吹き飛ばされるガスは $\mathcal{E} > 0$，再び戻ってくるガスは $\mathcal{E} < 0$ となっている．再落下するガスの往復時間は，Uターンする半径 $r_{\max}$ を用いて，

$$\mathcal{E} = -\frac{GM_{\rm BH}}{r_{\max}}, \quad t_{\rm ret} = \sqrt{\frac{\pi^2 r_{\max}^3}{2GM_{\rm BH}}} \propto |\mathcal{E}|^{-3/2} \tag{4.244}$$

と書ける．$t = t_{\rm ret}$ にガスがブラックホールに降着すると考えれば，これらを用い

て質量降着率は

$$\dot{M} = \frac{d\mathcal{E}}{dt}\frac{dM}{d\mathcal{E}} \sim \frac{d\mathcal{E}}{dt_{\rm ret}}\frac{dM}{d\mathcal{E}} \propto t^{-5/3}\frac{dM}{d\mathcal{E}} \qquad (4.245)$$

と形式的に表せる．$\mathcal{E} \lesssim 0$ の領域に特徴的なエネルギースケールがなければ，質量分布 $dM/d\mathcal{E}$ は冪乗で表せるであろう．しかし，$\mathcal{E} = 0$ で $dM/d\mathcal{E}$ は有限値かつ連続なので，$dM/d\mathcal{E} \propto \mathcal{E}^0$，つまり一定と近似できるかもしれない．実際にこの単純な近似は数値シミュレーションによっても支持されている．以上から再落下の"標準モデル"では $\dot{M} \propto t^{-5/3}$ となり，先に述べたエネルギー注入モデルが示唆する $\dot{M} \propto t^{-0.2}$ や $t^{-0.5}$ などとは一致しない．

ブラックホールの代わりに，中心にマグネターが生まれたと考え，磁場を介することで，その回転エネルギーを徐々に残光に注入するモデルも考えられている．半径 $R_\star$，極での磁場が $B_{\rm p}$ のマグネターの磁気双極子は $|\boldsymbol{\mu}| \simeq B_{\rm p}R_\star^3/2$ と近似でき，自転角速度が $\Omega_{\rm rot}$ なら，$|\ddot{\boldsymbol{\mu}}| \simeq |\boldsymbol{\mu}|\Omega_{\rm rot}^2$ である．単純な磁気双極放射の近似を用いると，回転エネルギーの減衰率は

$$\left.\frac{dE}{dt}\right|_{\rm SD} = I\Omega_{\rm rot}\dot{\Omega}_{\rm rot} = -\frac{2}{3}\frac{|\ddot{\boldsymbol{\mu}}|^2}{c^3} \simeq -\frac{B_{\rm p}^2 R_\star^6 \Omega_{\rm rot}^4}{6c^3} \qquad (4.246)$$

と求まる．ここで I はマグネターの慣性モーメントである．$t = 0$ で発散せず，有限の回転角速度（周期 P_0）$\Omega_0 = 2\pi/P_0$ を持つ解は

$$\Omega_{\rm rot} = \frac{\Omega_0}{\sqrt{1 + t/t_{\rm SD}}} \qquad (4.247)$$

で，減衰時間スケール

$$t_{\rm SD} \equiv \frac{3Ic^3}{B_{\rm p}^2 R_\star^6 \Omega_0^2} \simeq 2000 \left(\frac{I}{10^{45}\,{\rm g\,cm^2}}\right)\left(\frac{B_{\rm p}}{10^{15}\,{\rm G}}\right)^{-2}\left(\frac{R_\star}{10\,{\rm km}}\right)^{-6}\left(\frac{P_0}{\rm ms}\right)^2 \,{\rm s} \qquad (4.248)$$

よりも充分早い段階では，$\Omega_{\rm rot} \sim \Omega_0$ で一定．この間は自転減衰によるエネルギー放出率

$$L_{\rm SD} \simeq 9.6 \times 10^{48}\left(\frac{B_{\rm p}}{10^{15}\,{\rm G}}\right)^2\left(\frac{R_\star}{10\,{\rm km}}\right)^6\left(\frac{P_0}{\rm ms}\right)^{-4}\,{\rm erg\,s^{-1}} \qquad (4.249)$$

も一定と見なせ，緩やかなエネルギー注入率の減少を再現できる．全解放エネルギー $I\Omega_0^2/2 \simeq 2 \times 10^{52}$ erg も残光のエネルギーとして典型的である．

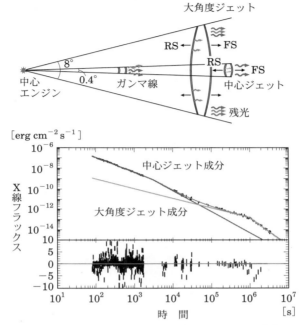

図4.20 二層ジェットモデルによるGRB 080319Bの残光フィッティング（Racusin *et al.* 2008, *Nature*, 455, 183）．順行（FS）・逆行（RS）衝撃波ともに残光に寄与している．

ガンマ線バーストの初期残光の振舞いは，この緩慢減衰期も含め，複雑なものとなっている．X線と可視光での減光の冪が同じものもあれば，異なったものもある．図3.11にあるように光度曲線の折れ曲がりも可視光では見えなかったり，仮にあってもその時刻 $t_{\rm br}$ がX線と異なることもある．こうした個性豊かな光度曲線を Swift 以前の単純なモデルで説明するのは非常に困難である．そもそも，現象論的なパラメータである ϵ_e や ϵ_B が衝撃波の伝播の間一定である保証は何もなく，さらに言えばジェットが開口角 θ_0 の内側において一様であるはずもない．

こうした単純化しすぎたモデルの仮定を緩めることで，観測を説明する試みも多い．たとえば，図4.20にあるように，ジェットは中心の背骨（spine）に相当する細い部分と，それを取り囲む太い鞘（sheath）のような部分との二層構造をとるモデルも提案されている．背骨に相当するジェットはローレンツ因子が大きく，初期にはここからの放射が卓越する．しかし，開口角の小さな背骨部分は早い時

刻にジェットブレークを起こし，それ以降は遅いジェットである鞘部分からの放射が支配的になる．初期においても低エネルギー側の可視光などでは，鞘からの放射を効かせられる．背骨と鞘それぞれにおける順行衝撃波と逆行衝撃波を考えることで，最大4成分のスペクトルの重ね合わせによる複雑な光度曲線を作ることができる．

モデルの複雑化における問題は，各バースト毎に異なった仮定が要求され，その解も一意には決まらないことである．これは自然の多様性を反映しているのかもしれないが，こうした試みを続けることで，残光の描像が明確になるわけではないので，何らかの新しいアプローチが望まれている．

X線フレア

図 3.5 にあるように，緩慢減衰期には度々X線の著しい増光が見られる．衝撃波が星間物質の濃い領域に突っ込んだり，後ろからきたシェルが外部衝撃波に追いつくことで，X線フレアは説明できるのかもしれない．X線フレアの起源が，通常の残光を放っている波面と同じであれば，その放射の時間スケールは，4.5 節（118 ページ）で議論したように，$\Delta t_X \sim t_{obs}$ となるはずである．しかし実際には $\Delta t_X/t_{obs} \ll 1$ に近いフレアも観測されている．衝撃波面のごく一部だけ光ることで短い時間スケールを説明できるかもしれないが，小さな面積の分だけ光度は損することとなる．X線の増光の度合いが $\Delta F/F \gg \Delta t_X/t_{obs}$ となる例もあり，面積的に狭い増光領域での放射効率が極端に大きくなっていなければならない．

こうした事情から，X線フレアの一部は，通常よりも遅延して放たれたシェルによる内部衝撃波（late internal shock）で説明されることが多い．いずれにせよ，こうしたX線の遅れた増光は，緩慢冷却期のエネルギー注入と同様，中心エンジンが即時放射の継続時間よりも，はるかに長い時間活動していることを意味している．

GeV 残光

3.1.4 節で述べたように，*Fermi* 衛星の観測から，非常に明るいガンマ線バーストの一部で，$t_{obs}^{-1.2}$ 程度で減光する GeV 放射が 1000 秒程度続いているのが観測されている．$t_{obs} \sim 1000$ 秒なら Γ はいまだ数十の値を持っていると期待できる

ので，こうした GeV 残光は式（4.139）にあるように，外部衝撃波起源のシンクロトロン放射でも説明可能である．減光の冪も標準的な理論との齟齬はなさそうである．また式（4.215）から，初期のローレンツ因子が大きい場合は，即時放射の最中に GeV 残光が始まるかもしれず，すべての GeV 放射が外部衝撃波起源という可能性も出てくる．

一方，残光の初期は急速冷却期だろうから光子のエネルギー密度が高く（$U'_\gamma/U'_B \sim \epsilon_e/\epsilon_B$），GeV 領域に SSC 放射が効いてきても不思議はない．定量的な評価は省略するが，この場合はスペクトルがシンクロトロンと自己コンプトン放射（SSC）の二山成分を持つので，SSC 成分が観測周波数帯域に入ると，光度曲線が単調な振舞いから外れて，波打つ可能性がある．ただし，緩慢減衰期と同様のエネルギー注入によっても光度曲線は変形を受けるので，実際に SSC 放射の証拠を見つけるのは簡単ではない．

興味深い例としては，$z = 0.34$ で起きた非常に明るいバースト GRB 130427A において，爆発 244 秒後に 95 GeV の光子，9 時間後に 32 GeV の光子を検出している．後者の時間帯には外部衝撃波は充分減速しているはずであり，この高エネルギーガンマ線はシンクロトロン起源とは考えにくい．しかしスペクトルは X 線から伸びる単純な冪と無矛盾であり，GeV の光度曲線にも単純な冪からの逸脱は見られなかった．32 GeV 光子は SSC による放射の可能性が高いが，それを補強する観測的傍証は見つからなかった．

第5章 起源

　即時放射や残光の放射機構自体が挑戦的な宇宙物理学のテーマであることは間違いないが，ガンマ線バーストを起こす親星が一体どのような天体なのかという，天文学的な課題も残されている．どのくらい特殊な親星がガンマ線バーストを生み出すのか？　どのような環境からそうした親星が形成され，どういった条件でバーストを引き起こすのか？　バーストや残光の多様性は何によって説明されるのか？　これらの問に答えるべく，ガンマ線やX線の観測に加え，可視光や電波による追観測でガンマ線バーストの起源を探る研究が続けられている．将来的にはニュートリノや重力波による研究も進められていくであろう．このような多波長・多粒子観測の連携によるマルチ・メッセンジャー天文学が，起源を探るためには欠かせない．この章では，現在までの観測的な成果に基づき，ガンマ線バーストの起源について考えてみたい．

5.1　赤方偏移の測定

　ガンマ線バーストの起源を観測的に探るためには，まずその位置を同定し，距離を測る必要がある．多くの場合，X線残光の追観測でその位置を角度にして1分ほどの精度で決め，そこを可視・赤外の望遠鏡で追観測する．宇宙論的な距離で起きているガンマ線バーストの場合，その距離は赤方偏移を測ることで決まる．残光放射のスペクトルは単純な冪乗であることが多いので，そこから母銀河の星間ガスによる吸収線を検出することができる．本来の波長から長い方へ偏移した

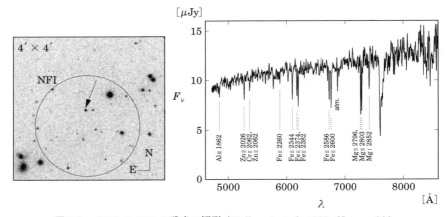

図 5.1 GRB 990123 の残光の観測（Kulkarni et al. 1999, Nature, 398, 389）．(左) パロマー 60 インチ望遠鏡による r バンドでのイメージ（矢印の天体）．円は BeppoSAX による X 線残光観測で決めた位置の不定性を表している．(右) Keck II によって取得された残光のスペクトル．

各元素の吸収線を同定することで，母銀河の赤方偏移を測定できる．

図 5.1 はその実例である．GRB 990123 は BeppoSAX によって，その位置が 50 秒の精度で決められた．そこをバースト発生後 3.7 時間後にパロマー天文台の 60 インチ望遠鏡で追観測することで，さらに 0.3 秒の精度でその位置が同定された．そこをより狭い視野を持つ Keck II の 10 m 望遠鏡で分光観測し，スペクトルを取得している．図に示されているように，鉄やマグネシウムの吸収線が同定され，母銀河の赤方偏移が $z = 1.6004$ と決められた．

可視光は吸収を受けやすいので，常に残光が観測できるとは限らない．このような場合は直接母銀河を観測して，赤方偏移を決めることもある．図 5.2 は XRF 031203 の母銀河の観測である．このバーストの場合，INTEGRAL の即時放射観測によって 2.5 分の精度で位置が決まっていた．さらに XMM-Newton による X 線残光観測，VLA による電波 8.5 GHz の観測により，0.4 秒の精度で位置が決まった．Keck II 望遠鏡による撮像観測で，該当箇所に広がった光源，母銀河を確認した．この母銀河のスペクトルをチリにある 6.5 m のマゼラン望遠鏡を用いて取得したものが，図 5.2 の下に示されている．水素や酸素の輝線が確認でき，母銀河の赤方偏移が $z = 0.1055 \pm 0.0001$ と決められ，非常に近傍の GRB であることがわかった．この観測からは，赤方偏移だけではなく，輝線を放つ星間ガスの

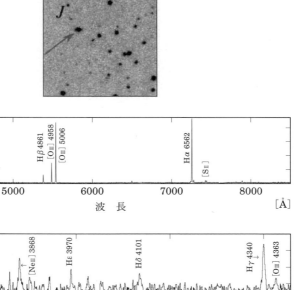

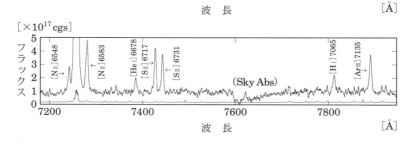

図 5.2 GRB 031203 の母銀河の観測（Prochaska *et al.* 2004, *ApJ*, 611, 200）．（上）Keck II 望遠鏡による J バンドでのイメージ（矢印の天体）．示されている視野は $46'' \times 46''$．（下）マゼラン望遠鏡によって取得された母銀河のスペクトル．

電離度，温度，密度，金属量なども評価することができた．この情報を用いて星形成率を求めると，$11 M_\odot \mathrm{yr}^{-1}$ となり，活発な星形成を行っている銀河であることが判明している．残光を使った母銀河の性質の探求については，6.3 節におい

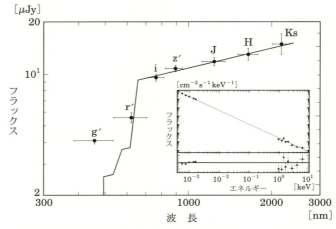

図5.3 GRB 080916C の残光の赤外線測光観測によるスペクトル（Greiner et al. 2009, A&A, 498, 89）．実線は冪乗の残光スペクトルに，銀河間空間の Lyα による吸収を効かせたモデル・スペクトル．内側の図は X 線から赤外にかけてのスペクトル．

て議論する．

　高赤方偏移のガンマ線バーストに対しては，複数の光学フィルターを用いた測光観測で赤方偏移を推定することもある．銀河間空間には Lyα 雲と呼ばれる中性水素ガスがあり，その雲の静止系で Lyα の波長に対応する 1216Å に吸収をもたらす．バーストの光源の赤方偏移 z より小さな赤方偏移を持った Lyα 雲が無数に存在するため，$(1+z)$1216Å より短波長側のスペクトルは大きく削れることとなる．このスペクトルの崖の位置を測光観測で決めて，光源の赤方偏移を求めるわけである．

　図 5.3 は GROND（Gamma-Ray Optical and Near-Infrared Detector）による，GRB 080916C の残光測光観測結果である．GROND はチリにある 2.2 m の MPI/ESO 望遠鏡，南アフリカにある 1.4 m の名古屋大学の SAAO 望遠鏡，ハワイにある 8.1 m のジェミニ南望遠鏡に搭載された可視近赤外カメラからなるシステムで，波長の短い方から $g', r', i', z', J, H, K_S$ の 7 つのバンドで観測ができる．GRB 080916C は $Fermi$/LAT による高エネルギーガンマ線の検出があり，$Swift$/XRT による追観測で決まった X 線残光の領域を GROND で観測することができた．図に示されているように，g' と r' バンドの明るさが他のバンドの明

るさに比べて，相対的に暗い．これは光源が $z = 4.35 \pm 0.15$ にあって，銀河間空間で吸収された冪乗のスペクトルと無矛盾であった．仮定された冪乗スペクトルは，図にあるように，X 線のスペクトルと連続的に繋がっており，議論の説得力を増している．この大きな z から，GRB 080916C の $E_{\gamma,\text{iso}}$ は 10^{55} erg に近い値となり，宇宙誕生後 10 億年足らずの時代に，極端に明るいバーストが起きたことが判明した．

測光観測による赤方偏移の推定には母銀河での吸収などによる不定性がある．GRB 080916C の場合，r' バンドの減光は，2175Å での炭素からなるダストによる吸収という解釈も成り立つ．ただし，このモデルでスペクトルをフィットすると，もとのスペクトルの冪が X 線での冪よりもハードになって，矛盾してしまう．分光観測に比べて確実性は落ちるが，高赤方偏移の暗いバーストを確認するためにも，測光観測は今後も重要な役割を果たすと思われる．

5.2 超新星との関連

巨星の中心核が崩壊し，ブラックホールやマグネターが生まれた際に，超新星爆発が起きるかどうかは自明ではない．しかし，実際に超新星が付随しているガンマ線バーストがいくつかある．これらによって，ガンマ線バーストの親星が，少なくとも一部は巨星であることを裏付けている．

最初に発見された超新星は，GRB 980425 に付随する SN 1998bw であった．これは $BeppoSAX$ が 8 分の精度で決めた，即時放射が起きた方向から発見されている．その光度曲線は図 5.4 に示されており，爆発後 20 日程度でピークを迎えている．スペクトルから，この超新星は Ic 型[*1]に分類された．つまり，水素の吸収線がないので I 型に分類されるが，珪素の吸収もないので Ia 型ではない．さらに Ib 型とは異なり，ヘリウムの吸収線も見つからない場合に，Ic 型と分類される．

Ic 型超新星は，星風によって水素外層だけでなく，ヘリウムの外層も失った巨星が，鉄の中心核の重力崩壊をきっかけに爆発したものだと考えられている．しかし，図 5.4 の右に示されているように，SN 1998bw のスペクトルは，通常の Ic 型のスペクトルよりも滑らかな形を示している．この広がってなまされたスペクトルは，放出物の速度が速いということを意味し，$20000\,\mathrm{km\,s^{-1}}$ を超えていると

[*1] 超新星の分類については，シリーズ現代の天文学『恒星』第 7 章を参照．

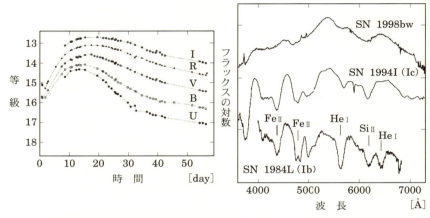

図 5.4 GRB 980425 に付随していた超新星 SN 1998bw (Galama et al. 1998, Nature, 395, 670). 左は光度曲線,右はスペクトル.参考のために,スペクトルには通常の Ic 型と Ib 型超新星ものせられている.

見積もられた.また減光の仕方も他の Ic 型に比べて緩やかで,光子が長い時間,超新星の放出物に閉じ込められていることを意味している.つまり,放出物の質量が大きい.さらにピーク光度は $10^{43}\,{\rm erg\,s^{-1}}$ を超えており,通常の Ic 型よりも 1 桁近く明るい.以上を解釈すると,爆発のエネルギーは 3×10^{52} erg で,通常の超新星の 10 倍ほどであることがわかった.また,可視光放射のエネルギー源である ^{56}Ni の量が $0.7 M_\odot$ と,これも 1 桁近く多く生成されているようだ.このような大きな爆発エネルギーを持った超新星を極超新星 (hypernova) と呼ぶ.SN 1998bw の場合,星の進化と爆発時の放射の理論から,主系列星段階での質量が $40 M_\odot$ で,爆発直前には $13 M_\odot$ にまで星風放出によって痩せた,C と O からなる星が親星であると結論付けられた.

しかし,SN 1998bw の母銀河までの距離は 39 Mpc と非常に近く,その結果,フルエンスから求められる GRB 980425 のエネルギーは $E_{\gamma,{\rm iso}} = 10^{49}$ erg だけで,2.1 節で述べた低光度 GRB に分類される.この時点では,通常の光度のバーストが超新星と相関しているかどうかはまだわからなかった.

GRB 011121 の残光光度曲線には,図 5.5 にあるように,超新星からの放射がピークを迎えると思われる,10–20 日後に増光が確認された.これは超新星によ

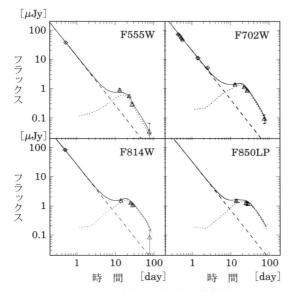

図 5.5　GRB 011121 の残光の可視光光度曲線（Bloom *et al.* 2002, *ApJ*, 572, L45）．超新星によるものと思われる増光が見える．

るものと解釈され，SN 2001ke と名付けられた．光度曲線は SN 1998bw よりも急な減光を見せている．赤方偏移は $z = 0.36$ で，この時点では GRB 980425 以来の 2 番目に近いバーストであった．バーストのエネルギー $E_{\gamma,\mathrm{iso}} \simeq 2.7 \times 10^{52}\,\mathrm{erg}$ は，長い種族のものとして典型的な値であった．しかし，このケースでは，スペクトルからは超新星だとは断言できなかった．その青いスペクトルから，星周物質と相互作用している IIn 型超新星であった可能性が指摘されている．この場合，爆発直前まで親星が星風を吹いていたと解釈される．

超新星 SN 2003dh は，$z = 0.1685$ の GRB 030329 に付随して発見された．これもこの時点で 2 番目に近いバーストであり，図 5.6 にあるように，SN 1998bw と似たスペクトルが取得された．爆発の放出物の速度は $36000 \pm 3000\,\mathrm{km\,s^{-1}}$ と見積もられ，SN 1998bw よりも速かった．これは確実な超新星の 2 例目であり，かつバーストのエネルギーが $E_{\gamma,\mathrm{iso}} \simeq 9 \times 10^{51}\,\mathrm{erg}$ と "立派な" ガンマ線バーストであった．ただし $\varepsilon_{\mathrm{pk}}$ は $100\,\mathrm{keV}$ を切っており，通常よりもソフトなバーストであった．しかし，この $\varepsilon_{\mathrm{pk}}$ は長い GRB に対する Yonetoku 関係（2.4 節参照）と

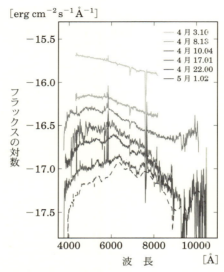

図5.6 GRB 030329 に付随する SN 2003dh のスペクトルの進化 (Hjorth *et al.* 2003, *Nature*, 423, 847). SN 1998bw と似たスペクトルを見せている.

は矛盾していない.

さらに, $z = 0.3399$ の比較的近傍で起きた非常に明るい GRB 130427A からも, 超新星 SN 2013cq が検出された. これもスペクトルで確認され, その爆発エネルギーも SN 1998bw と同程度であった. しかし, GRB 980425 とは異なり, このバーストは $E_{\gamma,\mathrm{iso}} \simeq 10^{54}$ erg と非常に明るいもので, しかも GeV の即時放射と残光放射も確認されている. そのような明るい GRB と, 低光度 GRB が同じような極超新星を伴っているという結果になった.

これですべての GRB の起源が, 極超新星を起こす巨星であると決まったわけではない. $z = 0.125$ の GRB 060614 からは超新星が見つからなかった. もし超新星があったとしても, その明るさは SN 1998bw の 1%以下, 生成されたはずの ^{56}Ni の質量が $10^{-3} M_\odot$ 以下という制限になった. この GRB は継続時間が 100 秒ほどあったが, $E_{\gamma,\mathrm{iso}}$ は 10^{51} erg に達しておらず, 長い GRB に通常見られる低エネルギーパルスの遅延 (2.4 節参照) も見られなかった. 継続時間以外は, まるで短い種族のバーストと似た性質を示していた. ジェットへのエネルギー注入率が

小さければ，上記のように ^{56}Ni を少量しか作らない爆発が可能だとする，シミュレーションに基づいた研究もある．このバーストが例外的なのかもしれないが，現時点で，大多数のバーストに極超新星が伴うと断定するのは危険かもしれない．

2.2 節で述べた超長継続 GRB の GRB 111209A や GRB 101225A の赤外線残光観測によると，図 5.5 のような光度曲線の隆起が見られた．これを超新星だと解釈すると，極超新星の 10 倍近い明るさを持つ超高輝度超新星（superluminous supernova）に分類される．5.4 節で述べるが，これは青色超巨星起源だという解釈が提案されている．

5.3 長い種族のバーストの発生環境

巨星の寿命は Myr 程度で，典型的な星形成の活動期間 10–数百 Myr と比べても，非常に短い．長い種族のバーストが巨星起源であるならば，その母銀河は活発な星形成をしている銀河だと期待できる．実際，楕円銀河のような，ほぼ星形成活動が停止している銀河で，長いバーストが検出された事例は，今のところ報告されていない．現在までの理解では，母銀河は星形成が活発だが，金属量が低めで，星質量が小さ目の銀河が多いとされている．立派な渦巻銀河での発生率は，単純な星形成率に基づく期待値に比べて低く，青くて小さな不規則銀河などでの発生率が相対的に高い．5.4 節でも議論するが，金属量が多いと，親星の角運動量が星風で失われるために，ガンマ線バーストが起きにくいという解釈がなされている．

図 5.7 は 10 個のガンマ線バーストの母銀河を観測した結果である．スペクトルは活発な星形成を行っている銀河のモデルと一致している．測光観測に基づくこの研究では，星形成が始まってからの年齢と金属量は独立に求められないが，年齢としておおよそ 10–200 Myr という値が得られた．星形成率の値自体は 1–10 $M_\odot$ yr^{-1} で，極端に高いものではない．しかし，銀河の星質量で規格化した，単位質量辺りの値に直すと，同程度の赤方偏移の他の星形成銀河の平均と比べてやや高い値となった．

冒頭で母銀河は小さ目の銀河が多いと述べたが，大きくてダストの多い銀河では，可視残光が吸収されるので，母銀河のサンプルに偏りをもたらしているのかもしれない．紛らわしい命名だが，可視残光が検出されないバーストを "dark

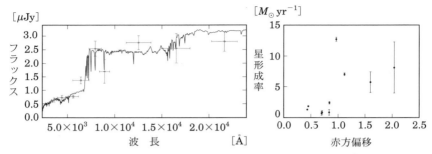

図 5.7 Christensen et al. 2004, A&A 425, 913 による，母銀河の観測的研究．(左) GRB 000210 の母銀河の測光観測とモデル・スペクトルの比較．(右) 10 個の GRB の母銀河の赤方偏移と推定された星形成率．

GRB" と呼ぶ．母銀河の赤外線光度の分布が図 5.8 にある．この図から分かるように，赤外で明るい母銀河からは可視残光が検出されていないバーストが多い．これは dark GRB の可視残光の暗い理由が，上で述べたダスト吸収の効果であることを示唆している．

図 5.8 の母銀河サンプルを見ると，$z < 1$ では絶対等級が -21 等より明るいものがないのに対し，$z > 1$ ではそれなりの数の明るく大きな銀河からバーストが検出されてる．図 5.8 の網掛けの帯は，各赤方偏移に対する母銀河の近赤外絶対等級の中央値 (median) である．中央値の振る舞いも，$z < 1.5$ では宇宙年齢とともに母銀河が暗くなる傾向を示している．近赤外絶対等級の平均値は，明らかに他の一般の星形成銀河より低い．一方 $z > 1.5$ では，銀河光度の顕著な赤方偏移依存性は見られない．この時代には星形成が活発な大きな銀河も多いのだが，それでも母銀河の中央値は，星形成で重みをかけた一般の銀河の値よりも 0.5 等級ほど暗い．

上記の傾向は金属量の進化で説明できるかもしれない．金属量は大きな銀河ほど高く，過去より現在の方が高い．金属量の指標として，ガス相にある酸素と水素の数の比 O/H を用いる．我々の銀河の場合 $\mathcal{Z} \equiv 12 + \log(\mathrm{O/H}) = 8.69$ に相当する．ここでの log は常用対数である．銀河に含まれる星の質量 M_* を用いて $m \equiv \log(M_*/10^{10} M_\odot)$ と定義すると，SDSS による銀河サーベイの結果，銀河の質量と金属量には平均的に

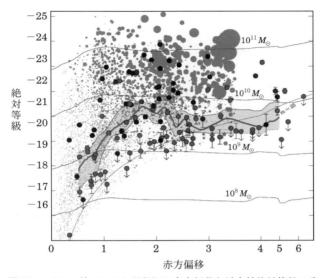

図 5.8 ガンマ線バースト母銀河の赤方偏移と近赤外絶対等級の分布（Perley *et al.* 2016, *ApJ*, 817, 8）．白黒で判りづらいが，最も薄い丸が可視残光で赤方偏移を決めた銀河で，最も濃い丸が可視残光は検出されず，母銀河の観測で赤方偏移を決めた銀河．背景の薄い丸は，一般の星形成銀河で，丸の大きさは星形成率を表している．

$$\mathcal{Z} = 8.952 + 0.242m - 0.08026m^2 \tag{5.1}$$

で表されるような関係があるとされる[*2]．バーストが起きた母銀河の質量と金属量を調べると，図 5.9 の左に見られるように，上記経験則より金属量が低い環境で起きている．図 5.8 の母銀河分布も，バーストを起こす条件として $\mathcal{Z} < 8.64$ と考えるモデルと無矛盾である．

新しい指標として質量と金属量に加えて星形成率 $s \equiv \log(\mathrm{SFR}/M_\odot \mathrm{yr}^{-1})$ を用いた関係が提案されている．指標 $\mu \equiv m - 0.32s$ を用いると，

$$\mathcal{Z} = \begin{cases} 8.90 + 0.37m - 0.14s - 0.19m^2 + 0.12ms - 0.054s^2, & \mu \geqq -0.5 \text{ のとき} \\ 8.93 + 0.51\mu, & \mu < -0.5 \text{ のとき} \end{cases} \tag{5.2}$$

[*2] Tremonti *et al.* 2004, *ApJ* 613, 898.

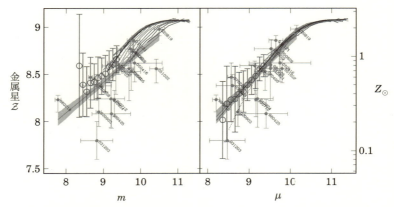

図 5.9 SDSS 銀河カタログとガンマ線バースト母銀河の比較 (Mannucci *et al.* 2011, *MNRAS*, 414, 1263). 金属量（縦軸）と星質量（横軸）との相関図（左）で比べると，バースト母銀河は銀河の平均的な分布よりも低金属傾向を示す．しかし，星形成率を絡めた指標（右）では両サンプルの分布の違いは小さくなる．

の関係があり，その誤差は 12%ほどとされる．星の総質量が同じなら金属量の少ない銀河ほど星形成率が高い傾向がある．これは重元素汚染の進んでいない新鮮なガスが銀河に降着することで，星形成率が増加していると解釈することが可能である．図 5.9 の右に，この新しい指標と比べた結果が載せられている．この指標によると，ガンマ線バーストが起きた母銀河は特殊なものではないようだ．やや星形成が活発で，その分金属量が少ない銀河が母銀河になっているのだろう．なお，同じ銀河の中でもその金属量には大きな空間的非一様性があることにも留意すべきである．金属量が高い銀河におけるバーストの発見が，低金属の親星を否定するものでは必ずしもない．

　ガンマ線バースト発生率の赤方偏移進化も，バーストが単純に星形成率に比例して起きていないことを示している．これも親星形成の金属量依存性など，バースト発生の付帯条件の可能性を支持している．この問題に関しては，後ほど 6.4 節で議論する．

　ガンマ線バーストが単純に星形成率をなぞらないことは，その空間分布によっても示されている．図 5.10 にあるように，超新星は銀河の光度分布を単純になぞって発生しているのに対し，ガンマ線バーストは比較的銀河の外縁部に偏って

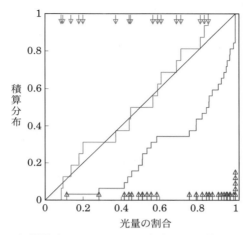

図 5.10 超新星（上のヒストグラム）とガンマ線バースト（下のヒストグラム）の銀河の中の空間分布（Fruchter *et al.* 2006, *Nature*, 441, 463）．横軸は銀河中心からの距離に対応しており，ある半径内での銀河の光量の割合．縦軸はその内側で起きた事象の積算分布．

起きている．ガンマ線バーストの親星は，普通の星形成領域とは異なった，金属量が低く，特殊な化学進化を経たガス雲で作られているのかもしれない．

低光度 GRB である GRB 980425 と XRF 020903 の母銀河には，活発な星形成領域が発見され，ウォルフ–ライエ星や多くの O 型星が見つかった．しかし，この二つの GRB が起きた位置は，それらの星形成領域から 400–800 pc ほど離れた，低密度領域にあった．仮に親星がそのような星形成領域にあったのであれば，$100\,\mathrm{km\,s^{-1}}$ ほどの固有速度で脱出したことになる．星密度の高い星団の中に生まれた巨星が，他の星との相互作用で固有速度を得て脱出したとすれば，その際に速い自転速度を得て，外層を失ったのかもしれない．このシナリオは，SN 1998bw のような Ic 型超新星を起こす条件を満たしている．

5.4 長い種族のバーストの親星

現時点で，長いバーストの起源がすべて同じだとは断言できないが，大質量星の重力崩壊（コラプサー・シナリオ）が最も有力な候補であることは間違いな

い．星の進化は主にその初期質量と金属量で決まっている[*3]．図 5.11 に重力崩壊直前の星の密度分布を示す．太陽と同じ金属量で初期質量が $16M_\odot$ の星は，主系列段階が終わった後，赤色巨星へと進化し（最終質量 $13M_\odot$），水素の外層が 10^{13} cm を超えて広がっている．ジェットが相対論的な速度を保ったまま放射領域まで達するためには，まずこの外層に穴を開けなくてはいけない．しかし，後で述べるように，こうした外層を持つ星に穴を開けるのは難しいと考えられている．

一方，初期質量が $40M_\odot$ の星が進化していくと，その強力な星風で水素外層を吹き飛ばし，最終質量 $8.7M_\odot$，半径が 10^{10} cm 程度のコンパクトなものとなる．このようにヘリウムや CO のコアがむき出しになっているウォルフ–ライエ星 が，最も有力なガンマ線バーストの親星候補である．しかし，4.3.1 節で議論したように，ジェット生成のためには重力崩壊直前まで大きな角運動量を保つ必要がある．大量の質量放出を伴うモデルは同時に角運動量も失ってしまう．図 5.11 にあるように低金属の星（太陽の 10^{-4} 倍）であれば，星風の影響はほとんどなく，初期質量と角運動量を保ったまま進化できるが，やはり外層が残ってしまうのがジレンマである．

星の進化モデルは非常に確立された理論に基づいているが，回転と磁場が星内

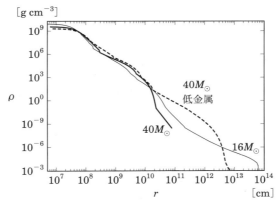

図5.11 重力崩壊直前の星の密度分布（Woosley *et al.* 2002, Rev. Mod. Phys. 74, 1015 に基づく）．初期質量に $16M_\odot$ と $40M_\odot$，破線は金属量が太陽の 10^{-4} 倍の場合．

[*3] 詳細についてはシリーズ現代の天文学『恒星』などを参照．

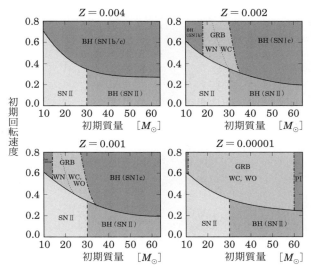

図 5.12 星の進化モデルから推定する，さまざまな金属量（Z の値）を持つ巨星の運命（Yoon et al. 2006, A&A, 460, 199）．初期質量と回転速度依存性が示されている．回転速度はケプラー回転速度で規格化されている．

部の対流運動に与える影響には，いまだに大きな不定性が残っている．初期の回転速度が十分速く（赤道面で $300\,\mathrm{km\,s^{-1}}$ 以上），磁場が効率的にコアと外層の間の角運動量を輸送できれば，対流が星の内部をかき混ぜ，その化学組成がほぼ一様なまま進化することができるかもしれない．この場合，10–$20\,M_\odot$ の星は膨張した水素外層を持たず，金属量が少なければ初期角運動量を保ったまま，コンパクトなウォルフ–ライエ星へと進化できる．図 5.12 にはこうした考えに基づいて推測された，親星の条件が示されている．あるいは連星系での質量輸送や，共通外層を経たコアの合体によって，外層を失った高速回転星が作られる可能性もある．こうした特殊な条件を満たす，わずかな割合の大質量星がガンマ線バーストを起こしているのかもしれない．親星が連星系での進化を経ていたという観測的示唆は，6.3 節で紹介する．

中心ブラックホールへの質量降着率を見積もる．図 5.11 にあるような星の場合，半径 $\sim 2\times 10^8\,\mathrm{cm}$ の内側のコア質量は太陽質量の 2 倍程度である．これが重力崩壊してブラックホールになった後，その外側のガスが降り積もってくる．こ

れらの例の場合，コアの外側の密度分布は $\rho \propto r^{-2}$ でよく近似でき，半径 r の内側の質量 $M(r)$ の微分は

$$\frac{dM(r)}{dr} = 4\pi r^2 \rho \sim 10^{-9} M_\odot\, \text{cm}^{-1} \tag{5.3}$$

のように定数と見なせる．ガスの自由落下時間は

$$t_\text{ff} = \sqrt{\frac{\pi^2 r^3}{8GM(r)}} \simeq 0.2 \left(\frac{M(r)}{2M_\odot}\right)^{-1/2} \left(\frac{r}{2\times 10^8\,\text{cm}}\right)^{3/2}\, \text{s} \tag{5.4}$$

なので，星の回転などの効果を無視すると，質量降着率は

$$\dot{M} \sim \frac{dr}{dt_\text{ff}} \frac{dM(r)}{dr} \sim 1.0 \left(\frac{M(r)}{2M_\odot}\right)^{1/2} \left(\frac{r}{2\times 10^8\,\text{cm}}\right)^{-1/2} M_\odot\, \text{s}^{-1} \tag{5.5}$$

となる．

中心のブラックホールの質量があまり増加しない間は，$t_\text{ff} \propto r^{3/2}$ なので $\dot{M} \propto t^{-1/3}$，後半は $M(r) \propto r$ から $\dot{M} \propto t^0$ のように進化する．先ほど述べた，一様化学組成進化や連星合体を経たような特殊なコアでは，その密度構造が通常のものとは大きく異なり，質量降着率も高い値のまま推移できる可能性がある．激しい質量降着は降着円盤の周囲に衝撃波を形成し，それがまた降着流に影響を与えるという形で，激しい乱流をブラックホール周りにもたらすこととなる．こうして散逸されたエネルギーの一部がジェットへと運ばれるのかもしれない．

降着エネルギー $\dot{M}c^2$ のうち ζ の割合がジェットとして，開口角 θ_j の内側に注入されたと考えると，等方換算したジェットのエネルギー放出率は

$$L_\text{j,iso} = \frac{2}{\theta_\text{j}^2} \zeta \dot{M} c^2 \simeq 3.6 \times 10^{53} \left(\frac{\theta_\text{j}}{0.1\,\text{rad}}\right)^{-2} \left(\frac{\zeta}{10^{-3}}\right) \left(\frac{\dot{M}}{M_\odot\,\text{s}^{-1}}\right)\, \text{erg\,s}^{-1} \tag{5.6}$$

のように見積もることができる．

星の中心から人工的に細く絞ったジェットを注入することで，星内部でのジェット伝播をシミュレーションする試みが行われている．それらの結果は図 5.13 に概略的にまとめられている．中心エンジン起源のジェットはブラックホール回転軸上の領域を満たし，星内部に穴を開けていく．穴の内側のジェットは準定常的な流れとなっている．中心付近では火の玉モデルが示唆するように加速していく

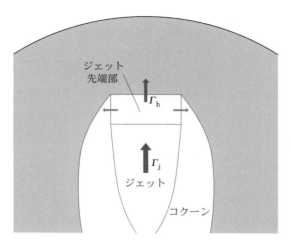

図5.13 星の中を伝播するジェットとコクーン.

が ($\Gamma \propto r$), その先端部では衝撃波により減速する. この先端部は内側のジェット (ローレンツ因子 Γ_j) よりも遅い速度 (Γ_h) で密度 $\rho_\star$ の星の内部を伝播し, 星表面へと向かっていく.

このジェット先端部の速度を求める. 以下では開口角 θ_j と中心からの距離 R を用いて, ジェットの断面積を $S = \pi(R\theta_\mathrm{j})^2$ と書く. ジェット先端部静止系で考えると, 星を構成するガスがローレンツ因子 Γ_h で前方から向かってくる一方, 後方からはジェットが相対ローレンツ因子 $\Gamma_\mathrm{rel} = \Gamma_\mathrm{j}\Gamma_\mathrm{h}(1 - \beta_\mathrm{j}\beta_\mathrm{h})$ で追突してくる. ジェット先端部に流れ込んでくる単位面積あたりの運動量 $(e' + P')\Gamma^2 v^2/c^2 + P'$ において圧力 P' を無視したラム圧と, ジェット先端部の圧力は釣り合っていると近似する. 先端部内部での圧力を一様とすれば, 前方からのラム圧と後方からのラム圧のバランスにより,

$$\rho_\star c^2 \Gamma_\mathrm{h}^2 \beta_\mathrm{h}^2 = \rho'_\mathrm{j} c^2 \Gamma_\mathrm{rel}^2 \beta_\mathrm{rel}^2 \tag{5.7}$$

となるので, 先端部の速度は

$$\beta_\mathrm{h} = \frac{\beta_\mathrm{j}}{1 + \sqrt{X}} \tag{5.8}$$

と求まる. ここで $X \equiv \rho_\star/\rho'_\mathrm{j}\Gamma_\mathrm{j}^2$ は, ジェットのエネルギー放出率 $L_\mathrm{j} = S\rho'_\mathrm{j}\Gamma_\mathrm{j}^2 c^3$

を用いて

$$X = \frac{S\rho_\star c^3}{L_\mathrm{j}} \simeq 340 \left(\frac{\rho_\star}{10^5 \mathrm{g\,cm^{-3}}}\right)\left(\frac{R}{10^9 \mathrm{cm}}\right)^2 \left(\frac{L_\mathrm{j,iso}}{10^{53}\mathrm{erg\,s^{-1}}}\right)^{-1} \quad (5.9)$$

と書ける．ジェットは片側だけを考えているので，$L_\mathrm{j} = \theta_\mathrm{j}^2 L_\mathrm{j,iso}/4$．このように星の典型的な密度に対しては $X \gg 1$ となり，ジェット先端部は非相対論的速度で伝播することがわかる．中心エンジンが活動している間，式 (5.8) を積分することでジェットが星の外層を突き破れるかどうかが判定できる．

一方，ジェットが磁場優勢の場合，4.6.3 節で述べたように，衝撃波による減速が効かないので，相対論的な速度を保ったままジェットは伝播する．星の半径が 10^{10} cm 程度なら，数秒で星を打ち抜いて星間空間にジェットは飛び出していく．

火の玉モデルに戻り，図 5.13 のコクーン領域について議論する．ジェットブレークの議論の際と同様に，$\theta_\mathrm{j} > 1/\Gamma_\mathrm{h}$ であればジェット先端部の横方向への膨張は無視できる．しかし星内部でジェット先端部の速度は非相対論的なので，先端部のプラズマは横方向へ逃げ出し，星を構成するガスを押しのけ，コクーンと呼ばれる繭状の領域を形成する．$\Gamma_\mathrm{h} \gg 1/\theta_\mathrm{j}$ であれば，L_j を時間積分したエネルギー E_j のうち，コクーンへと行くエネルギー E_c は $E_\mathrm{j}/\Gamma_\mathrm{h}\theta_\mathrm{j}$ 程度であろう．しかし，$\Gamma_\mathrm{h} \sim 1$ の場合はほぼすべてのエネルギーがコクーンへ行くと考えられる．コクーンは速度 β_c で膨張していく．その体積 V_c はコクーンの形状をどう仮定するかにもよるが，β_c を積分したサイズ R_c を用いると RR_c^2 のオーダーである．コクーン内部のプラズマは相対論的な温度を持っているので，圧力を $P_\mathrm{c} \sim E_\mathrm{c}/3V_\mathrm{c}$ と評価できる．これがコクーン膨張によるラム圧 $\rho_\star \beta_\mathrm{c}^2 c^2$ と釣り合うと近似できれば，膨張速度 β_c が求まる．

図 5.11 の $16M_\odot$ モデルのような赤色巨星について計算してみると，ガンマ線バーストで考えられているような典型的なジェットを中心から打ち込んでも，コクーンの方が先に星表面に到達してしまう．この時点ではすでに中心エンジンへの質量降着も止まっていると推測され，相対論的なジェットを作ることはできない．ウォルフ–ライエ星のようなコンパクトな星であれば，ガンマ線バーストの典型的な継続時間と同程度の時間で，ジェットは星表面を突き破ることができる．

数値シミュレーションによると，先端部から逃げ出したプラズマはコクーンを形成するだけではなく，ジェットを包み込むような逆流を形成する．こうした流

れはケルヴィン・ヘルムホルツ不安定性などの流体不安定性を誘起し，小さなスケールの衝撃波を作る．こうした逆流は結果としてジェットを内側へと収束させ，細く絞らせる傾向がある．球対称近似では θ_j は一定だが，こうした効果を考えると θ_j は R とともに小さくなり，S はほぼ一定とみなせるのかもしれない．ジェットが細く保たれるので，球対称近似よりもジェット先端部の速度は上がり，星の外層を突き破りやすくなる．

　低金属で大きな半径を持つ青色超巨星に対して，上記の計算を適用した結果によると，2.2節で述べた超長継続GRB（ultra-long GRB）もこの描像で説明可能である．これらに伴っていた，超高輝度超新星とも解釈される，赤外線における残光光度曲線の隆起に対して，青色超巨星起源のコクーンからの放射であるというモデルが提案されている．

5.5　短い種族のバーストの発生環境

　短い種族のガンマ線バーストは，その発生環境の違いから，長い種族とは異なる起源を持つことがほぼ確立している．超新星と相関した短いバーストも発見されていない．最も有力な起源は，中性子星連星（NS–NS あるいは BH–NS）の合体である．ジェットがこちらを向いていないバーストを勘案した，真の発生率は $\sim 10^3\,{\rm Gpc}^{-3}\,{\rm yr}^{-1}$ とされる．一方，重力波観測から求められたブラックホール連星（BH–BH）合体の発生率は $10\text{–}200\,{\rm Gpc}^{-3}\,{\rm yr}^{-1}$，NS–NS の合体率は $300\text{–}5000\,{\rm Gpc}^{-3}\,{\rm yr}^{-1}$．これと比較しても，短いバーストの発生率は NS/BH–NS 説と考えて妥当な頻度であると言える．5.6 節で述べるように，例外的に低光度のバーストであったが，GRB 170817A から NS–NS 合体由来の重力波が観測されている．

　長い種族と異なり，短い種族のバーストは星形成が不活発な楕円銀河でも起きている．中性子星が形成されてから，重力波でエネルギーを失い，合体するまでの時間が長いので，星形成の終わった楕円銀河でのバーストが可能なのであろう．しかし，星形成銀河で発生することが禁じられているわけではないようで，むしろ確認されている短いバーストの母銀河の数としては，星形成銀河の方が多い．図 5.14 の GRB 051221A の母銀河からは酸素の輝線が検出されており，星形成銀河であることがわかる．同じ図の GRB 050724 の母銀河は楕円銀河で，金属の吸

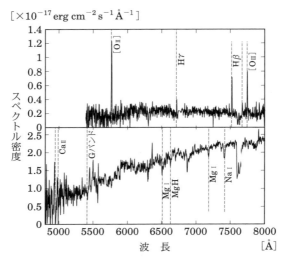

図5.14 短い種族のバーストの母銀河の可視光スペクトル (Berger 2014, *Ann. Rev. A&A*, 52, 43).（上）$z = 0.546$ で発生した GRB 051221A の母銀河，（下）$z = 0.257$ で発生した GRB 050724 の母銀河．

収線が見られるだけである．

　母銀河の星質量に関しても，長い種族と比べると，大きな銀河で発生している傾向がある．現在のところ，母銀河星質量の中央値が $\sim 10^{-0} M_\odot$ で，通常の星形成銀河の中央値が $10^{9.7} M_\odot$ である．金属量も短い種族の母銀河の中央値が $\mathcal{Z} = 8.8$ であるのに対し，長い種族では $\mathcal{Z} = 8.3$ である．

　図 5.15 は，バーストが起きた場所の銀河中心からの距離の分布を示している．明らかに長い種族のバーストよりも外側で起きている[*4]．しかも，母銀河から 10 kpc 以上離れた短いバーストが全体の 25%を占める．長いバーストにはそのような例はなく，超新星でも 10%程度である．さらに 20 kpc 離れた短いバーストが 10%ほどもある．こうなると，もはや母銀河のないバーストと呼んだ方が良い．銀河の表面輝度で規格化して分布を取っても，短いバーストは超新星や長いバーストよりも広がった分布をしている．

[*4] 図 5.15 の長いバーストの分布と，超新星の分布は図 5.10 と矛盾しているように見えるが，図 5.10 は横軸を銀河の表面輝度で規格化してあるためである．この違いは長いバーストが平均よりも小さな銀河で発生していることを意味する．

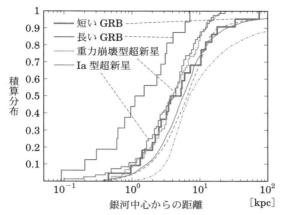

図 5.15 ガンマ線バーストと超新星の銀河内における空間分布 (Berger 2014, *Ann. Rev. A&A*, 52, 43). 横軸は銀河中心からの距離で，縦軸はその内側で起きた事象の積算分布.

短いバーストが銀河から飛び出しているのは，中性子星誕生時に，爆発の反作用，キックを受けているからだと考えられる．キックの速度は 20–140 km s^{-1} と見積もられており，超新星キックのモデルと無矛盾である．

短いバーストの残光は，相対的に長いバーストの残光よりも暗い．残光のモデルから星間物質の平均密度を評価すると，短いバーストでは長いバーストよりも 50 倍低く，0.1 cm^{-3} が典型とされた．この結果も短いバーストがキックを受けて，低密度環境に移動していることを支持している．

5.6 重力波放射

電磁波では直接観測できない中心エンジンの情報を重力波はもたらしてくれる．2015 年から米国でレーザー干渉計 Advanced LIGO が観測を開始し，2017 年からはイタリアの Advanced Virgo も観測に加わった．2019 年には日本の KAGRA も観測を開始する予定である．最初に重力波の基礎を復習しておく．時空の計量 $g_{\mu\nu}$ が，平坦なミンコフスキー時空の計量 $\eta_{\mu\nu}$ に摂動 $h_{\mu\nu}$ を加えることで以下のように表されるとする．

$$g_{\mu\nu} = \eta_{\mu\nu} + h_{\mu\nu}. \tag{5.10}$$

この対称テンソル $h_{\mu\nu}$ が光速で伝播する重力波である．一見 10 個の独立な成分があるように見えるが，ゲージ条件を課すことで，実質的な自由度は 2 つとなる．結果として重力波は 2 つの偏波モード，+ モードと × モードに分解することができる．

重力波源の密度分布を ρ で表し[*5]，z 方向に伝播する重力波を考える．重力波源から放たれる両モードに対する最も直観的に分かりやすい表現は，ゲージをうまく選ぶことで，

$$h_+ = -\frac{G}{c^4 D}\frac{\partial^2}{\partial t^2}\int \rho(x^2-y^2)dV, \quad h_\times = -\frac{2G}{c^4 D}\frac{\partial^2}{\partial t^2}\int \rho xy dV \tag{5.11}$$

と表される．ここで D は重力波源から観測者までの距離である．重力波放出には加速度を伴う運動が必要条件であることはいうまでもない．また，伝播方向から見て密度分布が軸対称になっていても，重力波は放出されないことがわかる．この h_+ と $h_\times$ を用いて，重力波が運ぶ単位時間，単位面積あたりのエネルギーは，

$$\left.\frac{dE}{dtdS}\right|_{\rm GW} = \frac{c^3}{16\pi G}\left(\dot{h}_+^2 + \dot{h}_\times^2\right) \tag{5.12}$$

と書ける．

大質量星の重力崩壊がガンマ線バーストを引き起こすのであれば，降着円盤の形成時や，非等方なニュートリノ放射などにより，重力波が放たれるであろう．降着円盤など中心部の密度は原始中性子星と同程度なので，自己重力による自由落下の時間スケールは，$t_{\rm ff}\sim 1/\sqrt{G\rho}\sim 0.4(\rho/10^{14}\,{\rm g\,cm^{-3}})^{-1/2}$ ms となる．密度の変動時間スケール Δt はこの $t_{\rm ff}$ と同程度とする．中心部の大きさや質量のスケールを $R_{\rm core}$，$M_{\rm core}$ と表すと，式 (5.11) にあるように，重力波の振幅は四重極モーメント $I_{ij}=\int d^3 V \rho x^i x^j$ を用いて，

$$|h| = \frac{2G}{c^4 D}|\ddot{I}| \sim \epsilon_{\rm d}\frac{2G}{c^4 D}\frac{M_{\rm core}R_{\rm core}^2}{\Delta t^2} \tag{5.13}$$

$$\sim 10^{-24}\left(\frac{\epsilon_{\rm d}}{0.1}\right)\left(\frac{D}{10{\rm Mpc}}\right)^{-1}\left(\frac{M_{\rm core}}{1.4\,M_\odot}\right)\left(\frac{R_{\rm core}}{10\,{\rm km}}\right)^2\left(\frac{\Delta t}{1\,{\rm ms}}\right)^{-2} \tag{5.14}$$

のように大体の大きさが評価される．ここで $\epsilon_{\rm d}<1$ は密度分布が球対称から外れている歪みの程度を表すパラメータである．現在の重力波検出器の感度では，

[*5] 厳密に言えば，ρc^2 には光子やニュートリノなどのエネルギー密度も含まれている．

100 Mpc 以遠のバーストを検出することは難しそうである．さらに都合の悪いことに，ガンマ線バーストが観測されるときは，そのジェットが我々の視線方向を向いているので，中心エンジンの密度はほぼ軸対称分布になっていると期待される．この場合，重力波は上記の見積りよりはるかに小さくなるであろう．仮に重力波が検出されるようなことがあれば，我々が思い描いていた中心エンジンの描像が，現実とはまったく異なっていたことを意味するのかもしれない．

より有力な重力波源と考えられているのが，連星中性子星の合体である．連星合体は短い種族のガンマ線バーストを説明する候補であり，2017 年に重力波検出器 Advanced LIGO と Advanced Virgo によって捕らえられた連星合体から，実際に弱いバーストが検出されている．これについては後述する．

質量 M_1, M_2 の連星が d_b の距離をとって，共通の重心を回っているとする．この時の公転周期は

$$t_\mathrm{p} = \frac{2\pi d_\mathrm{b}^{3/2}}{\sqrt{(M_1 + M_2)G}} \tag{5.15}$$

$$\simeq 0.01 \left(\frac{M_1 + M_2}{2.8\,M_\odot}\right)^{-1/2} \left(\frac{d_\mathrm{b}}{100\,\mathrm{km}}\right)^{3/2}\,\mathrm{s} \tag{5.16}$$

である．四重極モーメントは 1 周で 2 回振動するので，重力波の典型的振動数は

$$f_\mathrm{GW} = \frac{2}{t_\mathrm{p}} \simeq 190 \left(\frac{d_\mathrm{b}}{100\,\mathrm{km}}\right)^{-3/2}\,\mathrm{Hz} \tag{5.17}$$

となる．重力波が単位時間・立体角あたりに放つエネルギーは公転軸に対する視線方向の角度 θ に依存して，

$$\left.\frac{dE}{dt d\Omega}\right|_\mathrm{GW} = \frac{G^4 M_1^2 M_2^2 (M_1 + M_2)}{2\pi c^5 d_\mathrm{b}^5}\left(1 + 6\cos^2\theta + \cos^4\theta\right) \tag{5.18}$$

と書けるが，ジェットが放出されると期待される $\theta = 0$ の方向に最も強く放射されることがわかる．

重力波放射によって連星は単位時間あたりに

$$\left.\frac{dE}{dt}\right|_\mathrm{GW} = \frac{32 G^4 M_1^2 M_2^2 (M_1 + M_2)}{5 c^5 d_\mathrm{b}^5} \tag{5.19}$$

だけのエネルギーを失う．その結果連星間距離も

$$\dot{d}_\mathrm{b} = -\frac{64G^3 M_1 M_2 (M_1 + M_2)}{5c^5 d_\mathrm{b}^3} \tag{5.20}$$

のように縮まっていく．重力波放射によって連星が合体するまでの時間は

$$t_\mathrm{merg} = \frac{d_\mathrm{b}}{4|\dot{d}_\mathrm{b}|} = \frac{5c^5 d_\mathrm{b}^4}{256 G^3 M_1 M_2 (M_1 + M_2)} \tag{5.21}$$

$$\simeq 0.37 \left(\frac{d_\mathrm{b}}{100\,\mathrm{km}}\right)^4 \mathrm{s} \tag{5.22}$$

のように評価できる．ここで $M_1 = M_2 = 1.4 M_\odot$ とした．合体 1 時間前の約 6 Hz の周波数から，0.4 秒前の約 200 Hz まで $f_\mathrm{GW} \propto t_\mathrm{merg}^{-3/8}$ で進化する．

連星の場合 $|\ddot{I}| = 2GM_1 M_2/d_\mathrm{b}$ と書けるので，重力波の振幅は

$$|h| \simeq \frac{4 G^2 M_1 M_2}{c^4 d_\mathrm{b} D} \tag{5.23}$$

$$\simeq 5.5 \times 10^{-23} \left(\frac{D}{100\,\mathrm{Mpc}}\right)^{-1} \left(\frac{M_1 M_2}{1.4^2 M_\odot^2}\right) \left(\frac{d_\mathrm{b}}{100\,\mathrm{km}}\right)^{-1}. \tag{5.24}$$

2018 年現在稼働中の重力波検出器 Advanced LIGO, Advanced Virgo に加え，日本で建設中の KAGRA がある．これらは約 2–300 Mpc 以内で起きる連星中性子星合体を 10 Hz–1 kHz の振動数で年間数発検出することを目標としている．図 5.16 は Advanced LIGO と Advanced Virgo の最終的な目標感度を示している．この図の縦軸の単位は $\mathrm{Hz}^{-1/2}$ で，連星合体の場合，これと比較すべき量は

$$\sqrt{S_h(f_\mathrm{GW})} \equiv \sqrt{\frac{2 f_\mathrm{GW}}{\dot{f}_\mathrm{GW}}} |h| \tag{5.25}$$

$$\simeq 7.8 \times 10^{-23} \left(\frac{D}{100\,\mathrm{Mpc}}\right)^{-1} \left(\frac{f_\mathrm{GW}}{190\,\mathrm{Hz}}\right)^{-2/3} \mathrm{Hz}^{-1/2}. \tag{5.26}$$

上の式では $M_1 = M_2 = 1.4 M_\odot$ とした．

重力波は合体の数分前から原理的には検出可能なので，あらかじめガンマ線や X 線の望遠鏡を向けておけば，それに引き続いて起きるガンマ線バーストを観測できるかも知れない．中性子星合体からガンマ線放射までの遅延時間より，ジェットの生成や加速に制限を加えることもできる．ただし，重力波の到来方向を決定するには複数の重力波干渉計が必要なので，実際にバースト予報をするためには，異なる観測チーム間での迅速なデータ解析が要求される．

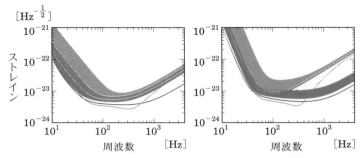

図5.16 Advanced LIGO（左）と Advanced Virgo（右）の目標感度曲線（Abbott *et al.* 2016, *Liv. Rev. Rel.*, 19, 1）．

仮に到来方向が決まったとしても，ガンマ線バーストのジェットが我々の方向を向いている確率は低いと思われる．即時放射が不検出だった場合に備えて，可視や電波による観測も重要となるであろう．残光が明るければジェットブレーク後の孤児残光が期待される．

赤外線放射

　いくつかの数値シミュレーションの結果によると，中性子星合体時に中心にブラックホールと降着円盤ができるだけではなく，潮汐破壊と自己重力による角運動量輸送により，0.01–$0.1\,M_\odot$ の質量が 0.1–$0.3\,c$ 程の速度で放出される．この放出物中では，以下で述べるように大量の不安定な重元素が作られる．この重元素の放射性崩壊をエネルギー源とする赤外線放射が予言されており，この現象を新星と超新星の中間という意味で，キロノバ（kilonova），あるいはマクロノバ（macronova）と呼んでいる（図5.17 参照）．

　通常の超新星爆発と異なり，放出ガスは中性子過剰状態にある．通常原子核は正の電荷を持っているので，クーロン力によって核融合反応が抑えられるが，電荷を持たない中性子は容易に原子核内に取り込まれる．高温の放出物中で，中性子過剰核がベータ崩壊する前に，次々と中性子を吸収して核融合が進み，さまざまな種類の重元素が大量に作られる．これをr-過程元素合成と呼ぶが，地上にある金やウランなどの重元素の起源だと考えられている．r-過程元素は超新星爆発で生成されると従来考えられてきたが，数値シミュレーションの結果，実際の生

成は難しく，近年は中性子星連星合体からの放出物が主要な r-過程元素の源であると考えられるようになってきた．

r-過程元素合成の効率は，放出物質中の核子数に対する電子数の割合 Y_e が目安となる．初期条件が充分高温であれば，陽子と中性子がバラバラになっており，総核子数は陽子と中性子の数の和．すなわち Y_e は総核子数に対する陽子の割合である．Y_e が低いほど中性子過剰状態となり，r-過程元素合成が進みやすい．中性子星起源の物質は当然 Y_e が低いが，高温に加熱されたり，ニュートリノとの効率の良い相互作用を経験した物質では陽子数と中性子数は熱平衡で決まる値へと近づき，Y_e が高くなってしまう．詳しい Y_e の値の評価には数値シミュレーションが必須である．

多数の電子をまとった重元素の原子核は，水素原子のような単純な系とは異なり，非常に多くの励起状態を持つ．つまり，さまざまな波長の電磁波と相互作用できる．その結果，ガスは大きな不透明度を持つこととなり，放射性重元素崩壊時に生まれるエネルギーはガス内部の輻射として蓄えられる．

簡単のために，放出ガスを一定速度 v で膨張する質量 M，半径 $R = vt$ の一様球と近似する．体積は $V = 4\pi R^3/3$ なので，その質量密度は

$$\rho = \frac{3M}{4\pi(vt)^3} \tag{5.27}$$

となる．ガスの内部エネルギーは輻射によって支配されていると近似でき，$U = 3P$ となる．温度 T を用いれば $U = 4\sigma_{\rm SB} T^4/c$ で，$\sigma_{\rm SB} = \pi^2/(60\hbar^3 c^2)$ はシュテファン–ボルツマン定数．系全体の熱力学の式 $dE = TdS + PdV$（$E = UV$）を質量 $M = \rho V$ で割って，

$$Tds = \frac{4\pi v^3}{3M}\left(t^3 dU + 4Ut^2 dt\right) \tag{5.28}$$

が得られる．Tds は単位質量辺りの非断熱的なエネルギーの変化．放射性崩壊による熱の供給 $\dot{Q}$ と放射冷却の寄与がある．通常の超新星ならば，爆風中のアルファ過程で生成される ^{56}Ni の電子捕獲反応（^{56}Ni+e$^-$ →^{56}Co*+ν_e，崩壊時間 $t_{\rm dec} = 8.8$ 日）によってエネルギーが供給される．この場合，$\dot{Q} \propto \exp(-t/t_{\rm dec})$ となる．しかし，キロノバ中の重元素にはさまざまな崩壊時間スケールを持つ不安定元素があり，それらの集合的寄与によって加熱される．理論的にも実験的にも不定性

はあるが，数値的な評価によると，冪乗(べき)関数 $\dot{Q} \simeq 2 \times 10^{10} (t/\mathrm{day})^{-1.3}\,\mathrm{erg\,s^{-1}\,g^{-1}}$ が良い近似になっているとされる．

表面から漏れ出す熱的放射の光度は，光学的深さ $\tau = \kappa \rho R$ を考慮して，$L = 4\pi R^2 \sigma_{\mathrm{SB}} T^4/\tau$ となる．不透明度は，トムソン散乱だけで考えると，$\kappa = \sigma_{\mathrm{T}}/(2m_{\mathrm{p}}) \simeq 0.2\,\mathrm{cm^2\,g^{-1}}$（原子核の n/p 比が 1 の場合）程度であるが，上で述べたように，重元素が支配的なガス中では（理論的不定性があるものの）$\kappa \simeq 10\,\mathrm{cm^2\,g^{-1}}$ と大きく見積もられている．

単位質量辺りの熱生成は $Tds = \dot{Q} - L/M$ なので，

$$t^3 \frac{dU}{dt} = -4t^2 U + \frac{3M}{4\pi v^3}\dot{Q} - \frac{\pi c v}{\kappa M} t^4 U \tag{5.29}$$

が得られる．右辺の項はそれぞれ断熱冷却，原子核崩壊加熱，放射冷却を表している．これを解くと内部エネルギー U の進化が得られ，それに応じて光度 L や温度 T の進化も得られる．

以下では簡単に最大光度になる時間を見積もってみる．一様ガス中での光子の拡散時間[*6]は，

$$t_{\mathrm{dif}} = \tau \frac{R}{c} = \frac{3M\kappa}{4\pi c v t}. \tag{5.30}$$

最大光度は $t_{\mathrm{dif}} = t$ で実現すると考えると，

$$t_{\mathrm{pk}} \simeq 8.4 \left(\frac{\kappa}{10\,\mathrm{cm^2\,g^{-1}}}\right)^{1/2} \left(\frac{M}{0.01 M_\odot}\right)^{1/2} \left(\frac{v}{0.1c}\right)^{-1/2}\,\mathrm{day} \tag{5.31}$$

がピーク時刻となる．これより前に注入されたエネルギーは，断熱冷却によって失われると近似すると，ピーク光度は

$$L(t_{\mathrm{pk}}) \simeq \dot{Q}(t_{\mathrm{pk}}) M \tag{5.32}$$

$$\simeq 2.5 \times 10^{40} \left(\frac{\kappa}{10\,\mathrm{cm^2\,g^{-1}}}\right)^{-0.65} \left(\frac{M}{0.01 M_\odot}\right)^{0.35} \left(\frac{v}{0.1c}\right)^{0.65}\,\mathrm{erg\,s^{-1}} \tag{5.33}$$

となり，輻射の温度は

$$T(t_{\mathrm{pk}}) = \left(\frac{L(t_{\mathrm{pk}})}{4\pi R^2 \sigma_{\mathrm{SB}}}\right)^{1/4} \tag{5.34}$$

[*6] ここでは簡単に評価したが，詳しい計算ではこの値の 1/3 ほどである．

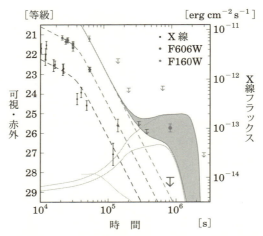

図5.17 短いバースト GRB 130603B の残光の可視・赤外光度曲線（Tanvir et al. 2013, Nature, 500, 547）．キロノバと解釈可能な，初期残光の外挿よりも明るい赤外光が検出されている．実線はモデル曲線．

$$\simeq 1600 \left(\frac{\kappa}{10\,\mathrm{cm}^2\,\mathrm{g}^{-1}}\right)^{-0.41} \left(\frac{M}{0.01 M_\odot}\right)^{-0.16} \left(\frac{v}{0.1c}\right)^{0.41} \mathrm{K} \quad (5.35)$$

と，赤外線に対応する温度となる．

図5.17にあるように，短い種族のガンマ線バースト GRB 130603B の爆発から9日（8×10^5 s）ほど経った後に，初期残光から予想されるよりも明るい赤外光が検出された．これをキロノバと解釈できるかもしれないが，分光による確認はされていない．

キロノバを起こした放出物は，弱相対論的な衝撃波を星周物質中に形成することとなるであろう．この場合，長いガンマ線バーストの電波残光と同様に，加速電子からのシンクロトロンによる電波フレアを観測できる可能性がある．極超新星からも，同様の機構で放たれていると思われる電波放射が実際に観測されている．電波では数週間から数年程度の継続時間が期待でき，追観測の時間に余裕があることが一つの利点となっている．

GW170817

2017年8月17日に Advanced LIGO と Advanced Virgo が，中性子星連星合体に伴う重力波信号 GW170817 を検出した．これは中性子星連星合体の初観測と

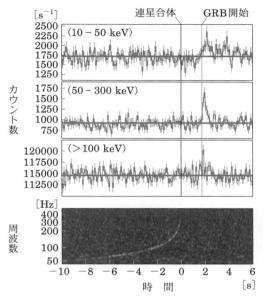

図 5.18 *Fermi*/GBM と *INTEGRAL* による GRB 170817A の光度曲線（上 3 つ）と LIGO-VIRGO による重力波の検出（一番下，縦軸周波数，横軸時間，濃淡が信号強度）．中性子星連星合体の 1.7 秒後に短いバーストが起きている（Abbott *et al.* 2017, *ApJ*, 848, L13）．

なる歴史的な事象であった．2 つの中性子星の質量の和は $2.7 M_\odot$ 程度と見積もられ，中性子星の典型的質量と一致している．公転軌道の回転軸に対する見込み角は 28° 以下とされる．図 5.18 にあるように，この合体の 1.7 秒後に短いガンマ線バースト GRB 170817A が *Fermi*/GBM によって検出された．図 5.19（208 ページ）に示すように重力波とガンマ線の到来方向は見事に一致していた．仮にバーストを放つジェットが連星合体と同時に打ち上げられたとすれば，この時間差から式（4.13）を用いて放射半径 R を評価でき，$\varGamma = 100$ ならおよそ 10^{15} cm と中性子星半径（10^6 cm）よりはるかに外側ということになる．

しかし，重力波の波形から見積もられた距離 40 Mpc は，ガンマ線バーストの距離としては極端に近く，光度はわずか $L_{\gamma,\mathrm{iso}} \simeq 1.6 \times 10^{47}\,\mathrm{erg\,s^{-1}}$ であった．典型的なバーストよりもはるかに暗いこのバーストは，通常の短いバーストのジェットをその開口角の外側から見た off-axis のケースなのかもしれない．あるいは，

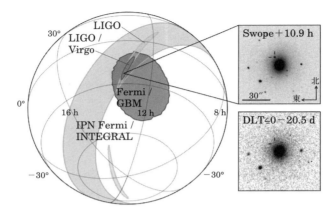

図5.19 GW170817 の天球上の位置の決定．細長い楕円が LIGO-Virgo の重力波による推定，濃い灰色の領域が *Fermi*/GBM による推定，薄い灰色の帯が複数のガンマ線バースト検出時刻差による推定．拡大写真は光学対応天体（短い線2本で示す）とその母銀河 NGC4993（Abbott *et al.* 2017, *ApJ*, 848, L12）．

ジェットに構造があり，明るいガンマ線を放つ中心部を包みこむ，開口角の大きい鞘状の遅いジェットからの弱いガンマ線を観測しているのかもしれない．X線と電波の残光も確認されたのだが，興味深いことに，その光度は爆発後10日ほど経ってから明るくなり，これは通常の残光よりもかなり遅い．これは視線方向から外れた絞られたジェットが減速するにつれ，相対論的なビーミング効果が弱くなり，我々の方向にも遅れて光子が届くようになったと解釈でき，上記の off-axis の描像と一致する．

一方でスペクトルのピークエネルギーは $\varepsilon_{pk} \simeq 190$ keV と，やや低めだが，off-axis の効果で極端に低くなっている兆候は見られない．したがって，このバーストはこれまで観測されてきた相対論的ジェットを伴う，典型的な短いバーストとは異なる種族の放射現象，たとえば非相対論的な衝撃波がコクーンを突き抜けたときの熱的放射（shock breakout）だとする説などが提唱されている．X線や電波の残光も，その後100日以上に渡ってゆるやかな増光を続けた．この事実も単純な off-axis GRB からの残光放射モデルとは合致しない．これだけ近傍の中性子星連星合体が今後も頻繁に起きるのか，GRB 170817A は特殊なバーストなのか，それとも通常のバーストをジェット開口角の外から観測したものなのか，こ

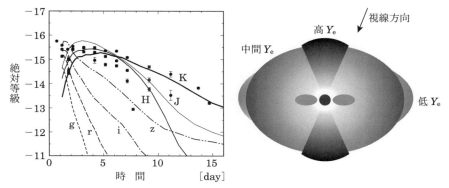

図5.20 （左）GW170817のキロノバからの可視光・赤外線（波長 500 nm 付近の g バンドから，波長 2 μm 付近の K バンドまで）の光度曲線の観測（点）とモデル（曲線）．（右）GW170817 の放出物の分布の模式図．連星軌道軸を含む面での断面図となっており，図の水平方向が軌道面となる．合体時に軌道面方向に力学的に放出される物質は Y_e が低く，重元素を多く含む．一方，図の上下方向には Y_e が高い物質が分布し，波長の短い可視光や紫外線も放射される．重力波の解析から視線方向は軌道軸に近いことがわかっている（Tanaka *et al.* 2017, *PASJ*, 69, 102）．

うした疑問は今後の観測で明らかにされていくことであろう．

　GW170817で最も刺激的だったのは，予言されていたキロノバが実際に観測されたことであろう．この可視・赤外の観測により，母銀河が星形成の不活発な S0 型の NGC 4993 と特定され（図5.19拡大写真），その距離 40 Mpc も重力波で決まった距離と一致していた．スペクトル中には実際に重元素が生成されている兆候が確認された．若干予想外だったのは，爆発直後 1 日ほどで最大光度に達し，当初は比較的青い光で輝いたことである（図 5.20 の左図参照）．これは 2 成分の放出物を考えることで説明されるとされ，実際数値シミュレーションでも合体直後に軌道面方向に飛ばされる成分と，円盤風として上下方向に飛ばされる成分があることがわかっている（図 5.20 の右図参照）．重元素が少なく速い速度の成分（$\kappa \simeq 0.5\,\mathrm{cm^2\,g^{-1}}$, $M \simeq 0.01 M_\odot$, $v \simeq 0.27c$）と，重元素が多く遅い成分（$\kappa \simeq 3.3\,\mathrm{cm^2\,g^{-1}}$, $M \simeq 0.04 M_\odot$, $v \simeq 0.12c$）からなるモデルが提案された．放出物の量や速度から，中性子星の状態方程式にも制限が付くこととなった．

第6章 遠方宇宙の探針

　格段に明るい現象であるガンマ線バーストは，遠方宇宙を探る道具としても利用できる．特にその残光放射のスペクトル中に見える吸収線系は，バーストと我々の間に存在する天体の情報をもたらしてくれる．我々の宇宙が現在のような姿に進化するまでの歴史を探る上で，遠方宇宙を照らす光源としてのガンマ線バーストの役割は，不可欠になりつつある．この章では，こうした探針としてのガンマ線バーストの可能性を紹介する．

6.1 赤方偏移の分布

　*BeppoSAX*により発生後1日以内にガンマ線バーストの位置が通報されるようになって，残光の可視光観測が初めて可能となった．5.1節で述べたように，可視光のスペクトルには，母銀河による水素や金属の吸収線系があり，これによってバーストまでの距離を正確に推定することができる．*BeppoSAX*は1997年から2004年，さらに*HETE-2*が2001年から通報を開始し，年間10個程度のGRBの赤方偏移が測られるようになった．その他にも，IPN（図1.2参照），1995年に米国が打ち上げたX線天文衛星RXTE（Rossi X-ray Timing Explorer）などによって通報されたGRBが少数ながらある．

　$z = 0.835$のGRB 970508の発見以来，徐々に赤方偏移の記録は更新されていったが，最初に大きく記録を伸ばしたのはGRB 000131である．このGRBはIPNによって検出された．発生の7.5日後にVLT8m望遠鏡でとられたスペクトルは

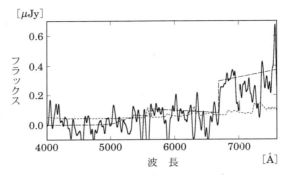

図 6.1 GRB 000131 残光の可視光スペクトル (Andersen *et al.* 2000, *A&A*, 364, L54). $z = 4.5$ に対応する 6700 Å にライマン吸収端が見えている.

(図 6.1), 6700 Å を境として短波長側で吸収を示していた. これは中性水素による Lyα の吸収端 (静止系で 10.2 eV, 1216 Å) で, 赤方偏移 $z = 4.5$ に対応する. 短波長側の準連続的な吸収は, 母銀河より低赤方偏移の銀河間水素ガス (IGM: intergalactic medium) による吸収と解釈できる.

2004 年に *Swift* 衛星が打ち上げられると, 状況は大きく進展した. GRB の追跡観測を主目的として設計された *Swift* は, 年間 100 個の割合で位置を決定でき, その結果サンプルを格段に増やすこととなった. *Swift* 以前の GRB サンプルにおける, 平均の赤方偏移は $z \sim 1$ であったが, 図 6.2 にあるように, *Swift* のサンプルでは $z \sim 2.5$ と高赤方偏移へとシフトした.

GRB 000131 の最遠方記録も GRB 050904 の $z = 6.3$ によって破られた. この残光スペクトルからは多くの情報が得られたが, これに関しては 6.2 節および 6.3 節で述べる. ここまでの高赤方偏移となってくると, Lyα の波長も赤外領域へと入ってくる. 可視残光は IGM による吸収で観測することができないので, 高赤方偏移 GRB の残光観測では赤外線による観測が不可欠となる. GRB 050904 の記録を超える GRB は今までに 3 件報告されており, 最も大きな赤方偏移は GRB 090429 の $z = 9.4$ である. ただし, これは多色測光による推定である. より信頼性の高い分光観測による最遠記録は, GRB 090423 の $z = 8.2$ である. 今までに分光によって確かめられた最遠の天体は, $z = 11.1$ の銀河である. 今後, GRB がこの記録を破る日も近いかもしれない.

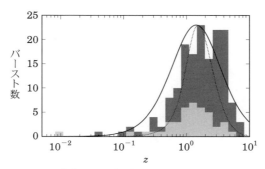

図 6.2 GRB の赤方偏移分布（Gehrels *et al.* 2009, Ann. Rev. A&A, 47, 567）．濃いヒストグラムが *Swift*，薄い灰色が *Swift* 以前のサンプル．実線は宇宙の共動体積を表している．点線は星形成率に比例すると仮定したときに期待される分布．

Swift が観測したデータを使ったモンテカルロ・シミュレーションに基づいて，単位共動体積あたりの長い種族のバースト発生率（$L_\text{iso} > 10^{50}\,\text{erg s}^{-1}$）が求められている．ワンダーマン–ピラン（Wanderman & Piran 2010）の結果では，

$$\mathcal{R}_\text{GRB} = \begin{cases} 1.3(1+z)^{2.1}\,\text{Gpc}^{-3}\,\text{yr}^{-1}, & z \leq 3.0 \text{ のとき} \\ 170(1+z)^{-1.4}\,\text{Gpc}^{-3}\,\text{yr}^{-1}, & z > 3.0 \text{ のとき} \end{cases} \quad (6.1)$$

であったが，リンら（Lien *et al.* 2014）では

$$\mathcal{R}_\text{GRB} = \begin{cases} 0.42(1+z)^{2.07}\,\text{Gpc}^{-3}\,\text{yr}^{-1}, & z \leq 3.6 \text{ のとき} \\ 29(1+z)^{-0.7}\,\text{Gpc}^{-3}\,\text{yr}^{-1}, & z > 3.6 \text{ のとき} \end{cases} \quad (6.2)$$

となっている．図 6.3 に両者の結果を載せているが，まだ不定性は大きい．この両結果は光度関数の赤方偏移進化がないとして求めているが，これを仮定すると結果はかなり変わる．

立体角 $d\Omega_\text{obs}$ の視野で，赤方偏移が z_0 より大きなバーストが起きる確率は

$$\frac{dN_\text{GRB}}{d\Omega_\text{obs} dt_\text{obs}}(z > z_0) = \int_{z_0}^{\infty} \frac{\mathcal{R}_\text{GRB}}{1+z} \frac{dV_\text{c}}{dz d\Omega_\text{obs}} dz \quad (6.3)$$

と書ける．分母の因子 $1+z$ は宇宙膨張で時間間隔が伸びる効果を表す．標準的な宇宙モデルでは光度距離

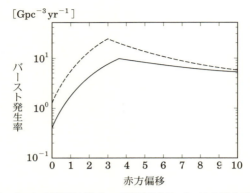

図 6.3 *Swift* の観測に基づいて評価されたバースト発生率．破線が Wanderman & Piran 2010, *MNRAS*, 406, 1944, 実線が Lien *et al.* 2014, *ApJ*, 783, 24.

$$D_{\rm L} = (1+z)\frac{c}{H_0}\int_0^z \frac{dz}{\sqrt{\Omega_{\rm m}(1+z)^3 + \Omega_\Lambda}} \tag{6.4}$$

を用いて共動体積 V_c の微分を

$$\frac{dV_c}{dzd\Omega_{\rm obs}} = \frac{D_{\rm L}^2}{(1+z)^2}\frac{c}{H_0}\frac{1}{\sqrt{\Omega_{\rm m}(1+z)^3 + \Omega_\Lambda}} \tag{6.5}$$

のように表す．ここでハッブル定数は $H_0 = 70\,{\rm km/s/Mpc}$，主に暗黒物質の寄与による密度パラメータは $\Omega_{\rm m} = 0.27$，真空のエネルギーと解釈される宇宙項は $\Omega_\Lambda = 0.73$ ととるのが標準的である．

　将来，観測能力が向上した場合，どのくらいの数の遠方の GRB が受かるであろうか？ 主に $z < 8$ のバースト検出実績から，$\mathcal{R}_{\rm GRB}$ を (6.1) 式や (6.2) 式のように求めている．ここでは逆にそれらの関数を $z > 10$ に単純に外挿して，(6.3) 式を積分することで，期待される GRB の数を見積もってみよう．検出数を見積もるためには，観測装置の性能を仮定しなくてはいけない．ここでは，金沢大学が中心となって検討している HiZ-GUNDAM 計画 [*1] を意識して，1–20 keV のエネルギー範囲で $10^{-9}\,{\rm erg\,cm^{-2}\,s^{-1}}$ の感度を持つ観測装置を考える．与えられたエネルギー帯域にどのくらいの明るさが期待できるかは，赤方偏移に加えて，2.1

[*1] X線・ガンマ線撮像検出器と，可視光・近赤外線望遠鏡を同時に搭載した衛星で，高赤方偏移のGRB を検出し，自前でその赤方偏移を決定する計画である．

節で述べた GRB の光度関数とスペクトルを仮定する必要がある．これは $\mathcal{R}_{\mathrm{GRB}}$ を観測から求める際のモンテカルロ・シミュレーションにおいても仮定しているので，ワンダーマン–ピラン（Wanderman & Piran 2010）とリンら（Lien et al. 2014）で用いられている仮定をそのまま採用しなければ，矛盾してしまう．

ワンダーマン–ピラン（Wanderman & Piran 2010）では Band 関数の $\varepsilon_{\mathrm{pk}}$ を 511 keV に固定している．表 2.1 のパラメータを光度関数に用いると，上記の性能で観測可能な，$10 < z < 30$ の GRB は全天で年間 130 発と見積もれる．全天の 10%を稼働効率 80%で観測していれば，この GRB の内の 8%，つまり年間 10 発受けることも可能かもしれない．一方，リンら（Lien et al. 2014）では $\varepsilon_{\mathrm{pk}}$ に対して Yonetoku 関係（2.4 節参照）を仮定している．ここでも表 2.1 のパラメータを使うと，全天で年間 210 発，8%の検出効率なら年間 17 発の GRB が期待できる．もちろん上記の GRB 発生率の外挿が間違っているかもしれないが，高赤方偏移 GRB の検出を大いに期待させる数と言えるであろう．

6.2 宇宙の再電離

宇宙の電離度の進化を探る上でも，GRB は有効な道具となっている．我々の宇宙を満たしているガスは，ビッグバンの後，プラズマ状態であったが，徐々に温度を下げていき，$z \simeq 1000$ の時代には電子と陽子が結合し，ほぼ完全に中性化したと考えられている．その後，$z \simeq 30$ くらいの時代に星形成が始まり，大質量星からの紫外線放射により，星間ガスは再びイオン化していった．これを宇宙の再電離と呼ぶが，実際に現在の銀河間ガス（IGM）はほぼ完全電離していることがわかっている．しかし，この電離がいつ始まり，どのように進行していったかはよくわかっていない（図 6.4 参照）．宇宙の再電離の進展は星形成の歴史と表裏一体であり，宇宙論の最重要研究課題の一つである．

これを調べる伝統的な方法は，高赤方偏移クェーサーのスペクトルにある，IGM 中の中性水素による Lyα の吸収（Gun-Peterson trough）を精査するものであった．ただし中性水素の割合 x_{HI} が 10^{-3} 程度でも，吸収線そのものは飽和してしまうので，具体的な値を求めるためには，減衰翼（damping wing）と呼ばれる，中心波長より長波長側の吸収線の形を検出しなければならない．これはローレンツ線輪郭（Lorentz profile）と呼ばれる，吸収線の自然幅の形を反映している

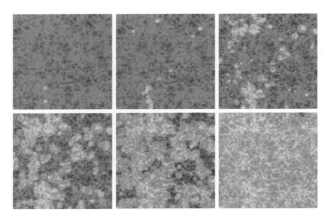

図6.4 銀河間空間の電離度進化のシミュレーション（Iliev *et al.* 2006, *MNRAS*, 369, 1625）．左上から右下に欠けて赤方偏移 $z=$ 18.5, 16.1, 14.5, 13.6, 12.6, 11.3．このように高赤方偏移では部分的にしか電離が進んでいない．

もので，中性水素の密度が濃ければ，1216 Å から大きく外れた波長でも吸収が見られる現象である．

中性水素のエネルギー準位は

$$E_{nm} = \frac{m_e e^4}{2\hbar^2}\left(\frac{1}{n^2} - \frac{1}{m^2}\right) \tag{6.6}$$

なので，Lyα 光子の振動数は

$$\nu_{21} = \frac{E_{12}}{h} = \frac{3m_e e^4}{16\pi\hbar^3} \simeq 2.47 \times 10^{15}\,\text{Hz} \tag{6.7}$$

で，波長 1216 Å に対応している．単位時間辺りに Lyα の自発放射を起こす頻度（いわゆるアインシュタインの A 係数）は，

$$\varGamma_{21} = \frac{8\pi^2 e^2 \nu_{21}^2}{6m_e c^3}\frac{2^{14}}{3^9} \simeq 6.27 \times 10^8\,\text{s}^{-1} \tag{6.8}$$

となる．エネルギーと時間の不確定性原理を反映し，線幅形状は $\gamma_{21} \equiv \varGamma_{21}/(4\pi)$ を用いて，

$$\phi(\nu) = \frac{1}{\pi}\frac{\gamma_{21}}{(\nu - \nu_{21})^2 + \gamma_{21}^2} \tag{6.9}$$

と書ける．光子の吸収の際，電子の軌道角運動量が，$\ell = 0$ から $\ell = 1$ へと 1 つ変化しなくてはいけないので，遷移可能な第一励起状態の数は 6 つ．基底状態の水素の密度を n_HI とし，誘導放射の寄与を無視すると，Lyα の吸収係数は

$$\alpha_\nu = \frac{3c^2}{8\pi\nu^2}\phi(\nu)n_\mathrm{HI}\mathit{\Gamma}_{21} = \frac{2^{13}}{3^9}\frac{\pi e^2}{m_e c}\phi(\nu)n_\mathrm{HI} \tag{6.10}$$

となる．熱運動による吸収線の広がりを無視したとしても，$\Delta\nu \sim \gamma_{21} \ll \nu_{21}$ の線幅を持っている．それにとどまらず，中心波長から大きく外れた $|\nu - \nu_{21}| \gg \gamma_{21}$ となる振動数でも，有限の吸収係数となっている．たとえば $\alpha_{\nu_{21}}/n_\mathrm{HI} \simeq 7.0 \times 10^{-11}\,\mathrm{cm}^2$ に対し，波長が 5 Å 長い振動数 ν_L （ガスの速度分散で 5 Å の線幅を実現するには，$1200\,\mathrm{km\,s^{-1}}$ が必要）では $\alpha_{\nu_\mathrm{L}}/n_\mathrm{HI} \simeq 1.7 \times 10^{-21}\,\mathrm{cm}^2$ となる．Lyα による吸収線として観測される，中性水素を含むガス雲を Lyα 雲と呼ぶが，その中で柱密度が $2 \times 10^{20}\,\mathrm{cm}^{-2}$ を超えているものを DLA（damped Lyα）と呼ぶ．これだけ濃いガスによる吸収の場合，減衰翼が確認できるためである．

クェーサーからは，$z \sim 6$ での中性水素ガスの存在が確かめられているが，クェーサーからは輝線も放たれているので，減衰翼の深さを定量的に解析するのは簡単ではない．一方，WMAP による宇宙マイクロ波背景放射の偏光観測から，トムソン散乱による光学的深さ，つまり現在から再電離までの電子密度の積分値が分かっている．$z \sim 10$ くらいまでにはすでに電離が相当程度進んでいると見積もられているが，電離度の進化までは論ずることができない．一方近傍の観測から，$z < 6$ では IGM はほぼ完全電離していることがわかっている．赤方偏移が $6 < z < 10$ の時代に，どのように電離が進行していったのかを探る上で，非常に明るくて輝線を持たない，ガンマ線バーストの残光が最適の光源であると以前から指摘されていた．

これを実証したのが，$z = 6.3$ の GRB 050904 の残光観測である．バースト発生後 3.4 日後にすばる望遠鏡で観測されたスペクトル（図 6.5）には，Lyα の吸収端（~ 8900 Å）とそれより長波長側の減衰翼が見て取れる．この吸収には，母銀河に付随する DLA による吸収と，IGM によるものの 2 つの寄与が見られる．一般的に DLA は銀河ハローに含まれる中性水素による吸収だと考えられている．GRB 050904 スペクトルに対するモデルフィッティングの結果，95%の信頼確率で IGM に対して $x_\mathrm{HI} < 0.6$ という上限が得られた．観測から $z > 6$ の x_HI に上限

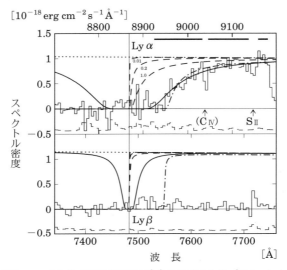

図 6.5 $z = 6.3$ の GRB 050904 残光のスペクトル（Totani et al. 2006, *PASJ*, 58, 485）. Lyα（上）と Lyβ（下）に対応する波長領域が示されている. 実線が DLA, 破線が $x_{\rm HI}$ が異なる IGM による吸収.

をつけたのはこれが初めてであった. 将来, より大きな赤方偏移を持つ GRB を用いて, 宇宙の電離の歴史に制限をつけることが可能となるかもしれない.

6.3 母銀河の星間ガス

高分散分光によって, 残光から金属吸収線が検出されると, 母銀河内の物質の組成や電離度, それらの運動を調べることができる. 高赤方偏移銀河の特性を調べるだけではなく, バースト近傍の環境を探ることで, GRB の起源そのものについてもヒントを与えることとなる.

母銀河の吸収線を検出した顕著な例の一つとして, *HETE-2* によって通報された GRB 021004（$z = 2.3$）が挙げられる. 図 6.6 にそのスペクトルがある. $z = 2.3$ の前後に複数の吸収線系が見られる. それらの赤方偏移の差は, 速度差で $3000\,{\rm km\,s^{-1}}$ に相当し, 線幅も $1000\,{\rm km\,s^{-1}}$ の幅を持つ. さらに別の速度成分も存在し, その速度差は $560\,{\rm km\,s^{-1}}$ となる.

これらの吸収線の観測から以下のような描像が提案されている. 親星である巨

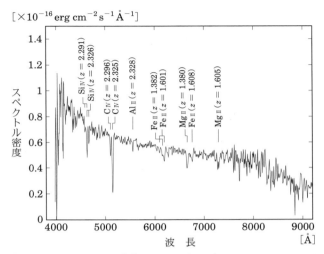

図 6.6 GRB 021004 残光のスペクトル (B.E. Schaefer, *et al.* 2003, *ApJ*, 588, 387). C IV や Si IV などの高階電離金属の吸収線が複数の異なる波長に検出されている.

星から, 質量放出率 $6 \times 10^{-5} M_\odot \mathrm{yr}^{-1}$ で星風が吹き出ていたが, 中心から 1 pc 以内の星風が, ガンマ線バーストの輻射圧で $3000 \mathrm{km\,s^{-1}}$ まで加速されている. 一方, 中心から 10 pc ほど離れた場所には, $560 \mathrm{km\,s^{-1}}$ で遠ざかる星風がシェル状に吹き溜まっている.

また C IV や Si IV などの高階電離金属の吸収線が見られたことから, これらのガスは高電離状態にあると推定される. 親星からの紫外線であらかじめ電離されていたか, バーストそのものによって電離が進んだのかもしれない. ガスの化学組成比は, C や Si の割合が太陽近傍より大きいことを示していた. 母銀河の金属量が低めであるという 5.3 節の結論と矛盾しているように聞こえるが, これは親星周囲の電離ガスから求められた金属量であることに留意しなくてはいけない. 電離ガスの高い金属組成比は, ガンマ線バーストの親星が, 星風で水素の外層を失った表面温度の高い青色巨星, ウォルフ-ライエ星であることと無矛盾である. こうした観測的特徴がすべてのバーストに普遍的に見られるかどうかは定かではないが, 親星を考える上で示唆に富む一例である.

6.2 節でも紹介した GRB 050904 のケースでも, Si, S, C, O の吸収線の等価

幅が測定され，ライマン吸収端から求めた水素の量と比較して組成比が得られている．GRB 021004 の場合と同様，その結果は星形成領域などの金属量が多い環境で，バーストが起きたと考えて良さそうである．いずれにせよ，$z=6.3$ のような赤方偏移で金属量が測られた例は他にはなく，これは遠方宇宙を探る手段としてのガンマ線バーストの強力さを実証している．

GRB 020124 では，バーストに付随する DLA を調べることに成功した．この $z=3.2$ の DLA における中性水素の柱密度は，$N_{\rm HI}=10^{21.7}\,{\rm cm}^{-2}$ で，高赤方偏移のクェーサーから見つかる DLA と比較してかなり大きなものであった．短波長での吸収が少ないことから，ダストの量が我々の銀河の 11% 以下であることも分かった．これはクェーサーで見つかる DLA と同様の傾向だが，バーストの母銀河が低金属であることを意味しているのかもしれない．しかし，バーストによってサイズの小さなダストが破壊された可能性も考慮に入れる必要がある．

$z=4.3$ の GRB 050505 でも $N_{\rm HI}=10^{22.05}\,{\rm cm}^{-2}$ の DLA が検出され，その金属量は太陽近傍の 6% ほどと見積もられた．これは同じ赤方偏移にあるクェーサーに付随する DLA での値と同程度だが，やや平均値よりも高い値であった．この例では，バースト源近傍に個数密度 $\gtrsim 10^2\,{\rm cm}^{-3}$，サイズ $\sim 4\,{\rm pc}$ の濃いガス雲も検出されている．これは親星が分子雲の中にいた可能性を示唆している．さらに $1000\,{\rm km\,s^{-1}}$ の速度を持つ C IV の吸収線系が見つかり，親星の星風起源だと思われるが，対応する重元素の Si IV の吸収線は見つからなかった．この事実は，親星が比較的低質量・低金属の星（$25M_\odot, Z \lesssim 0.1 Z_\odot$）であったことを意味する．そのような低質量・低金属の星の水素外層を剥ぎ取るには，連星系を考える必要がある．親星が赤色巨星になった段階で，伴星がその水素外層に取り込まれ，共通外層を成す．伴星の公転運動による擾乱から角運動量を得て，この共通外層が吹き飛んだと考えるわけである．

6.4 星形成と物質進化の歴史

ガンマ線バーストが巨星の死を起源としているのであれば，その発生率は星形成率 $\dot{\rho}_*$ をなぞるであろう．標準的な星形成率を測る方法は以下の通りである．表面温度が高い巨星は，効率的に紫外線（UV）を放射する．これらの巨星は，その寿命の短さから星形成率の良い指標となる．星形成開始から，巨星の死までの時

間差はほぼ無視できる．UV 光の吸収が無視できるような，ダストの少ない銀河では，この UV 光を直接観測できる．最も標準的なサルピーター（Salpeter）の初期質量関数 $dN/dM_* \propto M_*^{-2.35}$ を仮定すると，UV 光度から求めた巨星の数から，低質量の星も含む星形成率が割り出せる．波長 1500–2800Å での観測が理想的なのだが，高赤方偏移の銀河では長い波長になり，既存の可視望遠鏡でも観測できる．UV 光度 L_ν にはダストによる吸収などの補正が必要だが，モデル計算によると，星形成率は

$$\mathrm{SFR} = \left(\frac{L_\nu}{8.0\times 10^{27}\,\mathrm{erg\,s^{-1}\,Hz^{-1}}}\right) M_\odot\,\mathrm{yr}^{-1} \tag{6.11}$$

のように求まるとされる．ここでは 0.1–125$M_\odot$ の星を対象としている．星形成領域の周囲はこの UV 光によって電離され，HII 領域を形成する．HII 領域からの Hα 線光度 $L_{\mathrm{H}\alpha}$ を観測する方法もある．この場合は，

$$\mathrm{SFR} = \left(\frac{L_{\mathrm{H}\alpha}}{1.26\times 10^{41}\,\mathrm{erg\,s^{-1}}}\right) M_\odot\,\mathrm{yr}^{-1} \tag{6.12}$$

を使う．UV や Hα がダストに吸収されているような銀河では，ダストから再放射される遠赤外線光度 L_{FIR} を用いて星形成率を求める．10μm 以上の波長でのダスト光度と星形成率との関係は，

$$\mathrm{SFR} = \left(\frac{L_{\mathrm{FIR}}}{2.2\times 10^{43}\,\mathrm{erg\,s^{-1}}}\right) M_\odot\,\mathrm{yr}^{-1} \tag{6.13}$$

となっている．すべての銀河の寄与を足し合わせた後，調査した共動体積 V_c で割れば，$\dot{\rho}_*$ が求まる．

星形成率とガンマ線バーストの関係について多くの研究があるが，ロバートソン–エリス（Robertson & Ellis 2012）の見積りによると，$z<4$ のガンマ線バースト発生頻度分布は星形成率との単純な比例関係ではなく，$(1+z)^{0.5}\dot{\rho}_*$ に比例しているとされる．つまり，昔に遡るほどガンマ線バーストとして死ぬ星の割合が増えていることになる．こうした傾向はバースト発生確率を金属量の関数と考えることで説明できるのかもしれない．この関係を $z>4$ に外挿し，観測されているバースト発生率から逆に星形成率を評価すると，UV による銀河観測に基づいて得られた星形成率を大きく上回ってしまう（図 6.7 参照）．銀河観測の方を信じ

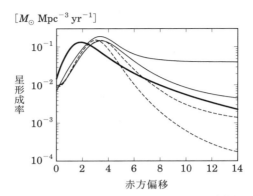

図6.7 Robertson & Ellis 2012, *ApJ*, 744, 95 の見積りに基づく星形成率．細い実線がガンマ線バースト発生率から推測した値．$z<4$ での経験則を用いている．破線は UV 銀河観測に基づく星形成率．それぞれの2本の線は，下限と上限に対応している．太い実線は Madau & Dickinson 2014, *Ann. Rev. A&A*, 52, 415 の UV と IR 観測に基づいた星形成率．

ると，$z\sim4$ を挟んでさらにバースト発生効率が上がることを意味する．

しかし，近年データが更新されてきた結果，銀河の直接観測によって導かれた星形成率は，図 6.7 のマダウ–ディキンソン（Madau & Dickinson 2014）の線で表されるように低赤方偏移側へシフトして，

$$\dot{\rho}_* = 0.015 \frac{(1+z)^{2.7}}{1+[(1+z)/2.9]^{5.6}} M_\odot \, \mathrm{Mpc}^{-3} \, \mathrm{yr}^{-1} \tag{6.14}$$

がより適当な関数だとされている．何も工夫をしないと，星形成率のピークとガンマ線バースト発生率のピークはずれてしまう．この差異を説明するためには，GRB 発生率の金属量依存性をもっと強くするか，GRB の光度が昔ほど明るいものが多くなるようにするなどの工夫が必要である．ただし，充分大きな赤方偏移の時代には金属量もかなり落ちるので，低赤方偏移と比べて GRB 発生の環境依存性は弱くなり，発生率は星形成率を比較的良くなぞると予想される．GRB はそうした高赤方偏移の時代の星形成率の進化を論じる強力な指標と成り得る．6.2 節で議論した宇宙再電離の歴史を明らかにする上でも，銀河の直接観測だけではなく，GRB からの星形成率推定と合わせて議論することが，今後も重要かもしれない．

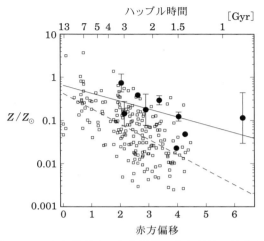

図6.8 DLA から見積もった金属量の赤方偏移に対する分布 (Savaglio 2006, *New J. Phys.*, 8, 195). 大きな丸が GRB, 小さな四角がクェーサーに付随する DLA に対応する.

残光の吸収線から求めた母銀河の金属量から, 宇宙の重元素汚染の進化を見積もることもできるであろう. 図6.8 には, 母銀河に付随する DLA から見積もった金属量の赤方偏移分布が記されている. 高赤方偏移, つまり昔に遡るにつれ, わずかながら金属量が減っていく様子が分かる. 興味深いことに, GRB で見積もった金属量が, クェーサーから見積もったものより大きくなる傾向を見て取れる. これはサンプルの偏りで説明されるかもしれない. クェーサーは系統的に小さな銀河, DLA を伴う GRB は星形成が活発な比較的大きな銀河にあると考えられれば, GRB はクェーサーよりも重元素汚染が進んだ銀河サンプルを提供することになる. サバリオら (Savaglio et al. 2005) によると, 銀河の金属量には, その年齢と星質量との間に以下のような経験則が成り立つとされる.

$$\mathcal{Z} = 8.06 + 0.6m - 0.0965m^2 + 1.14\tilde{t} - 0.403m\tilde{t} - 0.394\tilde{t}^2. \tag{6.15}$$

ここでの m や $\mathcal{Z}$ は式 (5.1) と同じ定義で, $\tilde{t}$ はハッブル時間 $t_\mathrm{H} \equiv 1/H$ ($H = H_0\sqrt{\Omega_\mathrm{m}(1+z)^3 + \Omega_\Lambda}$) を用いて $\tilde{t} \equiv \log(t_\mathrm{H}/10^9\mathrm{yr})$ と定義される. この経験則を信じれば, 図6.8 の GRB サンプルは, 星質量が 4×10^8–$6 \times 10^9 M_\odot$ の銀河の進化を見ていると解釈できる. 一方で, 金属量が太陽近傍の10%程度であるこ

とが多い．クェーサーの銀河の星質量は $10^7 M_\odot$ 程度，我々の銀河系の星質量は $10^{11} M_\odot$ 程度である．DLA による吸収を伴う GRB は，上記のような中間的な大きさの銀河で起きているのかもしれない．

　GRB の母銀河の金属量が多いと述べると，5.3 節の金属量が低いという結果と矛盾していると感じるかもしれない．5.3 節での議論は，与えられた銀河の星質量の割には低金属だという話で，この節では銀河の質量自体が，DLA による吸収が見られる GRB と，クェーサーの 2 つのサンプルで異なっていることに留意すべきである．

　この節の最後に，WHIM（warm–hot intergalactic medium）について触れたい．我々の宇宙に存在するバリオンのうち，星や星間・銀河間物質の形で観測されているのは，全体の半分程度に過ぎないと考えられている．銀河団ガスのように 1 keV（10^7 K）を超えるプラズマは，制動放射を放つので，X 線望遠鏡によって観測されている．逆に温度が数 10 K と低い分子雲は，CO などの分子からの輝線を電波領域に放つ．Lyα 雲のように温度が数万 K のガスも，その中にわずかに含まれる中性水素の吸収によってその存在が確かめられる．しかし標準的な宇宙モデルと宇宙マイクロ波背景放射（CMB）観測などから予想されるバリオンの量は，上記の観測を基に積算されたガスの量よりも多い．宇宙論シミュレーションなどによると，未発見のバリオンの大部分は WHIM，つまり 10^5–10^7 K のプラズマとして，銀河間空間にフィラメント状に分布しているとされる．その密度は 10^{-6}–10^{-7} cm^{-3} であり，宇宙のバリオン平均密度よりもわずかに数十倍大きいだけである．これを発見することで標準宇宙論の検証ができるのだが，こうした低い密度と中途半端な温度を持つガスを観測するのは非常に難しい．最も有力視されている検出手段は，ガンマ線バーストのような強力な背景光を 1 keV 以下で観測し，WHIM に含まれるわずかな金属による吸収の兆候を探ることである．特に高階電離した OVI や OVII による 0.5–0.7 keV 付近の吸収線が期待されている．このように WHIM の検証のためには，明るい背景光と高い波長分解能が必要とされる．将来計画として，ガンマ線バーストを利用して，WHIM を検出する衛星（NASA の EDGE 衛星計画等）が提案されてきた．近い将来の実現が期待される．

6.5 初代天体

　宇宙年齢が約 138 億年に対して，我々の太陽は約 50 億年前に誕生している．ビッグバンの数億年後に宇宙で最初に生まれた星々，初代天体（ファーストスター）[*2] は太陽のような現在の標準的な恒星よりもはるかに重かったのではないかと予想されている．こうした大質量星は，その一生の最後にブラックホールへと崩壊し，ガンマ線バーストを起こすのかもしれない．初代天体からのガンマ線バーストを検出できれば，初期宇宙を探る上でも，バーストの中心天体の性質を考える上でも，大きな天文学的進展となるであろう．

　初代天体が大質量となる理由を一言で言えば，星ができる前のガス雲であまり冷却が効かず，高温のまま進化するためである．現在のガス雲は星の中で生成された C や O などの重い元素や，Fe や Si などからなる固体微粒子（ダスト）を含んでいて，これらが冷却材として働く．しかしビッグバン直後には，このような重い元素はなく，宇宙にあるガスはほとんど H と He だけである．ガス雲は自己重力で縮んでいくが，その際に冷却が効くと小さな塊へと分裂していく．逆にガスが高温のままでは分裂が起きにくいので，星の質量が大きくなると予想されている．こうした予想の不定性を感覚的につかむために，これらの物理過程をもう少し詳しく見てみよう．

　重力は形の歪みを増幅する傾向がある．回転する楕円状のガスは円盤状へ，円盤状のガスはフィラメント状へと進化していく．実際に宇宙の大規模構造では重力だけが支配的なプロセスなので，銀河の分布はフィラメント構造を見せている．収縮を押し返す力として働くのがガスの圧力で，こちらはガスを球状にならす方向へと働く．圧力に抗してガスが収縮し，星になるためには，放射冷却などで内部エネルギーを引き抜く必要がある．

　ガスの収縮に伴い密度 ρ が上昇したときに，どのように圧力 P が進化するかを調べるためには，原子や分子，ダストなどからの輻射過程を詳細に計算しなければならない．今は現象論的に圧力の変化を $P \propto \rho^{\gamma}$ と書き表そう．フィラメントとして一様密度 ρ，半径 $r = R$ の円筒を考え，初期にはその表面で自己重力と圧力が釣り合っていると仮定する．その線密度 $\propto \rho R^2$ が保存するので，ポアソン

[*2] 太陽と同様の金属量の星を種族 I，バルジや球状星団の中にいる低金属の星を種族 II と呼ぶのに対し，こうした金属をまったく含まない星（未だ見つかってはいないが）を種族 III と呼ぶ．

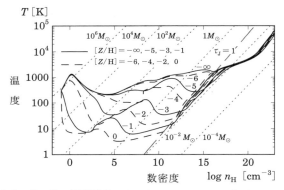

図 6.9 ガス雲の温度進化．Omukai *et al.* 2005, *ApJ*, 626, 627 による計算．[Z/H] = 0 が太陽近傍と同じ金属量，[Z/H] = $-\infty$ が金属をまったく含まないガスに対応している．

方程式 $\Delta\Phi_{\rm G} = 4\pi G\rho$ から，単位質量あたりの重力は $F_{\rm G} = -\partial\Phi_{\rm G}/\partial r \propto -1/R$ と書ける．一方，圧力勾配による外向きの力は

$$F_{\rm P} = -\frac{1}{\rho}\frac{\partial P}{\partial r} \propto \frac{\rho^{\hat{\gamma}-1}}{R} \tag{6.16}$$

となるので，わずかに R を縮めた際に $\hat{\gamma} > 1$ であれば，重力の増加よりも圧力の増加の方が大きい．このとき表面には外側へ押し返す力が働き，フィラメントは収縮に対して安定とみなせる．しかし，放射冷却が効いて $\hat{\gamma} < 1$ のような振舞いを示すガスでは，さらに中心へ潰れようとする重力の力が勝るため，収縮に対して不安定である．要するに等温進化に相当する $\hat{\gamma} = 1$ が不安定性の境界となっている．収縮とともに温度が下がるようなガス雲は不安定なので，より小さな塊へと分裂していくであろう．

図 6.9 は輻射の効果を取り入れて計算した，水素密度 $n_{\rm H}$ と温度の進化である．原子や分子はお互いに衝突することで励起状態となり，そこから脱励起する際に放射を放ち，ガスを冷却させる．C や O 原子の微細構造励起に必要なエネルギーは数十 K の温度に対応する．CO 分子の回転励起の場合は 6 K ほどである．実際に図 6.9 にあるように，現在と同じ金属量のガス雲では，最初は C や O 原子による冷却，分子生成が進んだ後半には CO 分子による冷却が効いて，10 K を下回る温度を保ったまま密度を上げていくことができる．

一方，水素原子の 21 cm 線放射などは，冷却過程としてはほとんど無視できる．水素原子の電子軌道の励起には，$3m_e e^4/8\hbar^2 \simeq 10.2\,\mathrm{eV}$ のエネルギーが必要なので，少なくとも 1 万 K を超えないと冷却に効いてこない．したがって C や O がない始原ガスでは水素分子を形成し，その回転励起からの脱励起放射によって冷却が進む．H_2 分子の回転励起は 510 K ほどに対応しているので，図 6.9 にあるように数百 K 以下に温度を下げることができない．密度が $n_H < 1\,\mathrm{cm}^{-3}$ では冷却効率が悪く，密度の上昇とともに断熱的に温度が上昇している．しかし分子生成も衝突励起も 2 体の衝突を介して進むので，密度の上昇とともに冷却効率が上がり，密度が $n_H \sim 10$ から $10^3\,\mathrm{cm}^{-3}$ では温度が下がっていく．この密度領域では $\hat{\gamma} < 1$ となっていて分裂に対して不安定である．

　さらに密度が上昇して衝突頻度が上がってくると，衝突による脱励起も効いてきて，励起状態にある分子の割合が，密度とは無関係に温度だけで決まる，局所熱平衡状態（LTE: local thermal equilibrium）に達する．これ以降の冷却効率は悪化し，温度は上昇に転ずる．さらに密度が上がっていくと，分子の回転励起の効果で比熱が変化したり，分子の解離が始まったり，ガスが光学的に厚くなったり，さまざまな事象が起きる．しかし，これ以降温度が下がることはなく，分裂を経験せずに星へと進化すると考えられる．図 6.9 にあるように，金属を含まないガスが LTE に達し，温度が上昇に転ずる密度と温度は $n_H \sim 10^4$, $T = 300\,\mathrm{K}$ くらいである．このときのジーンズ質量[*3]

$$M_J = \frac{\pi^{5/2}}{6}\frac{v_s^3}{G^{3/2}\rho^{1/2}} \simeq 5500\left(\frac{T}{300\mathrm{K}}\right)^{3/2}\left(\frac{n_H}{10^4\mathrm{cm}^{-3}}\right)^{-1/2} M_\odot \quad (6.17)$$

が分裂片の最小質量に対応するだろう．自己重力による自由落下時間は $t_\mathrm{ff} \sim 1/\sqrt{G\rho}$ なので，中心部の高密度領域ほど短い時間スケールで進化する．やがて中心には原始星が生まれ，そこに周りのガスが質量降着率

$$\dot{M} \sim M_J/t_\mathrm{ff} \sim 10^{-2}\left(\frac{T}{300\,\mathrm{K}}\right)^{3/2} M_\odot\,\mathrm{yr}^{-1} \quad (6.18)$$

で降り積もってくる．式 (6.17) の質量すべてが星になるわけではないだろうが，太陽質量の 100–1000 倍以上の星ができると期待される．

[*3] 自己重力不安定性が起きる下限の質量．ここで v_s はガスの音速．シリーズ現代の天文学『星間物質と星形成』などを参照．

ちなみに太陽近傍と同じ金属量のガスは，ダストによる熱的放射冷却が最終的には支配的となり，温度が3K，密度が10^5 cm^{-3}程度のときに，温度が上昇へと転ずる．この温度と密度に対応するジーンズ質量は$1.7 M_\odot$で，現在の標準的な恒星質量と合致している．

仮に多少の重元素汚染があったとしても，初期宇宙では宇宙マイクロ波背景放射による加熱が効き，温度$T = 2.7(1 + z)$ K以下には下がらないことも，大質量星形成にとって有利な点である．ただし，巨大な原始星からの強い輻射が周りのガスを加熱，膨張させることでガスの降着を妨げるかもしれず，初代星の最終的な進化には不定性が残っていることにも注意すべきである．初期に角運動量を持っていると降着円盤からの質量降着を通じて，原始星は太っていく．最近の数値シミュレーションによると，中心星の放射が降着円盤を照らしてガスを蒸発させ，その結果質量降着を妨げるので，最終的な星の質量は$40 M_\odot$程度に留まるとの結果も出ている．

また，初代星からの輻射により周りのガスの電離が進むと，電子を触媒とする水素分子形成の効率が上がり，重水素を含むHD分子による冷却が効いてくる．このような環境では，始原ガスからでも$100 M_\odot$を下回る星[*4]が生まれ，これらが数的には圧倒しているとも考えられる．

初代星は星風の原因となる重元素やダストを含まないので，星形成時の角運動量を保ったままブラックホールと降着円盤を形成し，ガンマ線バーストを引き起こすのかもしれない．5.4節（192ページ）で述べたように，弱い星風は最終進化段階で星の外層が大量に残っていることも意味し，中心エンジンからのジェットが実際に外層を突き破れるかどうかも良く分からない．半径が10^{13} cmもあるような外層をジェットが突き破るには，1000秒以上もかかる．しかし大きな外層からのガス降着を考えると，初代星ではガス降着の継続時間も長くできる．それでもコアの崩壊直後と比べれば，星表面をジェットが突き破る頃の質量降着率$\dot{M}$は大きく落ちているであろう．

最初に4.3.2節で議論したニュートリノ対消滅によるジェット生成を考えてみる．円盤内のニュートリノのエネルギー密度$e_\nu \propto T_\nu^4$が$\dot{M}$に比例すると近似できれば，ニュートリノ対消滅によるエネルギー解放率は$L_\mathrm{j} \propto T_\nu^9 \propto \dot{M}^{9/4}$程度と

[*4] 本当の初代星を種族III.1と呼び，これらを種族III.2などと呼ぶ．

なる．この大きな $\dot{M}$ 依存性のために，ニュートリノ対消滅モデルでは外層降着の後半には，ジェットが勢いを失ってしまうだろう．一方 BZ 機構のような磁場によるジェットの駆動を考えるときは，大抵ガス密度に比例した磁場のエネルギー密度を仮定するため，$L_j \propto \dot{M}$ 程度の弱い依存性となる．5.4 節で紹介したような方法による数値的な評価によると，$\dot{M}c^2$ のうち 10^{-5} ほどの割合を L_j へと変換できれば，ジェットは星を突き破ることができる．継続時間が長いので E_{iso} は 10^{55} erg にまで達するのかもしれない．以上から初代天体からのガンマ線バーストは 1000 秒以上もの継続時間を持ち，高赤方偏移の効果でその観測時間が 1 万秒を超える，かなり特殊なものとなるのかもしれない．

通常のガンマ線バーストでも赤方偏移 10 を越えるものはわずかであろう．宇宙論シミュレーションなどに基づく予想では，上記のような金属汚染のない初代星からのバーストは，全天で年間 1 個のオーダーである．こうした希少なバーストを見逃さないために，各バーストに対し，おおよその赤方偏移を即座に判定できるような観測計画が望ましい．赤方偏移した水素原子のライマンブレークによる吸収（$13.6/(1+z)$ eV）のため，可視光では残光を観測できないので，感度の良い赤外線望遠鏡を搭載した衛星が必要となってくる．

6.6　宇宙論パラメータへの制限

標準宇宙論モデルは，暗黒物質と暗黒エネルギーを含むモデルで，主に 3 つのパラメータ H_0, Ω_{m}, Ω_Λ によって特徴づけられる．現在の宇宙は膨張を続けており，遠くの天体ほど速い速度で遠ざかっているのだが，この膨張率が徐々に増えていることが観測からわかっている．基礎物理的な観点から見て，暗黒エネルギーの由来は手つかずのままであるが，これによって宇宙の加速膨張が現象論的に説明されている．

ガンマ線バーストを用いて，宇宙膨張の歴史や暗黒エネルギーの性質を調べることも可能かもしれない．光度 L が分かっている標準光源天体があったときに，その観測フラックス F は光度距離 D_{L} の定義から $F = L/4\pi D_{\mathrm{L}}^2$ である．標準的な ΛCDM モデル（宇宙項入りの CDM モデル．『宇宙論 II（シリーズ現代の天文学 第 3 巻）』，日本評論社，参照）では，赤方偏移と光度距離の関係が式 (6.4) で表されている．この関係は Ia 型超新星の観測から，$z \lesssim 1$ の領域で良く確かめ

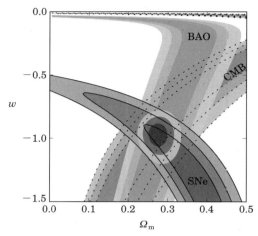

図 6.10 w に対する観測的制限（Kowalski *et al.* 2008, *ApJ*, 686, 749）．

られている．他の方法で距離が測られている近傍銀河で起きた爆発を観測することで，Ia 型超新星は絶対的な光度が良く分かっている．それだけでなく，理論的にも爆発メカニズムは比較的理解されているので[*5]，Ia 型超新星は標準光源として最適な天体だと考えられている．一方，$z \simeq 1100$ に相当するマイクロ波宇宙背景放射の観測も，宇宙論パラメータに制限を与えており，現在のところ ΛCDM モデルとの矛盾は見つかっていない．

しかし，$z \sim 1$ から 1000 の間では，上記の光度距離などの関係が十分確かめられているとは言えない．少し変わった宇宙モデルを採用すれば，高赤方偏移での光度距離や膨張則が標準的なものから外れてくる．たとえばエネルギー密度 $e_{\rm m}$，圧力 P の物質の状態方程式を $P = we_{\rm m}$ と書くと，Ω_Λ を定数とみなす宇宙項の場合は $w = -1$ に対応している．暗黒エネルギーを一般化すれば，この w が -1 から外れていたり，Ω_Λ が時間的に変化したりするかもしれない．こうした兆候を探るためには，光度距離と赤方偏移の関係をより精密に，より遠くまで調べる必要がある．

[*5] 伴星からの質量降着によって白色矮星がチャンドラセカール質量を超えると，電子の縮退圧で星の自重を支えられなくり，Ia 型超新星として爆発すると考えられている．ただし白色矮星同士の合体説も根強く残っており，この場合になぜ明るさが一定となるかは定かではない．

2.4 節にまとめられているように，ガンマ線バーストには経験的に知られているいくつかの相関関係がある．一つはピーク光度 $L_{\gamma,\text{iso}}$ と ε_{pk} との相関関係である Yonetoku 関係で，$L_{\gamma,\text{iso}} \propto \varepsilon_{\text{pk}}^{1.6}$ である．他にも $E_{\gamma,\text{iso}} \propto \varepsilon_{\text{pk}}^{1.7}$ のアマティ関係などが知られている．あるいは 3.4 節で述べた，残光に対する相関関係も使えるかもしれない．$z<1$ のサンプルを増やし，こうした経験則をより確立させた上で，標準光源としてガンマ線バーストを用いる試みが続けられている．ガンマ線バーストは非常に明るい事象なので，仮に $z=10$ で起きてもその ε_{pk} を決めるだけの光子統計が期待できる．この手法は Ia 型超新星の限界を超えて，高赤方偏移天体の距離を測る非常にユニークなものとなっている．ただし，これらの経験則における分散も大きいようである．さらに言えば，Ia 型超新星と比べて，これらの経験則の物理的背景が不明なことも弱点の一つであろう．経験則が観測上のバイアス効果である可能性もあるので，現在より検出感度の良い装置によるサンプルの増加が望まれる．

短い種族のガンマ線バーストからの重力波を検出できれば，経験則よりも確実な方法で，その光度距離と赤方偏移の関係がわかる．5.6 節で述べたように，連星からの重力波は，その振幅と振動数の間に単純な関係がある．したがって重力波の波形だけから，その光度距離を求めることができる．バーストの残光から母銀河の赤方偏移を測り，重力波によって決められた光度距離との整合性の検証ができるわけである．短いバーストの残光は暗いものも多く，光度距離が Gpc に達する重力波の検出と合わせて考えると，技術的に難しい観測的使命かもしれないが，是非とも挑戦すべき観測であろう．

6.7　背景放射と高エネルギーガンマ線

ガンマ線バーストは高赤方偏移で最も明るい TeV ガンマ線源と成り得る．GeV や TeV 領域などの高エネルギー帯でバーストを観測できれば，そのスペクトルなどから宇宙の歴史について情報を得ることができる．

6.7.1　系外背景放射に対する制限

ガンマ線バーストのスペクトルが十分高エネルギーまで伸びていれば，そのようなガンマ線はエネルギー $\sim (m_e c^2)^2/\varepsilon$ の標的光子と衝突し，電子・陽電子対の

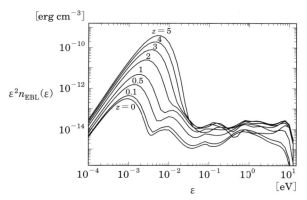

図 6.11 Kneiske *et al.* 2004, *A&A*, 413, 807 による宇宙背景光のモデルスペクトル.

生成によって吸収される．TeV ガンマ線を考えると，典型的な標的光子は 1eV 程度となり，ちょうど星が放つ可視光や赤外線に相当する．したがって高赤方偏移のバーストのスペクトルに吸収の兆候を探ることで，標的光子の強度，つまり銀河間空間の平均的な光子場である系外背景放射（EBL: extragalactic background light）に制限を加えることができる．

EBL は過去から現在までの宇宙における星形成活動の歴史を反映している．図 6.11 にモデルスペクトルの一例が示してある．最も顕著なのはビッグバンの名残である宇宙マイクロ波背景放射（CMB）で，過去に遡るにつれ，$(1+z)^4$ に比例してエネルギー密度が増加していっている．1 eV ほどにあるピークは星からの光で，0.01 eV 付近のピークはダストによる赤外線放射である．$z=0$ から 1 にかけては主に宇宙の体積の減少に伴って，星とダストによる成分はともに増加していく．星形成率は $z=1$ くらいの時代にピークを迎えているので，これより昔に遡ると可視領域の EBL は再び減少に向かう．10 eV 付近にある大質量星からの UV 成分は高エネルギーガンマ線の平均伝播距離を決める重要な因子である．6.5 節で述べた初代星からの寄与など，大きな不確実性があるエネルギー領域である．

EBL の光子密度 $n_{\rm EBL}$ がわかっていれば，エネルギー $\varepsilon_{\rm obs}$ のガンマ線の光学的深さは，式 (4.5) と同じように

$$\tau_{\gamma\gamma}(\varepsilon_{\rm obs}) = \frac{c}{2}\int dt \int_{\varepsilon_{\rm min}}^{\infty} d\varepsilon_{\rm tg} \int_{-1}^{1} d\mu_{\rm in}(1-\mu_{\rm in})\sigma_{\gamma\gamma} n_{\rm EBL}(\varepsilon_{\rm tg},t) \tag{6.19}$$

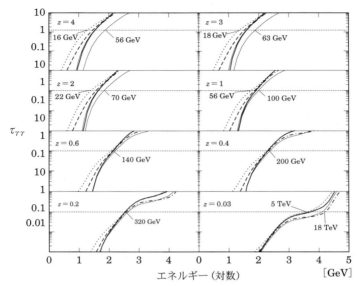

図6.12 Kneiske *et al.* 2004, A&A, 413, 807 のモデルでのガンマ線の光学的深さ.

となる. 関数 $\sigma_{\gamma\gamma}$ の引数は, 赤方偏移を考慮したエネルギー $(1+z)\varepsilon_{\rm obs}$ である. 標準宇宙モデルでは, 時間 t と赤方偏移の変換は

$$\frac{dt}{dz} = -\frac{1}{(1+z)H_0\sqrt{\Omega_{\rm m}(1+z)^3 + \Omega_\Lambda}} \quad (6.20)$$

である. 放射源の赤方偏移から積分することでガンマ線の光学的深さが求まる. 図 6.11 に対応する光学的深さは図 6.12 に示されている.

EBL のモデルを作るためには, 星形成率, 星の初期質量関数, 星間ガスの電離度, ダストや金属の量, 個々の銀河からの UV 光子の脱出率, 銀河の種類別の光度関数, 活動銀河核の影響などについて, 進化と環境依存性を知っていなければならない. 物理というよりは, 天文学の知識を総動員して見積もる必要があり, その予言には大きな不定性がある. 逆に言えば, 星形成の歴史を知る上で, EBL を観測的に制限することは大変重要である. 近傍宇宙での EBL については, チェレンコフ望遠鏡によるブレーザー[*6] の観測に一日の長がある. TeV ガンマ線望遠

[*6] 銀河中心巨大ブラックホールからの相対論的ジェットを正面から観測したもの.

鏡（H.E.S.S.）は $z = 0.186$ の 1ES 1101-232 から 3 TeV まで伸びるガンマ線を観測し，MAGIC 望遠鏡は $z = 0.432$ の PKS 1222+21 から 400 GeV のガンマ線を検出している．さまざまな z で起きたバーストで，スペクトルにおける吸収の兆候を統計的に調べることで，断層図を作るように EBL の進化を調べることが可能となる．Fermi 衛星による数十 GeV 光子の検出により，高赤方偏移で大量の UV 光子に満ちているようなモデルは既に否定されつつある．ただし，こうした手法は吸収を受ける前のバーストのスペクトルを知っていることが前提となっている．スペクトルが低エネルギーから単純な冪で伸びているとは限らず，吸収量を求める際はいくつかのモデルを仮定する必要がある．

6.7.2 銀河間磁場に対する制限

吸収されたガンマ線のエネルギーは消えてなくなるわけではない．生成された電子・陽電子のエネルギーは $\sim \varepsilon/2$，親光子が 1 TeV なら $\gamma_\mathrm{e} \sim 10^6$ である．こうした高エネルギー電子・陽電子は $T = (1+z)T_\mathrm{CMB}$ （$T_\mathrm{CMB} = 2.7\,\mathrm{K}$）の CMB 光子を逆コンプトン過程で叩き上げ，

$$\varepsilon_\mathrm{IC} \simeq \frac{T}{1+z}\gamma_\mathrm{e}^2 \simeq 0.23 \left(\frac{\gamma_\mathrm{e}}{10^6}\right)^2 \,\mathrm{GeV} \tag{6.21}$$

のガンマ線を放つ．この二次ガンマ線を観測できれば，以下のように，電子・陽電子が生まれた銀河間空間の磁場に制限を加えることができる．

多くの EBL モデルにおいて TeV 光子が吸収されるまでに飛ぶ平均自由行程 $D_{\gamma\gamma}$ は数百 Mpc である．たとえば図 6.11 では，1 eV のエネルギーに対して $\varepsilon^2 n_\mathrm{EBL}(\varepsilon) \sim 2\times 10^{-14}\,\mathrm{erg\,cm^{-3}}$ なので，光子数密度は $n_\gamma \sim \varepsilon n_\mathrm{EBL}(\varepsilon) \sim 10^{-2}\,\mathrm{cm^{-3}}$ 程度である．4.2.1 節で述べたように，対消滅の平均自由行程はおおよそ $1/(0.1 n_\gamma \sigma_\mathrm{T})$ なので，約 400 Mpc となる．場合によっては，電子・陽電子対はほとんど銀河が存在しない，ボイド領域に注入される可能性がある．こうした領域は天体起源の磁場によって汚染されておらず，初期宇宙以来の始原的な磁場が残っているのかもしれない．銀河団スケールの磁場は，非常に弱い初期磁場がダイナモによって増幅されたものだと考える説もある．しかし，この初期種磁場の起源や強度はまったく分かっていない．GeV ガンマ線の観測はこうした初期磁場の実証に役立つ可能性がある．

逆コンプトン放射による冷却時間の間に電子対が伝播する距離は

$$D_{\mathrm{IC}} = \frac{3m_e c^2}{4\sigma_{\mathrm{T}} U_\gamma \gamma_e} = \frac{45 m_e c^5 \hbar^3}{4\pi^2 \sigma_{\mathrm{T}} (1+z)^4 T_{\mathrm{CMB}}^4 \gamma_e} \quad (6.22)$$

$$\simeq 0.72(1+z)^{-4} \left(\frac{\gamma_e}{10^6}\right)^{-1} \mathrm{Mpc}. \quad (6.23)$$

赤方偏移や親光子のエネルギーにも依るが，以下では $D_{\gamma\gamma} \gg D_{\mathrm{IC}}$ と近似する．この場合，電子は瞬時に冷却されると近似でき，観測者にとっての二次ガンマ線放射の角時間スケールは式（4.16）と同様に，

$$\Delta t_{\mathrm{ang}} = (1+z)\frac{D_{\gamma\gamma}}{2c\gamma_e^2} \simeq 4.3(1+z)\left(\frac{D_{\gamma\gamma}}{300\mathrm{Mpc}}\right)\left(\frac{\gamma_e}{10^6}\right)^{-2} \mathrm{hour} \quad (6.24)$$

となる．磁場がなければこの時間スケールで（6.21）式のエネルギーの光子が観測されるはずである．しかし，銀河間磁場があると，この時間スケールが変更を受ける．

電子対のラーマー半径を r_{L}，磁場の乱れの典型的スケールを D_B とすると，電子対の軌道が磁場によって曲げられる典型的な角度は

$$\theta_B = \min\left(\frac{D_{\mathrm{IC}}}{r_{\mathrm{L}}}, \frac{\sqrt{D_{\mathrm{IC}} D_B}}{r_{\mathrm{L}}}\right). \quad (6.25)$$

磁場が十分大きく，$\theta_B > 1/\gamma_e$ となると，軌道が曲げられた電子対からの放射も視線方向に入ってくるので，角時間スケールは

$$\Delta t_B = (1+z)\frac{D_{\gamma\gamma}\theta_B^2}{2c} \quad (6.26)$$

$$\simeq 7.3(1+z)^{-7}\left(\frac{D_{\gamma\gamma}}{300\mathrm{Mpc}}\right)\left(\frac{B}{10^{-21}\mathrm{G}}\right)^2\left(\frac{\gamma_e}{10^6}\right)^{-4} \mathrm{hour} \quad (6.27)$$

となる．ここでは $D_B \gg D_{\mathrm{IC}}$ の場合で値を求めた．角度 θ_B や $1/\gamma_e$ がジェットの開口角 θ_{j} よりも十分小さいときは，電子対の軌道が曲げられても θ_{j} の外側へ漏れ出す放射は無視できる．この場合，真正面方向にあった電子の軌道が曲げられて，放射が逸れて暗くなる効果と，off-axis の電子が曲げられることで，視線方向に放射が届く効果は相殺する．したがって θ_{j} の内側で観測していれば，球対称近似は保たれ，観測者が受け取る全放射エネルギーは軌道の乱れの影響を受けない．しかし，観測される時間スケールが上の式のように伸びるので，フラック

スはその分暗くなる．吸収を受ける前の即時放射のフルエンスを $\mathcal{F}(\varepsilon)$ とすると，二次ガンマ線のフラックスは

$$\varepsilon_{\mathrm{IC}} F(\varepsilon_{\mathrm{IC}}) \sim \frac{1}{2} \frac{\varepsilon \mathcal{F}(\varepsilon)}{\Delta t_B} \tag{6.28}$$

となる．ここで 1/2 の因子は，$\varepsilon_{\mathrm{IC}} \propto \gamma_e^2$ の反映で，一次ガンマ線に比べて二次ガンマ線は，対数スケールで 2 倍広いエネルギー範囲に光子が放たれる効果を表している．磁場が小さすぎるときは，磁場の影響は観測にに現れず，Δt_{ang} の継続時間で二次放射が放たれる．逆に磁場が大きすぎると，暗すぎて観測できない．観測フラックスに上限が与えられれば，磁場に下限がつくのだが，やはり EBL や吸収前のスペクトルの不確実性が大きいことが問題となる．

磁場の存在は二次ガンマ線の像の広がり $\sim D_{\gamma\gamma}\theta_B/D_{\mathrm{A}}$ ももたらす．観測者から光源までの角径距離 $D_{\mathrm{A}} \equiv D_{\mathrm{L}}/(1+z)^2$ が短ければ，望遠鏡の分解能よりも像が広がる可能性がある．これはガンマ線ハローと呼ばれている．こちらの手法では，$z = 0.14$ から 0.19 のブレーザー観測により，$3 \times 10^{-16}\,\mathrm{G}$ という下限が得られている．

6.7.3　ニュートリノ背景放射

4.7.3 節で述べた，GRB からのニュートリノ放射の強度とその検出可能性について議論する．パイ中間子の冷却を無視できれば，ニュートリノのフラックスは陽子フラックスの $0.24(2/3)f_{\mathrm{p}\gamma}$ 倍程度と評価される．光中間子生成効率 $f_{\mathrm{p}\gamma}$ のパラメータ依存性が大きいため，確実な値を予想するのは難しいが，加速陽子のエネルギーがガンマ線の 1–100 倍あれば，ニュートリノのフラックス（$\varepsilon_\nu F(\varepsilon_\nu)$ の単位で）は，ガンマ線と同程度か，それ以上にもなりえる．しかし，最大のニュートリノ観測所，IceCube をもってしても，1 つのバーストからのニュートリノ検出数の期待値は大きく 1 を下回る．したがって，多くのバーストの観測による統計的な評価が必要とされる．

すべてのバーストからのニュートリノの寄与を足し合わせると，ニュートリノ背景放射の強度を求めることができる．ガンマ線バースト一回あたりに放たれる，平均的な総ニュートリノ数のスペクトルを $N_\nu(\varepsilon_\nu)$ [neutrinos/eV] とする．大雑把な評価が許されるのであれば，式 (4.154) で表される，$\varepsilon_{\nu,1}$ と $\varepsilon_{\nu,2}$ の間で，ガン

マ線と同程度の $\varepsilon_\nu^2 N_\nu(\varepsilon_\nu) \sim 10^{52}$ erg となるように規格化できる.

赤方偏移 $\varepsilon_\nu = (1+z)\varepsilon_{\nu,\mathrm{obs}}$ を考慮すると，現在の値は $N_{\nu,\mathrm{obs}}(\varepsilon_{\nu,\mathrm{obs}}) = (1+z)N_\nu(\varepsilon_\nu)$ となるので[*7]，背景ニュートリノの密度は

$$n_{\nu,\mathrm{bg}}(\varepsilon_{\nu,\mathrm{obs}}) = \int \mathcal{R}_{\mathrm{GRB}} N_{\nu,\mathrm{obs}}(\varepsilon_{\nu,\mathrm{obs}}) dt \tag{6.29}$$

$$= \int (1+z)\mathcal{R}_{\mathrm{GRB}} N_\nu((1+z)\varepsilon_{\nu,\mathrm{obs}}) \frac{dt}{dz} dz \tag{6.30}$$

となる. (6.1) 式のようなバースト発生率が与えられていれば，変換式 (6.20) を用いて評価できる. 等方分布なので，強度は $I_\nu = \varepsilon_{\nu,\mathrm{obs}} n_{\nu,\mathrm{bg}} c/(4\pi)$ [erg/eV/cm^2/sr/s] となる.

IceCube の 7 年間のデータと，GRB 発生時刻との相関から，ガンマ線バースト起源のニュートリノ背景放射に上限がつけられている（図 6.13 参照）. いくつかの楽観的なモデルは否定されており，ガンマ線をはるかに上回る量の陽子が加速されていると考えるのは難しいかもしれない. しかし，中間子生成効率はジェッ

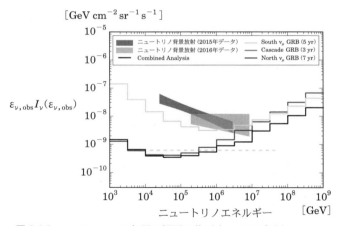

図 6.13 IceCube の 7 年間の観測に基づく，GRB 起源ニュートリノ背景放射（1 フレーバー[*8] あたり）の上限（一番下のヒストグラム）. 積分フラックスに対する上限は，実線の値. 影のついた領域は，GRB 以外の起源を持つと思われる，すでに検出されたニュートリノ背景放射のフラックス. Aartsen et al. 2017, ApJ 843, 112 から.

[*7] $\varepsilon_\nu N_\nu(\varepsilon_\nu)$ が不変であることから分かる.

トのローレンツ因子 Γ や，不定性の大きな変動時間スケール $\delta t_{\rm obs}$ に大きく依存する．現時点では，ガンマ線バーストでの陽子加速を完全に否定するには至っていない．

図 6.13 にあるように，IceCube は $\varepsilon_{\nu,\rm obs} \sim 10^{15}\,\rm eV\,(=10^6\,\rm GeV)$ の領域で $\varepsilon_{\nu,\rm obs}I_\nu(\varepsilon_{\nu,\rm obs}) \sim 10^{-8}\,\rm GeV\,cm^{-2}\,sr^{-1}\,s^{-1}$ のレベルのニュートリノ背景放射を検出している．これは GRB の発生と相関が見られず，その起源は別な天体だと考えられている．このニュートリノ背景放射は，通常の GRB としては検出されない，遠方で起きた低光度 GRB が放っているのかもしれない．低光度 GRB が $z>1$ でどの程度起きているかは，観測的にほとんど制限がつかない．ジェットのローレンツ因子も低めで，中間子生成をしやすい環境かもしれない．あるいは，ジェットが親星を突き抜けるのに失敗した，"窒息 GRB" からのニュートリノという可能性もある．図 5.13 にあるような星の中を伝播するジェットが，途中で勢いを失えば，それは GRB としては検出できない．しかしジェット先端部の衝撃波で陽子が加速された場合，その高い光子密度環境のおかげで，効率よく光中間子を生成できる．GRB は起きないが，ニュートリノは星を突き抜けて，観測されているとするモデルである．

6.8　基礎物理理論の検証

遠方宇宙で幅広いエネルギーに渡って光子を放出するガンマ線バーストは，相対性理論などの基礎理論の検証にも役立つ．例として光速度不変の原理を取り上げると，太陽系内での実験ではこれが破れている兆候はまったくない．しかし，宇宙論的スケールで光速度不変の原理を検証することは，こうした近傍での実験とはまったく違った意味合いを持つ．未完成の量子重力理論の中には，高エネルギー領域でローレンツ不変性を破り，光速度がエネルギーに依存するようなモデルがある．量子重力理論に拘る必要性はないが，宇宙論的スケールでローレンツ不変性の破れに制限を加えることができれば，基礎物理理論の発展の方向性に影響を与えるかもしれない．

ここではエネルギースケールとして二つのパラメータ $\varepsilon_{\rm QG,1}$ と $\varepsilon_{\rm QG,2}$ を導入し

[*8]　（237 ページ）ニュートリノには，ν_e, ν_μ, ν_τ の 3 つのフレーバーがある．多くの場合，地球に降り注ぐ 3 種のニュートリノの数はほぼ同じである．上の図は 1 種あたりのフラックスを示している．

て，光速度のエネルギー依存性がテイラー展開で近似でき，

$$v = c\left[1 - \left(\frac{\varepsilon}{\varepsilon_{\mathrm{QG},1}}\right) - \frac{3}{2}\left(\frac{\varepsilon}{\varepsilon_{\mathrm{QG},2}}\right)^2\right] \tag{6.31}$$

の形を持つと仮定しよう．すべての量子重力理論をこの形で包含しているわけではないが，一つの目安としては十分である．$\varepsilon_{\mathrm{QG},1}$ を用いて表される一次の項は，CPT 対称性を保っているような理論では現れず，二次の項から影響が現れる．ある意味 $\varepsilon_{\mathrm{QG},1}$ を含む理論は病的なものとも言えるが，そもそもローレンツ不変性を破る理論が許されるならば，そこで CPT 対称性が破れていても不思議ではないのかもしれない．

遠方宇宙からの光子の伝播を考えると，光子のエネルギーは $\varepsilon = (1+z)\varepsilon_{\mathrm{obs}}$ のように赤方偏移を受けていく．今，$z = z_\mathrm{s}$ から同時に高エネルギー $\varepsilon_{\mathrm{obs}} = \varepsilon_\mathrm{H}$ と低エネルギー ε_L の光子が放たれたと仮定すると，上記の速度差によって二つの光子の到着に時差

$$\Delta t_{\mathrm{delay}} = \frac{1}{c}\int (v_\mathrm{L} - v_\mathrm{H})(1+z)dt \tag{6.32}$$

が観測されることとなる．標準宇宙モデルを採用すると，一次の項が効くモデルでの時差は

$$\Delta t_{\mathrm{delay}} = \frac{1}{H_0}\frac{\varepsilon_\mathrm{H} - \varepsilon_\mathrm{L}}{\varepsilon_{\mathrm{QG},1}}\int_0^{z_\mathrm{s}} dz \frac{(1+z)}{\sqrt{\Omega_\mathrm{m}(1+z)^3 + \Omega_\Lambda}} \tag{6.33}$$

となり，二次の項から始まるモデルでは

$$\Delta t_{\mathrm{delay}} = \frac{3}{2H_0}\frac{\varepsilon_\mathrm{H}^2 - \varepsilon_\mathrm{L}^2}{\varepsilon_{\mathrm{QG},2}^2}\int_0^{z_\mathrm{s}} dz \frac{(1+z)^2}{\sqrt{\Omega_\mathrm{m}(1+z)^3 + \Omega_\Lambda}} \tag{6.34}$$

が時差となる．

興味深いことに短い種族のガンマ線バースト GRB 090510 ($z_\mathrm{s} = 0.9$) で最も高エネルギーであった 31 GeV の光子は，X 線などの低エネルギー領域でのバーストの開始から 0.86 s ほど遅れて到着した．この光子の到着は低エネルギー側での強いパルスと同期していたので，そのパルスと同時に放たれたと考えるのが常識的である．しかし，ここでは遅延がローレンツ不変性の破れ（LIV: Lonrentz invariance violation）によるものだと解釈してみる．X 線や MeV 領域のガンマ線

が放たれる前に 31 GeV 光子だけが放たれるような状況は考えにくい．したがって LIV によるガンマ線の到着の遅れは最大で，バースト開始からの時差 0.86 s ということになる．$\varepsilon_{\mathrm{QG},1}$ と $\varepsilon_{\mathrm{QG},2}$ が無限大の極限で，ローレンツ不変性は保たれているので，この時差はこれらのエネルギースケールに下限を与えることとなる．GRB 090510 の観測結果は一次のモデルに対しては $\varepsilon_{\mathrm{QG},1}$ が，プランクエネルギー $\sqrt{\hbar c^5/G} \simeq 1.2 \times 10^{28}$ eV の 1.2 倍以上となり，量子重力理論が考えるエネルギースケールを侵食し始めている．二次のモデルに対しては $\varepsilon_{\mathrm{QG},2} > 3 \times 10^{19}$ eV 程度の制限しかつかない．

仮により有効面積の大きなチェレンコフ望遠鏡でこうした高エネルギーガンマ線を捉えられれば，より厳しい制限をつけることとなるであろう．またガンマ線バーストからの偏光の検出は，右円偏光の光子と左円偏光の光子との速度差にほとんど差がなく，到着時刻の差が 1 波長分以下であることを意味している．このように偏光観測は別な形で LIV に対して制限を与えることができる．

前節で述べた背景放射にも依存するが，10 TeV を超えるようなガンマ線を高赤方偏移から検出するのは難しいはずである．しかし未発見の粒子アクシオンが実在すれば，光子が伝播の途中で磁場と相互作用することでアクシオンに変身し，背景放射との相互作用を免れ，再び光子に戻った後に地上で検出されるかもしれない．元々アクシオンは強い相互作用における CP 問題を解決するために考えられた粒子であるが，そのような物理的動機を離れて，上記のような磁場と光子の相互作用をもたらす粒子を総称して，axion-like particles（ALPs）と呼ぶ．

現象論的には電磁場と ALPs（スカラー場 a と表す）のラグランジアンは，

$$\mathcal{L} = -\frac{1}{16\pi} F^{\mu\nu} F_{\mu\nu} + \frac{1}{2} \hbar^2 c^2 a^{,\mu} a_{,\mu} - \frac{1}{2} m_a^2 c^4 a^2 - \frac{1}{16\pi} g_{a\gamma} a F^{\mu\nu} F^*_{\mu\nu} \tag{6.35}$$

と書かれる[*9]．ALPs の質量 m_a と電磁場との結合定数 $g_{a\gamma}$ がこのモデルのパラメータである．この理論のもとでは，銀河間空間の磁場によって，高エネルギーガンマ線がニュートリノ振動のように，光子状態と ALP 状態の間を遷移する．距離 D だけ光子が伝播したときに，光子が ALPs になっている確率は，

[*9] この本では統一して cgs ガウス単位系を用いて表記しているが，多くの ALPs に関する論文では，紛らわしいことにローレンツ–ヘヴィサイド（Lorentz–Heaviside）単位系を用いている．そこでは通常の宇宙物理と同じくガウス（G）と呼ばれる磁場の単位が，$\sqrt{4\pi}$ だけ小さくなっていることに注意しなくてはならない．

$$P_{\gamma \to a} = \frac{1}{1+(\varepsilon_{a\gamma}/\varepsilon)^2} \sin^2\left[\frac{g_{a\gamma}|B_{\rm T}|D}{2\hbar c}\sqrt{1+\left(\frac{\varepsilon_{a\gamma}}{\varepsilon}\right)^2}\right] \quad (6.36)$$

と書ける．ここで $B_{\rm T}$ は光子伝播方向に垂直な磁場強度である．振幅が充分大きくなるためには，光子のエネルギーが

$$\varepsilon_{a\gamma} \equiv \frac{m_a^2 c^4}{2g_{a\gamma}|B_{\rm T}|} \simeq 720 \left(\frac{m_a c^2}{\rm neV}\right)^2 \left(\frac{|B_{\rm T}|}{\rm nG}\right)^{-1} \left(\frac{(\hbar c)^{3/2}/g_{a\gamma}}{10^{20}\,\rm eV}\right){\rm GeV} \quad (6.37)$$

と同程度かそれ以上でなくてはいけない（neV はナノ電子ボルト）．典型的な振動長は

$$D_{a\gamma} \equiv \frac{2\hbar c}{g_{a\gamma}|B_{\rm T}|} \simeq 18 \left(\frac{|B_{\rm T}|}{\rm nG}\right)^{-1} \left(\frac{(\hbar c)^{3/2}/g_{a\gamma}}{10^{20}\,\rm eV}\right){\rm Mpc} \quad (6.38)$$

となる．この効果のエネルギー依存性により，得られるガンマ線スペクトルは，放射時と比べて不規則な形を見せるはずである．磁場の不定性が問題となるが，TeV ガンマ線望遠鏡 H.E.S.S. による $z=0.116$ のブレーザー PKS 2155–304 の観測により，ALPs の質量 $m_a c^2 = 10$–$60\,{\rm neV}$ の範囲で，光子と ALPs の結合定数に $g_{a\gamma}/(\hbar c)^{3/2} < 2.1 \times 10^{-11}\,{\rm GeV}^{-1}$ という制限を与えている．ガンマ線バーストの高エネルギー放射からも，同様の制限がつけられるはずである．

◆付録◆

ガンマ線バーストのジェットは磁場によって駆動されているのかもしれない．ここではジェットを定常軸対称の系と近似して，相対論的磁気流体力学の枠組みで，ジェットの運動を表現する．また，自転するブラックホールからの磁場を介したエネルギー抽出についても議論する．

A.1 理想磁気流体の基礎方程式

ベクトルやテンソルの添え字のギリシャ文字は $\mu = 0, 1, 2, 3$，アルファベットは $i = 1, 2, 3$ をとり，座標は $x^\mu = (ct, \boldsymbol{x})$ である．一般座標系においては，共変と反変のベクトルを区別して扱い，たとえば円筒座標系 $\boldsymbol{x} = (R, \phi, z)$ なら，計量

$$g_{\mu\nu} = \begin{pmatrix} 1 & 0 & 0 & 0 \\ 0 & -1 & 0 & 0 \\ 0 & 0 & -R^2 & 0 \\ 0 & 0 & 0 & -1 \end{pmatrix} \tag{A.1}$$

を用いて両ベクトル（あるいはテンソル）を結びつける．しかし，この A.1 節から A.3 節では，重力の効果を無視することもあり，ベクトルの四元的表現から空間成分を抜き出して演算する際には，通常の三次元ベクトル解析での表記法（たとえば $\boldsymbol{A} \times \boldsymbol{B}$ とか $\nabla \times \boldsymbol{A}$ など）を用いる．

以下では本文と同様に，通常の相対論的流体力学の習慣とは異なり，ダッシュをつけて流体静止系の量を表す．流体の四元速度を $u^\mu = (\Gamma, \boldsymbol{u})$ とする．もちろん 4 成分であるが，$\Gamma^2 = u^2 + 1$ の関係があるので，自由度は 3 である．流体の速度は $\boldsymbol{v} = c\boldsymbol{u}/\Gamma$ で，そのエネルギー・運動量テンソルは

$$T_{\rm m}^{\mu\nu} = \left(e_{\rm m}' + P'\right) u^\mu u^\nu - P' g^{\mu\nu} \tag{A.2}$$

である．エネルギー密度は $e_{\rm m}$，圧力は P で表されている．

一方，電場と磁場はベクトル・ポテンシャル $A^\mu = (A^0, \boldsymbol{A})$ を用いて，

$$\boldsymbol{E} = -\frac{1}{c}\frac{\partial \boldsymbol{A}}{\partial t} - \nabla A^0, \quad \boldsymbol{B} = \nabla \times \boldsymbol{A} \tag{A.3}$$

と定義される．この定義から自明な式として，マックスウェル方程式の半分

$$\frac{1}{c}\frac{\partial \boldsymbol{B}}{\partial t} = -\nabla \times \boldsymbol{E}, \quad \nabla \cdot \boldsymbol{B} = 0 \tag{A.4}$$

が得られる．電流密度ベクトル $j^\mu = (\rho_e c, \boldsymbol{j})$ と電磁場テンソル

$$F^{\mu\nu} = \frac{\partial A^\nu}{\partial x_\mu} - \frac{\partial A^\mu}{\partial x_\nu} \tag{A.5}$$

から，もう半分のマックスウェル方程式 $F^{\mu\nu}_{;\nu} = -\frac{4\pi}{c} j^\mu$ が，

$$\frac{1}{c}\frac{\partial \boldsymbol{E}}{\partial t} = \nabla \times \boldsymbol{B} - \frac{4\pi}{c}\boldsymbol{j}, \quad \nabla \cdot \boldsymbol{E} = 4\pi\rho_e \tag{A.6}$$

のように書ける．上の一つ目の式の発散を取ると，電荷保存の式

$$\frac{\partial \rho_e}{\partial t} + \nabla \cdot \boldsymbol{j} = 0 \tag{A.7}$$

が得られる．

完全反対称テンソル $e^{\mu\nu\alpha\beta}$ を用いて，双対テンソル

$$F^{*\mu\nu} \equiv \frac{1}{2} e^{\mu\nu\alpha\beta} F_{\alpha\beta} \tag{A.8}$$

を定義すると，$F^{*\mu\nu}_{;\nu} = 0$ がマックスウェル方程式（A.4）となる．相対論の約束事として，同じ文字の添え字が（たとえば α）上と下に現れたら，$\alpha = 0, 1, 2, 3$ の4つの項を足し合わせる（縮約）．コロン（たとえば $X_{,\mu}$）は x^μ による微分，セミコロンは共変微分の意味である．磁場に関するベクトルを

$$B^\mu \equiv u_\nu F^{*\mu\nu} = (\boldsymbol{u} \cdot \boldsymbol{B}, \Gamma\boldsymbol{B} - \boldsymbol{u} \times \boldsymbol{E}) \tag{A.9}$$

と定義すると，その縮約は $B^\mu B_\mu = -B'^2$ となる．ここで B' は流体静止系での磁場強度．ちなみに電場のベクトルは $E^\mu \equiv u_\nu F^{\mu\nu}$ である．電気抵抗が無視でき，流体静止系では常に電場がゼロとなっている理想磁気流体（MHD）近似

$$\boldsymbol{E} = -\frac{\boldsymbol{v}}{c} \times \boldsymbol{B} \tag{A.10}$$

が成り立っているとすると，

$$F^{*\mu\nu} = B^\mu u^\nu - u^\mu B^\nu \tag{A.11}$$

と書ける．この結果，ベクトル B^μ を用いてマックスウェル方程式が

$$\nabla_\mu \left(B^\mu u^\nu - u^\mu B^\nu \right) = 0 \tag{A.12}$$

と表現できる．これと等価の式（A.4）を見ればわかるように，理想 MHD の時は式（A.10）を用いるので，磁場の時間発展を追うためには電流や電場の情報を必要としない．

電磁場のエネルギー・運動量テンソルは

$$T^{\mu\nu}_{\rm EM} = \frac{1}{4\pi} \left(-F^{\mu\alpha} F^\nu_{\ \alpha} + \frac{1}{4} g^{\mu\nu} F_{\alpha\beta} F^{\alpha\beta} \right) \tag{A.13}$$

なのだが，理想 MHD と考えて，先ほど導入したベクトル B^μ を使うと，

$$T^{\mu\nu}_{\rm EM} = \frac{B'^2}{4\pi} u^\mu u^\nu - \frac{B'^2}{8\pi} g^{\mu\nu} - \frac{1}{4\pi} B^\mu B^\nu \tag{A.14}$$

と比較的簡略化できる．最終的に合計のエネルギー・運動量テンソルは

$$T^{\mu\nu} = T^{\mu\nu}_{\rm m} + T^{\mu\nu}_{\rm EM} = \left(e'_{\rm m} + P' + \frac{B'^2}{4\pi} \right) u^\mu u^\nu - \left(P' + \frac{B'^2}{8\pi} \right) g^{\mu\nu} - \frac{1}{4\pi} B^\mu B^\nu \tag{A.15}$$

となる．ガスと電磁場で閉じた系を成すと考えると，保存則 $T^{\nu\mu}_{;\mu} = 0$ が成り立つ．三次元的表現を用いて書き下すと，運動量保存則（$T^{i\mu}_{;\mu} = 0$）が

$$\frac{1}{c} \frac{\partial}{\partial t} \left[(e'_{\rm m} + P') \Gamma \boldsymbol{u} + \frac{1}{4\pi} (\boldsymbol{E} \times \boldsymbol{B}) \right] + \nabla \cdot \left[(e'_{\rm m} + P') \boldsymbol{u}\boldsymbol{u} - \frac{1}{4\pi} (\boldsymbol{E}\boldsymbol{E} + \boldsymbol{B}\boldsymbol{B}) \right]$$
$$+ \nabla \left[P' + \frac{1}{8\pi} (E^2 + B^2) \right] = 0, \tag{A.16}$$

エネルギー保存則（$T^{0\mu}_{;\mu} = 0$）が

$$\frac{1}{c} \frac{\partial}{\partial t} \left[(e'_{\rm m} + P') \Gamma^2 - P' + \frac{1}{8\pi} (E^2 + B^2) \right]$$
$$+ \nabla \cdot \left[(e'_{\rm m} + P') \Gamma \boldsymbol{u} + \frac{1}{4\pi} (\boldsymbol{E} \times \boldsymbol{B}) \right] = 0 \tag{A.17}$$

と書ける．

まとめると，理想 MHD における流体の方程式系は，質量保存則

$$\frac{1}{c} \frac{\partial \Gamma \rho'}{\partial t} + \nabla \cdot (\rho' \boldsymbol{u}) = 0, \tag{A.18}$$

運動量保存則（A.16），エネルギー保存則（A.17），マックスウェル方程式（A.12），理想 MHD 条件（A.10），状態方程式

$$P' = (\hat{\gamma} - 1)(e'_m - \rho' c^2) \tag{A.19}$$

の 13 本となる．理想 MHD で解くべき変数は，ρ', e'_m, P', $\boldsymbol{u}$, $\boldsymbol{E}$, $\boldsymbol{B}$ の 12 個で，1 本式が多い．これはマックスウェル方程式（A.12）のゼロ成分が，$\nabla \cdot \boldsymbol{B} = 0$ と等価であり，磁場の拘束条件となっているからである．この条件は初期条件で満たされていれば，時間発展しても自動的に満たされるので，直接使う必要の無い式である．ただし，数値的に解く際には，誤差が蓄積して，この条件が破れることがあるので，これを満たすアルゴリズムを導入する必要がある．

輻射に関しては，本文の火の玉モデルのように，バリオン流体と輻射が一体化していると見なせる時は，状態方程式に輻射の寄与を入れるだけですむ．一般には，上記の方程式系とは別個の輻射輸送方程式を解き，エネルギーや運動量の保存則の右辺に放射冷却や輻射圧などの効果を入れることで，方程式系は完全なものとなる．ここでは輻射の役割は副次的なものとして，磁場によるジェットの加速について以下で論じる．

A.2 軸対称定常系

ジェットを軸対称定常の系で近似する．そのために以下では円筒座標 $x^\mu = (ct, R, \phi, z)$ を採用する．3 次元の単位ベクトルは，それぞれ $\boldsymbol{e}_R$, $\boldsymbol{e}_\phi$, $\boldsymbol{e}_z$ と表記する．軸対称定常なので，流体の方程式系で $\partial/\partial\phi$ と $\partial/\partial t$ の項は落ちる．流束関数を $\Psi \equiv RA_\phi$ と定義すると，$\boldsymbol{B} = \nabla \times \boldsymbol{A}$ より，磁場のポロイダル成分 $\boldsymbol{B}_p = (B_R, 0, B_z)$ は，

$$B_R = -\frac{1}{R}\frac{\partial \Psi}{\partial z}, \quad B_z = \frac{1}{R}\frac{\partial \Psi}{\partial R} \tag{A.20}$$

と書ける．変形すると，

$$\nabla \Psi = R \boldsymbol{e}_\phi \times \boldsymbol{B}_p, \tag{A.21}$$

あるいは

$$(\boldsymbol{B} \cdot \nabla)\Psi = 0 \tag{A.22}$$

となっており，Ψ は磁力線に沿って一定だとわかる．定義に A_ϕ が含まれていることからわかるように，Ψ は一意的に決まる量ではないが，以下では $R=0$ で $\Psi = 0$ となるようにして，

$$\Psi(R, z) = \int_0^R R B_z dR \tag{A.23}$$

と考える．

式（A.3）より，定常では $\boldsymbol{E} = -\nabla A^0$ なので，軸対称系では $E_\phi = 0$ となる．理想 MHD 条件（A.10）から，E_ϕ はポロイダル成分の外積 $\boldsymbol{v}_\mathrm{p} \times \boldsymbol{B}_\mathrm{p}$ に比例するが，これがゼロとなっている．つまり，$\boldsymbol{v}_\mathrm{p}$ と $\boldsymbol{B}_\mathrm{p}$ が常に平行になっている．従って以下では比例係数 κ を用いて，

$$\boldsymbol{v}_\mathrm{p} = \kappa \boldsymbol{B}_\mathrm{p} \tag{A.24}$$

と表す．

明らかに $\boldsymbol{B}_\mathrm{p} \cdot \boldsymbol{E} = -\boldsymbol{B}_\mathrm{p} \cdot \nabla A^0 = 0$ なので，A^0 も Ψ の関数で，$\boldsymbol{B}_\mathrm{p}$ に沿って一定．電場の表記を

$$\boldsymbol{E} = -\nabla A^0 = -\frac{dA^0}{d\Psi} \nabla \Psi \tag{A.25}$$

として，

$$\Omega \equiv c \frac{dA^0}{d\Psi} \tag{A.26}$$

と角速度の次元を持つ量を導入する．これも Ψ の関数で，$\boldsymbol{B}_\mathrm{p}$ に沿って一定．（A.21）式を用いて

$$\boldsymbol{E} = -\frac{R\Omega}{c} \boldsymbol{e}_\phi \times \boldsymbol{B}_\mathrm{p} \tag{A.27}$$

となる．理想 MHD 条件（A.10）を用いた恒等式 $(\boldsymbol{E} + \boldsymbol{v} \times \boldsymbol{B}/c) \times \boldsymbol{B}_\mathrm{p} = 0$ を計算し，式（A.24）と（A.27）を用いて変形すると，

$$v_\phi = \kappa B_\phi + R\Omega \tag{A.28}$$

とジェットの軸周りの回転速度が求まる．Ω は $B_\phi = 0$ の時の回転角速度に対応していることがわかる．ジェットの根元の降着円盤に磁場が刺さっていれば，ケ

プラー回転則（$v_\phi \propto R^{-1/2}$）によって制御され，中性子星やブラックホールの表面に直接刺さっていれば，剛体回転（Ω が一定）とみなせるであろう．

ここまでで Ψ, κ, Ω という量が新たに導入されたが，単に式を変形しただけで，まだ何も解いていない．以下で具体的に流体の式を考える．まず式 (A.18) の質量保存則を軸対称定常で考えて，$\nabla \cdot \boldsymbol{B}_\mathrm{p} = 0$ と式 (A.24) を用いると，

$$\boldsymbol{B}_\mathrm{p} \cdot \nabla (\rho' \varGamma \kappa) = 0 \tag{A.29}$$

が得られる．つまり質量保存の帰結として，

$$\eta(\Psi) \equiv \rho' \varGamma \kappa \tag{A.30}$$

という量は，ポロイダル磁場に沿って保存する．

エネルギー保存則 (A.17) にも同様の変形を行い，(A.27) 式を用いると，エネルギー保存の帰結として，

$$\mathcal{E}(\Psi) \equiv (e'_\mathrm{m} + P') \varGamma^2 \kappa - \frac{R\Omega}{4\pi} B_\phi \tag{A.31}$$

という量も，ポロイダル磁場に沿って保存することがわかる．

運動量保存則 (A.16) の ϕ-成分にも同様の計算を施す．角運動量保存の帰結として，

$$\mathcal{L}(\Psi) \equiv (e'_\mathrm{m} + P') \varGamma^2 \kappa v_\phi R - \frac{c^2 R}{4\pi} B_\phi \tag{A.32}$$

という量も，ポロイダル磁場に沿って保存することがわかる．

最後は運動量保存のポロイダル成分である．その前に，磁場による仕事と電流密度の関係について整理しておく．定常の場合，(A.6) 式から

$$\boldsymbol{j} = \frac{c}{4\pi} \nabla \times \boldsymbol{B} \tag{A.33}$$

なので，

$$\frac{1}{c} \boldsymbol{j} \times \boldsymbol{B} = -\nabla \frac{B^2}{8\pi} + \frac{1}{4\pi} (\boldsymbol{B} \cdot \nabla) \boldsymbol{B} \tag{A.34}$$

となる．右辺の第一項と第二項は，運動方程式 (A.16) に現れており，それぞれ磁気圧と磁気張力に対応している．運動方程式のポロイダル成分は，上の関係式

と $\nabla \cdot \boldsymbol{E} = 4\pi\rho_{\mathrm{e}}$ を用いると,

$$(\boldsymbol{B}_{\mathrm{p}} \cdot \nabla)\left[(e'_{\mathrm{m}} + P')\varGamma^2 \kappa \boldsymbol{v}_{\mathrm{p}}\right] + c^2 \nabla P' = c^2\left[\rho_{\mathrm{e}}\boldsymbol{E} + \frac{1}{c}(\boldsymbol{j}_\phi \times \boldsymbol{B}_{\mathrm{p}} + \boldsymbol{j}_{\mathrm{p}} \times \boldsymbol{B}_\phi)\right] \tag{A.35}$$

となる.

上の (A.35) 式の $\boldsymbol{B}_{\mathrm{p}}$ に垂直な成分は, 磁場の形状を決める方程式となっている. 以下では電磁場の担うエネルギーが物質を圧倒している force-free 近似を仮定し, 左辺を丸々無視してみよう. 右辺第二項はもちろん $\boldsymbol{B}_{\mathrm{p}}$ に垂直. 式 (A.27) から, 右辺第一項の $\boldsymbol{E}$ も $\boldsymbol{B}_{\mathrm{p}}$ に垂直. 第三項だけが自明ではないので, $\boldsymbol{B}_{\mathrm{p}}$ に垂直方向のバランスを表す式は,

$$\rho_{\mathrm{e}}\boldsymbol{E} + \frac{1}{c}\left(\boldsymbol{j}_\phi \times \boldsymbol{B}_{\mathrm{p}} + \frac{(\boldsymbol{j}_{\mathrm{p}} \cdot \boldsymbol{B}_{\mathrm{p}})}{B_{\mathrm{p}}^2}(\boldsymbol{B}_{\mathrm{p}} \times \boldsymbol{B}_\phi)\right) = 0 \tag{A.36}$$

となる. これは電場や磁気張力によって外側に開こうとする力と, 磁気圧によって内側に収束しようとする力が釣り合っているという式である.

以下では

$$B_\phi \equiv \frac{2J}{cR} \tag{A.37}$$

という形でトロイダル磁場を書く. 新しい量 J は, 電流の次元となっている. すると, (A.33) 式から

$$\boldsymbol{j}_{\mathrm{p}} = \frac{1}{2\pi R}\left(-\frac{\partial J}{\partial z}, 0, \frac{\partial J}{\partial R}\right) \tag{A.38}$$

が得られる. 半径 R 内の z 方向の全電流は, $\int j_z R dR d\phi = J$ となっており, J を用いた B_ϕ の定義は整合的である. 一方, 電流のトロイダル成分は, (A.33) 式と (A.20) 式を用いて,

$$j_\phi = -\frac{c}{4\pi R}\Delta^*\Psi \tag{A.39}$$

と書ける. ただし Δ^* は通常のラプラシアンとは異なり,

$$\Delta^*\Psi \equiv R\frac{\partial}{\partial R}\left(\frac{1}{R}\frac{\partial \Psi}{\partial R}\right) + \frac{\partial^2 \Psi}{\partial z^2} \tag{A.40}$$

である．

Ω は Ψ のみの関数なので，$\partial\Omega/\partial R = (\partial\Omega/\partial\Psi)(\partial\Psi/\partial R)$ などとして，式（A.20），(A.27)，(A.38)，(A.39) 及び $\rho_e = \nabla\cdot\boldsymbol{E}/(4\pi)$ を用いて式（A.36）を書き下すと，R-成分と z-成分には共通の係数が出てくるので，単一の式

$$\left(1 - \frac{R^2\Omega^2}{c^2}\right)\Delta^*\Psi - 2\frac{R\Omega^2}{c^2}\frac{\partial\Psi}{\partial R} - \frac{R^2\Omega}{c^2}(\nabla\Psi)^2\frac{d\Omega}{d\Psi} + \frac{4J}{c^2}\frac{(\nabla J)\cdot(\nabla\Psi)}{(\nabla\Psi)^2} = 0 \quad (A.41)$$

が得られる．force-free の極限では，式（A.32）から $RB_\phi \propto J$ が磁力線に沿って保存することがわかる．つまり J は Ψ だけの関数と見なせる．force-free 近似では磁場とガスの間で運動量の交換を行わないので，$\boldsymbol{j}_p \times \boldsymbol{B}_p = 0$ であり，ポロイダル電流はポロイダル磁力線に沿って流れる．その結果，与えられた磁力線の内側の z-方向の全電流 J が保存するため，$J = J(\Psi)$ とみなせるわけである．以上から式（A.41）は

$$\left(1 - \frac{R^2\Omega^2}{c^2}\right)\Delta^*\Psi - 2\frac{R\Omega^2}{c^2}\frac{\partial\Psi}{\partial R} - \frac{R^2\Omega}{c^2}(\nabla\Psi)^2\frac{d\Omega}{d\Psi} + \frac{4J}{c^2}\frac{dJ}{d\Psi} = 0 \quad (A.42)$$

となる．あるいはさらに変形して，

$$\nabla\cdot\left[\frac{1}{R^2}\left(1 - \frac{R^2\Omega^2}{c^2}\right)\nabla\Psi\right] + \frac{\Omega}{c^2}\nabla\Omega\cdot\nabla\Psi + \frac{4J}{c^2R^2}\frac{dJ}{d\Psi} = 0 \quad (A.43)$$

となる．これがグラッド–シャフラノフ（Grad–Shafranov）方程式で，これから境界で Ω と J を与えて Ψ を求めれば，磁場の形状が決まる．しかし，これを解くのは大変難しく，解くために必要な境界条件も自明では無い．

A.3 磁気駆動風の振舞い

この節では磁場による加速に議論を集中させるために，ガス圧の効果を無視して，$P' = 0$ 及び $e'_m = \rho'c^2$ とする．相対論的な流れにおいて，磁場によってジェットを自発的に細く絞るピンチ機構は，電場による外向きの力で阻害されるため，効果的に働かない．現実のジェットでは外的な力，つまり円盤風やコクーンの圧力によって，絞られた形状になっていると期待される．前節で，磁場の形状を決めるために解くべき方程式は示したが，ここで苦労して解析解の一例を導いても，結果は不確定な境界条件に依るので，あまり教訓的ではない．以下では磁場の形

状を仮定した上で，磁場によって駆動されるジェットの振舞いについて論ずる．

磁場の形状が決まっていれば，(A.24) 式と (A.28) 式にあるように，κ と Ω によって磁気駆動風の流れは表現できる．以下ではアルヴェン速度

$$u_\mathrm{A} \equiv \frac{B_\mathrm{p}}{\sqrt{4\pi\rho'}} \tag{A.44}$$

で定義されたマッハ数 $\mathcal{M}$ を用いて，ポロイダルの速度を

$$\Gamma v_\mathrm{p} = \mathcal{M} u_\mathrm{A} \tag{A.45}$$

と表現する．

前節で求めたように，ポロイダル磁場に沿って Ψ, Ω, η, $\mathcal{E}$, $\mathcal{L}$ が保存する．光円柱半径 $R_\mathrm{L} \equiv c/\Omega$ で座標 R を $x \equiv R/R_\mathrm{L}$ と規格化する．上記の保存量から，以下の関係式

$$\Gamma = \frac{\mathcal{E}}{\eta c^2} \frac{x_\mathrm{A}^2 + \mathcal{M}^2 - 1}{x^2 + \mathcal{M}^2 - 1}, \tag{A.46}$$

$$\frac{v_\phi}{c} = \frac{1}{x} \frac{(1-x_\mathrm{A}^2)x^2 - x_\mathrm{A}^2 \mathcal{M}^2}{1 - x_\mathrm{A}^2 - \mathcal{M}^2}, \tag{A.47}$$

$$\frac{v_\mathrm{p}}{c} = \frac{cB_\mathrm{p}\mathcal{M}^2}{4\pi\mathcal{E}} \frac{x^2 + \mathcal{M}^2 - 1}{x_\mathrm{A}^2 + \mathcal{M}^2 - 1}, \tag{A.48}$$

$$B_\phi = \frac{4\pi\mathcal{L}\Omega}{c^3 x} \frac{1 - x^2}{x^2 + \mathcal{M}^2 - 1} \tag{A.49}$$

$$\rho' = \frac{4\pi\eta^2}{\mathcal{M}^2} \tag{A.50}$$

が求まる．ここでアルヴェン半径 $R_\mathrm{A} \equiv \sqrt{\mathcal{L}/(\mathcal{E}\Omega)}$ での値，$x_\mathrm{A} = R_\mathrm{A}/R_\mathrm{L}$ を用いている．アルヴェン半径で分母と分子が同時にゼロになるので，そこでのマッハ数は

$$\mathcal{M}_\mathrm{A} = \sqrt{1 - x_\mathrm{A}^2} \tag{A.51}$$

となる．

無限遠では速度やローレンツ因子が一定となるであろう．式 (A.46) から，この時 $\mathcal{M}^2 \propto x^2$ と振る舞うことがわかる．無限遠で $\mathcal{M}^2/x^2 \ll 1$ となってしまった場合は，$\Gamma \ll \mathcal{E}/(\eta c^2)$ と加速が非効率なものとなるのに対し，$\mathcal{M}^2/x^2 \gtrsim 1$ の場合

は，$\Gamma \sim \mathcal{E}/(\eta c^2)$ となり，ほぼ最大限に加速されている．このことから，加速途中のマッハ数は $x^2 \gg \mathcal{M}^2 \gg 1 - x_\mathrm{A}^2$ の関係を満たしつつ，x^2 よりも急激に x と共に成長することがわかる．

ローレンツ因子の定義式 $\Gamma^2(1 - (v_\phi/c)^2 - (v_\mathrm{p}/c)^2) = 1$ に式（A.46）–（A.48）を代入して，

$$(\eta c^2)^2 + \left(\frac{cB_\mathrm{p}\mathcal{M}^2}{4\pi}\right)^2 = \mathcal{E}^2 \frac{x^2(x_\mathrm{A}^2 + \mathcal{M}^2 - 1)^2 - (x_\mathrm{A}^2\mathcal{M}^2 - x^2(1 - x_\mathrm{A}^2))^2}{x^2(x^2 + \mathcal{M}^2 - 1)^2} \tag{A.52}$$

が得られる．後は $B_\mathrm{p}(x)$ を仮定すれば，$\mathcal{M}(x)$ の振舞いが求まる．先ほど述べたように，無限遠では $\mathcal{M}^2 \propto x^2$ なので，右辺は定数．従って左辺の $B_\mathrm{p}\mathcal{M}^2$ も定数となるので，$B_\mathrm{p} \propto x^{-2}$ となる．放射状の直線の磁力線の場合は，この振舞いに相当する．

ジェットの根元付近で加速を達成するためには，4.4.2 節で議論したように，球対称的な磁場の振舞いである x^{-2} よりも，急激にポロイダル磁場が減少すれば良い．これは磁力線の間隔が放射状の時と比べて，急激に広がることを意味している．これではジェットを細く絞ることができないように思われるが，実際のジェットは外圧によって閉じ込められており，その内側での磁力線の形状は一様なものでは無い．数値シミュレーション（図 A.1 参照）によると，ジェットの中心軸付近では磁力線が閉じていく一方，外縁付近では開いていくようだ．

この外圧によって支えられた加速領域の磁力線の形状を

$$z \propto R^b \tag{A.53}$$

と仮定してみる．$b = 1$ の場合は $B_\mathrm{p} \propto R^{-2}$ となる放射状の磁場で，$b = 2$ が放物線状の磁場に相当する．A.2 節でグラッド–シャフラノフ方程式を導く際に無視した式（A.35）の左辺は，圧力を無視し，式（A.24），（A.30），（A.50）を用いると，

$$(\boldsymbol{B}_\mathrm{p} \cdot \nabla)\left[\frac{\mathcal{M}^2 c^2}{4\pi}\boldsymbol{B}_\mathrm{p}\right] \tag{A.54}$$

と変形できる．磁場のベクトルは磁力線の接線となっているので，$B_z/B_R = dz/dR \propto R^{b-1}$ であることを考慮すると，R が大きいところでは，$(\boldsymbol{B}_\mathrm{p} \cdot \nabla)\boldsymbol{B}_\mathrm{p} \sim$

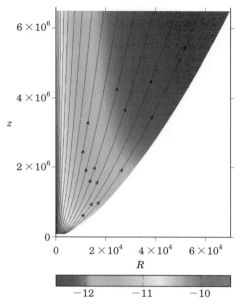

図A.1 壁によって閉じ込められた磁場優勢ジェットのシミュレーション（Komissarov *et al.* 2009, MNRAS 394, 1182）．濃淡は密度，実線が磁力線．内側では閉じて，外側では開いている．

B_z^2/z と近似できる．一方，式（A.35）の右辺は，それを変形した式（A.41）の第二項に対応する項である

$$\frac{\Omega^2}{2\pi} B_\mathrm{p} \frac{\partial \Psi}{\partial R} \tag{A.55}$$

が，最も大きな絶対値となる．$B_\mathrm{p} \simeq B_z$ とし，式（A.23）から $\Psi \sim R^2 B_z$ とすると，マッハ数は

$$\mathcal{M}^2 \sim \frac{\Omega^2}{c^2} Rz \propto R^{b+1} \tag{A.56}$$

のように成長する．$b > 1$ のとき，$\mathcal{M}^2$ は $x^2 \propto R^2$ よりも急激に成長するので，これが加速に必要な条件である．加速途中では $x^2 \gg \mathcal{M}^2 \gg 1 - x_\mathrm{A}^2$ なので，式（A.46）から

$$\Gamma \simeq \frac{\mathcal{E}}{\eta c^2}\frac{\mathcal{M}^2}{x^2} \propto R^{b-1} \propto z^{\frac{b-1}{b}} \tag{A.57}$$

が得られる．

数値シミュレーションなどが示唆するところによると，$b=1.6$ 程度が典型的な値とされる．この場合 $\Gamma \propto z^{0.38}$ となり，4.4.2 節で述べた磁気再結合による加速と同様，緩やかな加速となる．十分外側では，磁場はトロイダル成分が支配的になっており，$B_\phi \propto R^{-1}$ と近似できるであろう．ジェット静止系での磁気圧は $\sim B_\phi^2/(8\pi\Gamma^2) \propto R^{-2b} \propto z^{-2}$ となる．詳細は省くが，外圧が $P_{\text{ext}} \propto z^{-2}$ のときに，圧力のバランスから $1<b<2$ の解が得られる（b の値は根元の境界条件で決まる）．これよりも急激に外圧を落とすと，外側で放射状の流れ（$b=1$）に近づき，加速は止まる．

A.4　自転するブラックホール周囲の電磁場

自転するブラックホールから，磁場を介して，その回転エネルギーを抽出することができる．混乱させて恐縮だが，前節までの円筒座標系から極座標系 $x^\mu = (ct, r, \theta, \phi)$ へと座標系を変更する．アインシュタイン方程式の軸対称定常の真空解であるボイヤー–リンキスト（Boyer–Lindquist）の表現

$$g_{\mu\nu} = \begin{pmatrix} 1-\dfrac{r_{\text{g}}r}{\Sigma} & 0 & 0 & a\dfrac{r_{\text{g}}^2 r}{2\Sigma}\sin^2\theta \\ 0 & -\dfrac{\Sigma}{\Delta} & 0 & 0 \\ 0 & 0 & -\Sigma & 0 \\ a\dfrac{r_{\text{g}}^2 r}{2\Sigma}\sin^2\theta & 0 & 0 & -\dfrac{A}{\Sigma}\sin^2\theta \end{pmatrix} \tag{A.58}$$

を自転するブラックホール周囲の時空を表すために用いる[*1]．ここでシュヴァルツシルト半径 $r_{\text{g}} = 2GM_{\text{BH}}/c^2$ 及び

$$\Sigma \equiv r^2 + \frac{1}{4}a^2 r_{\text{g}}^2 \cos^2\theta, \quad \Delta \equiv r^2 + \frac{1}{4}a^2 r_{\text{g}}^2 - r_{\text{g}}r,$$

[*1] 天体物理学で頻繁に使われる量，無次元のカー・パラメータ a とシュヴァルツシルト半径 r_{g} を用いて表記したため，他の文献の標準的な表現と因子が異なっている．

$$A \equiv \left(r^2 + \frac{1}{4}a^2 r_\mathrm{g}^2\right)^2 - \frac{1}{4}a^2 r_\mathrm{g}^2 \Delta \sin^2\theta \tag{A.59}$$

を用いている．計量の行列式は

$$g = -\Sigma^2 \sin^2\theta \tag{A.60}$$

である．カー・パラメータは $-1 < a < 1$ だが，ここでは $a > 0$ とする．式 (4.35) で表されるエルゴ半径 r_erg の内側では，静止している粒子 ($dr = d\theta = d\phi = 0$) の線素が $ds^2 = g_{\mu\nu} x^\mu x^\nu < 0$ となってしまい，これは光速を超えて運動していることと同義である．つまり，エルゴ層では上の座標系に対して静止することはできない．ϕ 軸周りに回転する観測者 ($dr = d\theta = 0,\ d\phi \neq 0$) を考えた時，その角速度を

$$\frac{d\phi}{dt} = -c \frac{g_{03}}{g_{33}} \tag{A.61}$$

とすると，

$$ds^2 = \left(g_{00} - \frac{(g_{03})^2}{g_{33}}\right)^2 c^2 dt^2 \equiv c^2 \alpha^2 dt^2 = c^2 d\tau^2 \tag{A.62}$$

と書け，ブラックホールに引きずられている時空中で静止している観測者と見なせる．このような観測者系を FIDO (fiducial observer) [*2] と呼ぶ．

式 (A.62) で定義されるラプス関数 α は，

$$\alpha = \sqrt{\frac{\Sigma \Delta}{A}} \tag{A.63}$$

となる．FIDO の四元速度は

$$\bar{u}^\mu = \frac{dx^\mu}{c d\tau} = \left(\sqrt{\frac{A}{\Sigma \Delta}}, 0, 0, a \frac{r_\mathrm{g}^2 r}{2\Sigma} \sqrt{\frac{\Sigma}{A\Delta}}\right) \tag{A.64}$$

なのだが，

$$\bar{\beta} \equiv \frac{g_{03}}{g_{33}} = -a \frac{r_\mathrm{g}^2 r}{2A} \equiv -\bar{\Omega} \tag{A.65}$$

[*2] 文献によっては ZAMO (zero angular momentum observer)，あるいは LNRF (locally non-rotating frame) と呼んだりもする．

を用いて

$$\bar{u}^\mu = \left(\frac{1}{\alpha}, 0, 0, -\frac{\bar{\beta}}{\alpha}\right) \quad (A.66)$$

と表す．この時共変成分は，

$$\bar{u}_\mu = (\alpha, 0, 0, 0) \quad (A.67)$$

である．

次に反対称である電磁場テンソル $F^{\mu\nu}$ を導入するが，一般座標系において，その双対テンソルとは

$$F^{*\mu\nu} = \frac{1}{2\sqrt{-g}} e^{\mu\nu\alpha\beta} F_{\alpha\beta}, \quad F^{\mu\nu} = -\frac{1}{2\sqrt{-g}} e^{\mu\nu\alpha\beta} F^*_{\alpha\beta} \quad (A.68)$$

となる関係にある．ここでレヴィ＝チヴィタの完全反対称テンソルが $e^{0123} = -e_{0123} = 1$ であることに留意．式（A.9）と同様に，FIDO へ射影した磁場ベクトルを $B^\mu \equiv \bar{u}_\nu F^{*\mu\nu}$，電場ベクトルを $D^\mu \equiv \bar{u}_\nu F^{\mu\nu}$ とすると，その空間成分は

$$B^i = \alpha F^{*i0}, \quad D^i = \alpha F^{i0} \quad (A.69)$$

となる．

一般相対論における計算は煩雑だとは言え，マックスウェル方程式は四元的テンソルの発散の形で書けており，比較的簡単に計算できる．一般座標系における発散は

$$A^\mu_{;\mu} = \frac{1}{\sqrt{-g}} \frac{\partial \sqrt{-g} A^\mu}{\partial x^\mu} \quad (A.70)$$

の形で書けるが，以下ではこれの空間成分を分離し，三次元的に表現する．空間部分の計量を以下のように定義する．

$$\gamma_{ij} \equiv -g_{ij} = \begin{pmatrix} \dfrac{\Sigma}{\Delta} & 0 & 0 \\ 0 & \Sigma & 0 \\ 0 & 0 & \dfrac{A}{\Sigma}\sin^2\theta \end{pmatrix}. \quad (A.71)$$

行列式は

$$\gamma = \gamma_{11}\gamma_{22}\gamma_{33} = \frac{\Sigma A}{\Delta}\sin^2\theta \tag{A.72}$$

なので，$\sqrt{-g} = \sqrt{\gamma}\alpha$ と書ける．反変成分で書いた空間ベクトルを $A^i = \boldsymbol{A}$, $B^i = \boldsymbol{B}$ のように表記すると，共変成分は $A_i = \gamma_{ij}A^j$ である．今は計量が対角成分のみなので，$A_3 = \gamma_{33}A^3$ などのように簡単である．以下では反変ベクトルの内積及び外積を

$$\boldsymbol{A}\cdot\boldsymbol{B} \equiv A^i B_i, \quad \boldsymbol{A}\times\boldsymbol{B} \equiv \frac{1}{\sqrt{\gamma}}e^{ijk}A_j B_k \tag{A.73}$$

と書く．ここでも $e^{123} = 1$ である．ベクトルの微分は

$$\nabla\cdot\boldsymbol{A} \equiv \frac{1}{\sqrt{\gamma}}\frac{\partial\sqrt{\gamma}A^i}{\partial x^i}, \quad \nabla\times\boldsymbol{A} \equiv \frac{1}{\sqrt{\gamma}}e^{ijk}\frac{\partial A_k}{\partial x^j} \tag{A.74}$$

と書くことにする．

慣れていない読者のために述べておくが，上記のベクトルの微分の表式は，三次元のベクトル解析の標準的な表式と一見異なっている．前節までとは異なり，共変・反変の概念を明示的に用いているので，ベクトルの次元は各成分でバラバラである．今の極座標の場合に $r_g \to 0$ とすると，上の表式は $A_r \equiv A^1$, $A_\theta \equiv rA^2$, $A_\phi \equiv r\sin\theta A^3$ で定義される次元の揃ったベクトル (A_r, A_θ, A_ϕ) に対する，標準的なベクトル解析の表式と一致する．以下では引き続き次元の揃っていない三次元ベクトルを用いて計算していく．

マックスウェル方程式 $F^{*\mu\nu}_{;\nu} = 0$ の第ゼロ成分（$\mu = 0$）は

$$\frac{1}{\sqrt{-g}}\frac{\partial\sqrt{-g}F^{*0i}}{\partial x^i} = \frac{1}{\sqrt{\gamma}\alpha}\frac{\partial\sqrt{\gamma}\alpha F^{*0i}}{\partial x^i} = -\frac{1}{\sqrt{\gamma}\alpha}\frac{\partial\sqrt{\gamma}\alpha F^{*i0}}{\partial x^i} = 0 \tag{A.75}$$

なので，式（A.69）と（A.74）から，$\nabla\cdot\boldsymbol{B} = 0$ が得られる．次に空間成分（$\mu = i$）を書き下してみると，

$$\frac{1}{\sqrt{-g}}\frac{\partial\sqrt{-g}F^{*i0}}{c\partial t} + \frac{1}{\sqrt{\gamma}\alpha}\frac{\partial\sqrt{\gamma}\alpha F^{*ij}}{\partial x^j} = 0 \tag{A.76}$$

となる．美しさよりも分かりやすさを優先して，泥臭く書き出してみると，たとえば $i = 1$ の場合，全体に α をかけて，

$$\frac{1}{c}\frac{\partial \alpha F^{*10}}{\partial t} + \frac{1}{\sqrt{\gamma}}\frac{\partial \sqrt{\gamma}\alpha F^{*12}}{\partial x^2} + \frac{1}{\sqrt{\gamma}}\frac{\partial \sqrt{\gamma}\alpha F^{*13}}{\partial x^3} = 0 \tag{A.77}$$

となる．ここで $E_3 \equiv \sqrt{\gamma}\alpha F^{*12}$, $E_2 \equiv -\sqrt{\gamma}\alpha F^{*13}$ という量を導入すると，第二項と第三項は $E_{3,2} - E_{2,3}$ の形になる．よって，新たなベクトル $\boldsymbol{E}$ を導入し，その共変成分を

$$E_1 \equiv \sqrt{\gamma}\alpha F^{*23}, \quad E_2 \equiv -\sqrt{\gamma}\alpha F^{*13}, \quad E_3 \equiv \sqrt{\gamma}\alpha F^{*12} \tag{A.78}$$

と書くと，$\dot{\boldsymbol{B}} + c\nabla \times \boldsymbol{E} = 0$ なる式が得られる．

次にもう一組のマックスウェル方程式 $F^{\mu\nu}_{;\nu} = -\dfrac{4\pi}{c}j^\mu$ を見てみる．式（A.69）と（A.74）を用いると，第ゼロ成分から $\nabla \cdot \boldsymbol{D} = 4\pi\rho_{\rm e}$ が得られる．ただし，$\rho_{\rm e} \equiv \alpha j^0/c$ である．空間成分からも，先ほどと同様に

$$H_1 \equiv -\sqrt{\gamma}\alpha F^{23}, \quad H_2 \equiv \sqrt{\gamma}\alpha F^{13}, \quad H_3 \equiv -\sqrt{\gamma}\alpha F^{12} \tag{A.79}$$

という共変成分を持つベクトル $\boldsymbol{H}$ を導入すると，$\dot{\boldsymbol{D}} - c\nabla \times \boldsymbol{H} = -4\pi\alpha\boldsymbol{j}$ が得られる．

式（A.65）の $\bar{\beta}$ を用いて，空間ベクトル

$$\bar{\boldsymbol{\beta}} = \bar{\beta}^i = (0, 0, \bar{\beta}) \tag{A.80}$$

をさらに導入する．$\bar{\beta}_i = (0, 0, \gamma_{33}\bar{\beta})$ である．再び愚直な計算の例を示すと，$\alpha B^1 - \bar{\boldsymbol{\beta}} \times \boldsymbol{D}|^1 = (\alpha)^2 F^{*10} - e^{132}\gamma_{33}\bar{\beta}D_2/\sqrt{\gamma}$ となる．式（A.68）から，

$$\begin{aligned}F^{*10} &= \frac{1}{2\sqrt{-g}}\left(e^{1023}F_{23} + e^{1032}F_{32}\right) = -\frac{F_{23}}{\alpha\sqrt{\gamma}} \\ &= -\left(g_{22}g_{30}F^{20} + g_{22}g_{33}F^{23}\right)\frac{1}{\alpha\sqrt{\gamma}}. \end{aligned} \tag{A.81}$$

一方，$D_2 = \gamma_{22}D^2 = -g_{22}D^2 = -\alpha g_{22}F^{20}$ 及び $\bar{\beta} = g_{03}/g_{33} = -g_{03}/\gamma_{33}$ なので，F^{20} の項は打ち消し合って，

$$\alpha B^1 - \bar{\boldsymbol{\beta}} \times \boldsymbol{D}|^1 = -g_{22}g_{33}F^{23}\frac{\alpha}{\sqrt{\gamma}} = -\alpha F^{23}\frac{\sqrt{\gamma}}{\gamma_{11}} = H_1/\gamma_{11} = H^1. \tag{A.82}$$

以上のように $\boldsymbol{D}$, $\boldsymbol{B}$ 及び $\bar{\boldsymbol{\beta}}$ を用いて，$\boldsymbol{E}$ と $\boldsymbol{H}$ は

$$\boldsymbol{E} = \alpha\boldsymbol{D} + \bar{\boldsymbol{\beta}} \times \boldsymbol{B}, \quad \boldsymbol{H} = \alpha\boldsymbol{B} - \bar{\boldsymbol{\beta}} \times \boldsymbol{D} \tag{A.83}$$

と書ける．充分離れた場所 $r \gg r_\mathrm{g}$ では $\alpha \simeq 1$, $\bar{\beta} \simeq 0$ なので，$\boldsymbol{E} = \boldsymbol{D}$, $\boldsymbol{H} = \boldsymbol{B}$ で区別は無くなる．

$\boldsymbol{J} = \alpha \boldsymbol{j}$ と書いて，マックスウェル方程式をまとめると，

$$\frac{1}{c}\frac{\partial \boldsymbol{B}}{\partial t} = -\nabla \times \boldsymbol{E}, \quad \nabla \cdot \boldsymbol{B} = 0 \tag{A.84}$$

$$\frac{1}{c}\frac{\partial \boldsymbol{D}}{\partial t} = \nabla \times \boldsymbol{H} - \frac{4\pi}{c}\boldsymbol{J}, \quad \nabla \cdot \boldsymbol{D} = 4\pi\rho_\mathrm{e} \tag{A.85}$$

となり，媒質中での電磁場の方程式と全く同じ形になる．

(A.81) 式での計算のように変形すると，$F^{*i0} = -e^{ijk}F_{jk}/(2\sqrt{-g})$, $F^{*ij} = -e^{ijk}F_{k0}/\sqrt{-g}$ と書けるので，$\boldsymbol{D} \cdot \boldsymbol{E} = D^i E_i = -\alpha F^{i0} F_{i0}$, $\boldsymbol{B} \cdot \boldsymbol{H} = B^i H_i = \alpha F^{ij} F_{ij}/2$, $\boldsymbol{E} \times \boldsymbol{H} = -\alpha F^{ij} F_{0j}$ が得られる．一方，(A.13) 式で表される電磁場のエネルギー・運動量テンソルを微分して，マックスウェル方程式と連立させると，$(T_\mathrm{EM})^\mu_{\nu;\mu} = -j^\mu F_{\nu\mu}/c$ の保存則が得られる．上記で得られた関係から，保存則の第ゼロ成分は，

$$\frac{\partial}{\partial t}\left(\frac{\boldsymbol{D}\cdot\boldsymbol{E} + \boldsymbol{B}\cdot\boldsymbol{H}}{8\pi}\right) + \nabla \cdot \left(\frac{c}{4\pi}\boldsymbol{E}\times\boldsymbol{H}\right) = -\boldsymbol{J}\cdot\boldsymbol{E} \tag{A.86}$$

と書け，ポインティング・フラックス

$$\boldsymbol{S} = \frac{c}{4\pi}\boldsymbol{E}\times\boldsymbol{H} \tag{A.87}$$

によって電磁場エネルギーが運ばれる形になっている．右辺の $-\boldsymbol{J}\cdot\boldsymbol{E}$ は，電磁場と背景プラズマとのエネルギー交換を意味する．

A.5 ブランドフォード–ズナジェック過程

前節で議論した背景重力場は軸対称定常であったが，以下では電磁場に対しても軸対称定常を仮定する．磁力線の形状に自由度があるが，重力場中でのグラッド–シャフラノフ方程式を解くのは大変である．ここでは簡単なモデルとして，放射状のポロイダル磁場（磁場の θ-成分 $B^2 = 0$）を考える．動径成分の B^1 は角度 θ に依存しないとする．とはいえ，全領域で外向き，あるいは内向きの放射状磁力線にしてしまうと，大局的に見た時，磁場の湧き出しがあるように見えるの

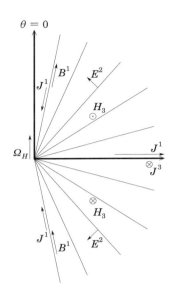

図 A.2 自転するブラックホール周囲の放射状磁場と電流の構造.

で，図 A.2 に表したように，北半球（$0 < \theta < \pi/2$）では外向き，南半球（$\pi/2 < \theta < \pi$）では内向きとしよう．赤道面（$\theta = \pi/2$）が特異面になっており，ここでは $B^1 = 0$ である．

　ブラックホール自身は磁場を作ることができない．この大局的な磁場構造は，降着円盤などの降着するガスに流れる電流によって担われている．BZ 過程のエネルギー源はブラックホールの回転エネルギーで，降着してきたガスの重力エネルギーではない．しかし，上記の電流をもたらすために，ガスの降着は必須であり，磁気圧も降着ガスの圧力におおよそ比例していると仮定されることが多い．

　BZ 過程の本質は，ポインティング・フラックスによる回転エネルギーの抽出なので，電磁場のエネルギー密度がプラズマの密度を圧倒している近似，force-free 近似を用い，プラズマと電磁場の相互作用による，煩雑な副次的作用を無視することとしよう．この force-free 近似の下でも背景プラズマは，理想 MHD 近似が成り立つのに充分な電流と電荷密度を供給できるとする．以上から，(A.86) 式の右辺は無視される．つまり電流は電場 $\boldsymbol{E}$ に平行な成分を持たない．A.2 節で示したように，軸対称の系では電場の ϕ-成分 E^3 はゼロである．理想 MHD では電場

と磁場は直交しなくてはならないので，電場は θ-方向の E^2 成分のみとなる．電流は $\nabla \times \boldsymbol{H} = 4\pi \boldsymbol{J}/c$ によって決められるが，force-free 近似（$\boldsymbol{J} \cdot \boldsymbol{E} = 0$）から，電流の θ-成分はゼロである．トロイダル電流は磁気圏全体を満たしているが，特に磁場が反転する赤道面では，強い電流が流れていることとなる．以上からプラズマに仕事をして動径方向に加速させる，$\rho_e \boldsymbol{E}$ や $\boldsymbol{J} \times \boldsymbol{B}$ の動径成分はゼロになっており，force-free 近似と無矛盾である．

　r-成分のポロイダル電流がトロイダルの磁場 H^3 を作り出している．先ほど述べた電場と共同して，これがポインティング・フラックスを生み出す．以下で見るように，$\nabla \times \boldsymbol{H}$ の r-成分は南北で同符号で，電流は中心に流れ込んできており，このままだと電荷が溜まってしまう．この矛盾も赤道面に押し付けられている．南北から入ってきた電流は，突然 H^3 の向きが反転する $\theta = \pi/2$ の赤道面を通って外へ抜けていることになる．

　前節で求めたマックスウェル方程式を用いて計算する．軸対称なので，$\nabla \cdot \boldsymbol{B} = 0$ から，磁力線に沿って，$B^1 \sqrt{\gamma}$ が一定である．電場については，(A.10) 式のように表現したいところだが，force-free 近似なので，プラズマの速度そのものは解かない．理想 MHD を課しているので，何らかの運動をしている観測者にとって電場がゼロにできれば良い．これは $\boldsymbol{D} \cdot \boldsymbol{B} = 0$ かつ $|\boldsymbol{D}| < |\boldsymbol{B}|$ であれば保証される．(A.27) 式と同様に，ベクトル $\boldsymbol{\Omega} = \Omega^i = (0, 0, \Omega)$ を用いて，

$$\boldsymbol{E} = -\boldsymbol{\Omega} \times \boldsymbol{B} \tag{A.88}$$

と書けるだろう．$\boldsymbol{\Omega}$ と $\bar{\boldsymbol{\beta}}$ は平行なので，$\boldsymbol{E}$ も $\boldsymbol{D}$ も磁場に垂直である．$E^2 = -\gamma_{33}\gamma_{11}\Omega B^1/\sqrt{\gamma}$ から，$E_2 = -\sqrt{\gamma}\Omega B^1$ である．$\nabla \times \boldsymbol{E} = 0$ より，$\partial\Omega/\partial r = 0$ となり，Ω も磁力線に沿って保存することがわかる．

　次に $\nabla \times \boldsymbol{H} = 4\pi \boldsymbol{J}/c$ の θ-成分から，$H_3 = \gamma_{33}H^3$ も磁力線に沿って保存することがわかる．マグネターを含むパルサーでは，星表面の回転角速度が境界条件として与えられ，有限の Ω，つまり電場が発生している．しかし，光円柱の内側では磁場のトロイダル成分がほぼゼロとみなせ，そこでは効率的なポインティング・フラックス $\boldsymbol{S} \propto \boldsymbol{E} \times \boldsymbol{H}$ の生成はできないと考えられている．一方，回転するブラックホールの場合は，時空の引きずりによって，Ω とトロイダル磁場 H_3 が共に有限値となり，ポインティング・フラックスが発生する．しかし，どのよ

うに境界条件を与えれば良いのであろう？

厳密には二つの座標系で物理量を比べたりするなどの，詳細な議論が必要なのだが，ここでは簡単のために以下のように考えて境界条件を設定する．ブラックホール地平面（$\Delta = 0$）近傍では，FIDO から見てプラズマは，ほぼ光速でブラックホールに吸い込まれていくであろう．理想 MHD において，FIDO から見た，磁力線に垂直な方向のプラズマ速度は

$$\boldsymbol{v}_\perp = c\frac{\boldsymbol{D}\times\boldsymbol{B}}{|B|^2} \tag{A.89}$$

である．地平面では $\sqrt{\gamma}$ が発散するので，保存量 $B^1\sqrt{\gamma}$ を考えると，$B^1 \simeq 0$ となり，上記の速度は D^2 と B^3 の外積で近似され，動径方向となる．その大きさ $\sqrt{v_1 v^1}$ が c なので，FIDO でのトロイダル磁場の大きさ $\sqrt{B_3 B^3}$ は電場のそれ，$\sqrt{D_2 D^2}$ と同じであると考える．今 $a \ll 1$ の極限で，地平面近傍では，$\alpha \simeq \sqrt{\Delta/r_g^2} \ll 1$, $\Sigma = \gamma_{22} \simeq r_g^2$, $A \simeq r_g^4$, $\bar{\beta} \simeq -a/(2r_g)$, $\gamma_{11} \simeq \alpha^{-2}$, $\gamma_{33} \simeq r_g^2\sin^2\theta$, $\sqrt{\gamma} = r_g^2 \sin\theta/\alpha$ となる．ここでは $E^2 = -\sqrt{\gamma}\Omega B^1/\gamma_{22} \simeq -\Omega B^1\sin\theta/\alpha$．一方，$\boldsymbol{E}$ の定義から，$E^2 \simeq \alpha D^2 - aB^1\sin\theta/(2\alpha r_g)$ なので，

$$(\alpha)^2 D^2 \simeq B^1(\Omega_\mathrm{H} - \Omega)\sin\theta \tag{A.90}$$

となる．ここで $\Omega_\mathrm{H} \equiv a/(2r_g)$ で，地平面での $-\bar{\beta}$ である．従って

$$\sqrt{D_2 D^2} = \alpha^{-2} B^1 r_g(\Omega_\mathrm{H} - \Omega)\sin\theta. \tag{A.91}$$

一方，$B_3 = H_3/\alpha$ なので，$\sqrt{B_3 B^3} = |H_3|/(r_g\alpha\sin\theta)$ となり，これが上の量と等しいはずである．プラズマが内向きに落下しているので，B_3 は D_2 の符号と逆でなくてはいけない．従って，地平面では

$$H_3 = -\frac{1}{\alpha}B^1 r_g^2(\Omega_\mathrm{H} - \Omega)\sin^2\theta \tag{A.92}$$

$$= -B^1\sqrt{\gamma}(\Omega_\mathrm{H} - \Omega)\sin\theta \tag{A.93}$$

が得られ，これが磁力線に沿った保存量である[*3]．この境界条件をズナジェック条件と呼ぶ．重要な点は，$\Omega < \Omega_\mathrm{H}$ である限り，E^2 と D^2 の符号が逆になってい

[*3] 北半球と南半球で B^1 の符号が反転することに留意すると，$J^1 \propto \partial H_3/\partial\theta$ の符号は南北で同一となり，先に述べたように中心に電流が流れ込んでいる（あるいは流れ出している）．

ることである.FIDO ではプラズマと共に内向きに電磁場エネルギーが運ばれているが,ポインティング・フラックス

$$S_r \equiv \frac{c}{4\pi} \boldsymbol{E} \times \boldsymbol{H} \Big|^1 = -\frac{c}{4\pi} \Omega B^1 H_3 \tag{A.94}$$

は正になっており,無限遠の観測者にとっては外向きに電磁場エネルギーが運ばれている.

一方無限遠では,$\Sigma = \gamma_{22} \simeq r^2$,$A \simeq r^4$,$\bar{\beta} \simeq 0$,$\gamma_{11} \simeq 1$,$\gamma_{33} \simeq r^2 \sin^2\theta$,$\sqrt{\gamma} = r^2 \sin\theta$ となる.電磁場エネルギーが卓越しているので,ほぼ光速の位相速度で,ポインティング・フラックスは外向きに運ばれるであろう.この場合 $\sqrt{B_3 B^3} = \sqrt{D_2 D^2}$ かつ $B_3 = H_3$ と D_2 の符号は同じであると考えられ,

$$H_3 \simeq -B^1 r^2 \Omega \sin^2\theta = -B^1 \sqrt{\gamma} \Omega \sin\theta \tag{A.95}$$

と求まる.$B^1\sqrt{\gamma}$,Ω,H_3 が磁力線に沿って保存するので,(A.93) 式と比べると,

$$\Omega = \frac{1}{2}\Omega_{\mathrm{H}} \tag{A.96}$$

が得られる.これが時空の引きずりによって励起される,(A.88) 式の電場を表す角運動量である.

以上から,動径方向に伝播するポインティング・フラックスは,

$$S_r = -\frac{c}{4\pi}\Omega B^1 H_3 = \frac{c}{16\pi}(\Omega_{\mathrm{H}} B^1)^2 \sqrt{\gamma} \sin\theta \tag{A.97}$$

と求まった.$r \gg r_{\mathrm{g}}$ の任意の点では,

$$S_r \simeq \frac{c}{16\pi}(\Omega_{\mathrm{H}} B^1)^2 r^2 \sin^2\theta \tag{A.98}$$

となる.$B^1 \equiv B_{\mathrm{p}}(r/r_{\mathrm{g}})^{-2}$ として,ブラックホール近傍の典型的な磁場を B_{p} と定義すると,

$$S_r = \frac{c}{64\pi} a^2 B_{\mathrm{p}}^2 r_{\mathrm{g}}^2 r^{-2} \sin^2\theta \tag{A.99}$$

と書ける.表面積で積分すると,全エネルギー抽出率が

$$L_B = 2\pi r^2 \int d\theta \sin\theta S_r = \frac{c}{24} a^2 B_{\mathrm{p}}^2 r_{\mathrm{g}}^2 \tag{A.100}$$

となる．本文での雑な評価（4.37）式は，これより 3 倍大きいだけである．ここで近似 $a \ll 1$ を用いていることをもう一度強調しておく．

華麗に BZ 過程のエネルギー抽出率が求まったように見えるが，騙されたように感じる読者もいるであろう．今は force-free 近似を用いているので，時空のいたるところで $\nabla \cdot \boldsymbol{S} = 0$ である．エネルギーは計算の境界である地平面から，境界条件として湧き出しているわけである．本文ではエルゴ層で負のエネルギーをブラックホールに落とすという説明を行ったが，この節での議論では，そのような機構は見えてこない．実際には地平面近くで理想 MHD 条件や force-free 条件が破れ，電流が磁力線を横切り，プラズマとエネルギー交換をしているのかもしれない．その結果，プラズマに負のエネルギーを与えて，ブラックホールへ落下させることに成功しているのだろうか．あるいは，定常で考えているためにパラドックスに陥っているという指摘もある．電磁場か重力場に非定常の効果を考慮しないと，正しい結論にはたどり着けないのかもしれない．

数値シミュレーションなどでは，force-free 近似をやめて，プラズマの運動も同時に解かれており，こうすれば正しい解に行きつくように思える．しかし，ブラックホール近傍ではプラズマが吸い込まれる，内向きの流れになっているのに対し，外側ではポインティング・フラックスに押されて，プラズマは外向きに流れ出す．その結果，ブラックホール回転軸上に，流れの向きが内と外に切り替わる点が現れ，そこではどんどんプラズマ密度が落ちて行く．定常解を作るためには，密度の減少を補うような，粒子の注入が必要となる．実際の系で，どのように粒子が注入されるのであろうか？こうした問題は未解決問題となっている．

参考文献

日本人研究者もこの分野に大きく貢献している．ここでも多くの文献を紹介するので，是非参照していただきたい．なお，主要な雑誌の名は省略形で示している [*1]．

● 第 1 章

宇宙最大の爆発天体ガンマ線バースト，村上敏夫，講談社（2014）

1.1 節

Observations of gamma-ray bursts of cosmic origin, Klebesadel, R. W.et al., ApJ, 182, L85（1973）

The interplanetary network supplement to the burst and transient source experiment 5b catalog of cosmic gamma-ray bursts, Hurley, K., et al., ApJS, 196, 1（2011）

1.2 節

A flaring X-ray pulsar in Dorado, Mazets, E. P., et al., Soviet Astronomy Letters, 5, 163（1979）

Evidence for cyclotron absorption from spectral features in gamma-ray bursts seen with Ginga, Murakami, T., et al., Nature, 335, 234（1988）

Interpretations of multiple absorption features in a gamma-ray burst spectrum, Fenimore, E. E., et al., ApJ, 335, L71（1988）

1.3 節

The Milky Way in X-rays for an outside observer. Log (N) –Log (S) and luminosity function of X-ray binaries from RXTE/ASM data, Grimm, H.-J., et al.,A&A, 391, 923（2002）

The fourth BATSE gamma-ray burst catalog (revised), Paciesas, W. S.,et al., ApJS 122, 465（1999）

The third BATSE gamma-ray burst catalog, Meegan, C. A., et al., ApJS 106, 65（1996）

1.4 節

Discovery of an X-ray afterglow associated with the big gamma-ray burst of 28 February 1997, Costa, E.,et al., Nature 387, 783（1997）

Transient optical emission from the error box of the γ-ray burst of 28 February 1997, van Paradijs, J., et al., Nature 386, 686（1997）

[*1] ApJ: Astrophysical Journal，ApJS: Astrophysical Journal Supplement，MNRAS: Monthly Notices of the Royal Astronomical Society，A&A: Astronomy & Astrophysics，PASJ: Publications of the Astronomical Society of Japan，PRL: Physical Review Letters，PRD: Physical Review D，JCAP: Journal of Cosmology and Astroparticle Physics，APh: Astroparticle Physics．

Spectral constraints on the redshift of the optical counterpart to the γ-ray burst of 8 May 1997, Metzger, M. R., et al., Nature 387, 878（1997）

The host galaxy of GRB 970508, Bloom, J. S., et al., ApJ 507, L25（1998）

1.5 節

The High Energy Transient Explorer (HETE) : mission and science overview, Ricker G. R.,et al., AIP Conference Proceedings, 662, 3（2003）

1.6 節

The Swift Gamma-ray Burst Mission, Gehrels, N., et al., ApJ 611, 1005（2004）

The Large Area Telescope on the Fermi Gamma-ray Space Telescope Mission, Atwood, W. B., et al., ApJ 697, 1071（2009）

Prospects for GRB science with the Fermi Large Area Telescope, Band, D. L., et al., ApJ 701, 1673（2009）

Fermi observations of high-energy gamma-ray emission from GRB 080825C, Abdo, A. A., et al., ApJ 707, 580（2009）

1.7 節

Sensitivity of the Advanced LIGO detectors at the beginning of gravitational wave astronomy, Martynov, D. V., et al., PRD 93, 112004（2016）

● 第 2 章

The third Swift burst alert telescope gamma-ray burst catalog, Lien, A.,et al., ApJ 829, 7（2016）

The first Fermi-LAT gamma-ray burst catalog, Ackermann, M., et al., ApJS 209, 11（2013）

2.1 節

The third Fermi GBM gamma-ray burst catalog: the first six years, Narayana Bhat, P., et al., ApJS 223, 28（2016）

Gamma-ray bursts in the comoving frame, Ghirlanda, G., et al., MNRAS 420, 483（2012）

The luminosity function and the rate of Swift's gamma-ray bursts, Wanderman, D., & Piran, T., MNRAS 406, 1944（2010）

Probing the cosmic gamma-ray burst rate with trigger simulations of the Swift Burst Alert Telescope, Lien, A., et al., ApJ 783, 24（2014）

The rate and luminosity function of long gamma ray bursts, Pescalli, A., et al., A&A 587, A40（2016）

The core collapse supernova rate from the SDSS-II supernova survey, Taylor, M., et al., ApJ 792, 135（2014）

An unusual supernova in the error box of the γ-ray burst of 25 April 1998, Galama, T. J., et al., Nature 395, 670（1998）

A hypernova model for the supernova associated with the big gamma-ray burst of 25 April 1998, Iwamoto, K., et al., Nature 395, 672（1998）

An off-axis jet model for GRB 980425 and low-energy gamma-ray bursts, Yamazaki,

R., et al., *ApJ* 594, L79 (1998)

Low-luminosity gamma-ray bursts as a unique population: luminosity function, local rate, and beaming factor, Liang, E., et al., *ApJ* 662, 1111 (2007)

Low-luminosity gamma-ray bursts as a distinct GRB population: a firmer case from multiple criteria constraints, Virgili, F. J., et al., *MNRAS* 392, 91 (2009)

A redshift–observation time relation for gamma-ray bursts: evidence of a distinct subluminous population, Howell, E. J., & Coward, D. M., *MNRAS* 428, 167 (2012)

Extragalactic high-energy transients: event rate densities and luminosity functions, Sun, H., et al., *ApJ* 812, 33 (2015)

The association of GRB 060218 with a supernova and the evolution of the shock wave, Campana, S., et al., *Nature* 442, 1008 (2006)

2.2 節

Physics of gamma-ray bursts prompt emission, Pe'er, A., *Advances in Astronomy* 2015, 907321 (2015)

Minimum variability time-scales of long and short GRBs, MacLachlan, G. A., et al., *MNRAS* 432, 857 (2013)

Identification of two classes of gamma-ray bursts, Kouveliotou, C., et al., *ApJ* 413, L101 (1993)

Short-duration gamma-ray bursts, Berger, E., *Annual Review of Astronomy and Astrophysics* 52, 43 (2014)

A short γ-ray burst apparently associated with an elliptical galaxy at redshift $z = 0.225$, Gehrels, N., et al., *Nature* 437, 851 (2005)

The afterglow and elliptical host galaxy of the short γ-ray burst GRB 050724, Berger, E., et al., *Nature* 438, 988 (2005)

The rate, luminosity function and time delay of non-collapsar short GRBs, Wanderman, D., & Piran. T., *MNRAS* 448, 3026 (2015)

Discovery of the short γ-ray burst GRB 050709, Villasenor, J. S., et al., *Nature* 437, 855 (2005)

An observational imprint of the collapsar model of long gamma-ray bursts, Bromberg, O., et al., *ApJ* 749, 110 (2012)

The ultra-long gamma-ray burst 111209A: the collapse of a blue supergiant? Gendre, B., et al., *ApJ* 766, 30 (2013)

A new population of ultra-long duration gamma-ray bursts, Levan, A. J., et al., *ApJ* 781, 13 (2014)

A very luminous magnetar-powered supernova associated with an ultra-long γ-ray burst, Greiner, J., et al., *Nature* 523, 189 (2015)

2.3 節

Observations of GRB 990123 by the Compton Gamma Ray Observatory, Briggs, M. S., et al., *ApJ* 524, 82 (1999)

BATSE observations of gamma-ray burst spectra. I - spectral diversity, Band, D., et al., *ApJ* 413, 281 (1993)

The BATSE gamma-ray burst spectral catalog. I. high time resolution spectroscopy of bright bursts using high energy resolution data, Preece, R. D., et al., *ApJS* 126, 19 (2000)

Time-evolution of peak energy and luminosity relation within pulses for GRB 061007: probing fireball dynamics, Ohno, M., et al., *PASJ* 61, 201 (2009)

The complete spectral catalog of bright BATSE gamma-ray bursts, Kaneko, Y., et al., *ApJS* 166, 298 (2006)

Anomalies in low-energy gamma-ray burst spectra with the *Fermi* Gamma-ray Burst Monitor, Tierney, D., et al., *A&A* 550, A102 (2013)

Global characteristics of X-ray flashes and X-ray-rich gamma-ray bursts observed by *HETE*-2, Sakamoto, T., et al., *ApJ* 629, 311 (2005)

X-ray flashes from off-axis gamma-ray bursts, Yamazaki, R., et al., *ApJ* 571, L31 (2002)

A redshift determination for XRF 020903: first spectroscopic observations of an X-ray flash, Soderberg, A. M., et al., *ApJ* 606, 994 (2004)

A very low luminosity X-ray flash: XMM-Newton observations of GRB 031203, Watson, D., et al., *ApJ* 605, L101 (2004)

A spectacular radio flare from XRF 050416a at 40 days and implications for the nature of X-ray flashes, Soderberg, A. M., et al., *ApJ* 661, 982 (2007)

2.4 節

Intrinsic spectra and energetics of *BeppoSAX* Gamma-Ray Bursts with known redshifts, Amati, L., et al., *A&A* 390, 81 (2002)

Update on the GRB universal scaling $E_{X,\mathrm{iso}}$–$E_{\gamma,\mathrm{iso}}$–E_{pk} with 10 years of *Swift* data, Zaninoni, E., et al., *MNRAS* 455, 1375 (2016)

There is a short gamma-ray burst prompt phase at the beginning of each long one, Calderone, G., et al., *MNRAS* 448, 403 (2015)

Gamma-ray burst formation rate inferred from the spectral peak energy-peak luminosity relation, Yonetoku, D., et al., *ApJ* 609, 935 (2004)

Possible origins of dispersion of the peak energy-brightness correlations of gamma-ray bursts, Yonetoku, D., et al., *PASJ* 62, 1495 (2010)

Connection between energy-dependent lags and peak luminosity in gamma-ray bursts, Norris, J. P., et al., *ApJ* 534, 248 (2000)

Long-lag, wide-pulse gamma-ray bursts, Norris, J. P., et al., *ApJ* 627, 324 (2005)

Spectral-lag relations in GRB pulses detected with *HETE*-2, Arimoto, M., et al., *PASJ* 62, 487 (2010)

Correlations between lag, luminosity, and duration in gamma-ray burst pulses, Hakkila, J., et al., *ApJ* 677, L81 (2008)

Peak luminosity-spectral lag relation caused by the viewing angle of the collimated gamma-ray bursts, Ioka, K., & Nakamura, T., *ApJ* 554, L163 (2001)

Redshifts For 220 BATSE gamma-ray bursts determined by variability and the cosmological consequences, Fenimore E. E., & Ramirez-Ruiz E., astro-ph/0004176 (2000)

Testing the gamma-ray burst variability/peak luminosity correlation on a *Swift* homogeneous sample, Rizzuto, D., *et al.*, *MNRAS* 379, 619 (2007)

2.5 節

Detection of a spectral break in the extra hard component of GRB 090926A, Ackermann, M., *et al.*, *ApJ* 729, 114 (2011)

A comprehensive analysis of *Fermi* gamma-ray burst data. I. spectral components and the possible physical origins of LAT/GBM GRBs, Zhang, B.-B., *et al.*, *ApJ* 730, 141 (2011)

High-energy non-thermal and thermal emission from GRB 141207A detected by FERMI, Arimoto, M., *et al.*, *ApJ* 833, 139 (2016)

Delayed onset of high-energy emissions in leptonic and hadronic models of gamma-ray bursts, Asano, K., & Mészáros, P., *ApJ* 757, 115 (2012)

Hadronic models for the extra spectral component in the short GRB 090510, Asano, K., *et al.*, *ApJ* 705, L191 (2009)

An up-scattered cocoon emission model of gamma-ray burst high-energy lags, Toma, K., *et al.*, *MNRAS* 415, 1663 (2011)

Fermi observations of high-energy gamma-ray emission from GRB 080916C, Abdo, A. A., *et al.*, *Science* 323, 1688 (2009)

2.6 節

Polarization of the prompt γ-ray emission from the γ-ray burst of 6 December 2002, Coburn, W., & Boggs, S. E., *Nature* 423, 415 (2003)

Re-analysis of polarization in the γ-ray flux of GRB 021206, Rutledge, R. E., & Fox, D. B., *MNRAS* 350, 1288 (2004)

Polarization properties of photospheric emission from relativistic, collimated outflows, Lundman, C., *et al.*, *MNRAS* 440, 3292 (2014)

Spectral and polarization properties of photospheric emission from stratified jets, Ito, H., *et al.*, *ApJ* 789, 159 (2014)

Detection of gamma-ray polarization in prompt emission of GRB 100826A, Yonetoku, D., *et al.*, *ApJ* 743, L30 (2011)

Magnetic structures in gamma-ray burst jets probed by gamma-ray polarization, Yonetoku, D., *et al.*, *ApJ* 758, L1 (2012)

The polarized gamma-ray burst GRB 061122, Götz, D., *et al.*, *MNRAS* 431, 3550 (2013)

GRB 140206A: the most distant polarized gamma-ray burst, Götz, D., *et al.*, *MNRAS* 444, 2776 (2014)

2.7 節

The afterglow, redshift and extreme energetics of the big γ-ray burst of 23 January 1999, Kulkarni, S. R., *et al.*, *Nature* 398, 389 (1999)

Observation of contemporaneous optical radiation from a big γ-ray burst, Akerlof, C. W., *et al.*, *Nature* 398, 400 (1999)

The puzzling case of GRB 990123: prompt emission and broad-band afterglow modeling, Corsi, A., et al., A&A 438, 829 (2005)

A link between prompt optical and prompt big γ-ray emission in big γ-ray bursts, Vestrand, W. T., et al., Nature 435, 178 (2005)

The dark side of ROTSE-III prompt GRB observation, Yost, S. A., et al., ApJ 669, 1107 (2007)

Broadband observations of the naked-eye γ-ray burst GRB080319B, Racusin, J. L., et al., Nature 455, 183 (2008)

Prompt X-ray and optical excess emission due to hadronic cascades in gamma-ray bursts, Asano, K., et al., ApJ 725, L121 (2010)

● 第 3 章

A comparison of the afterglows of short- and long-duration gamma-ray bursts, Nysewander, M., et al., ApJ 701, 824 (2009)

Happy birthday *Swift*: ultra-long GRB 141121A and its broadband afterglow, Cucchiara, A., et al., ApJ 812, 122 (2015)

3.1 節

GRB 080913 at redshift 6.7, Greiner, J., et al., ApJ 693, 1610 (2009)

Swift observations of the X-ray–bright GRB 050315, Vaughan, S., et al., ApJ 638, 920 (2006)

Evidence for a canonical gamma-ray burst afterglow light curve in the *Swift* XRT data, Nousek, J. A., et al., ApJ 642, 389 (2006)

The giant X-ray flare of GRB 050502B: evidence for late-time internal engine activity, Falcone, A. D., et al., ApJ 641, 1010 (2006)

A comprehensive analysis of *Swift* XRT data. III. jet break candidates in X-ray and optical afterglow light curves, Liang, E.-W., et al., ApJ 675, 528 (2008)

The 80 Ms follow-up of the X-ray afterglow of GRB 130427A challenges the standard forward shock model, De Pasquale, M., et al., MNRAS 462, 1111 (2016)

Jet breaks in short gamma-ray bursts. II. the collimated afterglow of GRB 051221A, Burrows, D. N., et al., ApJ 653, 468 (2006)

Jet breaks in short gamma-ray bursts. I. the uncollimated afterglow of GRB 050724, Grupe, D., et al., ApJ 653, 462 (2006)

Magnetar powered GRBs: explaining the extended emission and X-ray plateau of short GRB light curves, Gompertz, B. P., et al., MNRAS 438, 240 (2014)

Long-lasting black hole jets in short gamma-ray bursts, Kisaka, S., & Ioka, K., ApJ 804, L16 (2015)

The nature of "dark" gamma-ray bursts, Greiner, J., et al., A&A 526, A30 (2011)

The afterglows of *Swift*-era gamma-ray bursts. I. comparing pre-*Swift* and *Swift*-era long/soft (type II) GRB optical afterglows, Kann, D. A., et al., ApJ 720, 1513 (2010)

Evidence for chromatic X-ray light-curve breaks in *Swift* gamma-ray burst afterglows and their theoretical implications, Panaitescu, A., et al., MNRAS 369, 2059

(2006)

REM observations of GRB060418 and GRB060607A: the onset of the afterglow and the initial fireball Lorentz factor determination, Molinari, M., et al., A&A 469, L13 (2007)

The bright optical/NIR afterglow of the faint GRB 080710 – evidence of a jet viewed off-axis, Krühler, T., et al., A&A 508, 593 (2009)

A radio-selected sample of gamma-ray burst afterglows, Chandra, P., & Frail, D. A., ApJ 746, 156 (2012)

Discovery of a radio flare from GRB 990123, Kulkarni, S. R., et al., ApJ 522, L97 (1999)

Calorimetry of GRB 030329: simultaneous model fitting to the broadband radio afterglow and the observed image expansion rate, Mesler, R. A., & Pihlström, Y. M., ApJ 774, 77 (2013)

Clustering of LAT light curves: a clue to the origin of high-energy emission in gamma-ray bursts, Nava, L., et al., MNRAS 443, 3578 (2014)

External forward shock origin of high-energy emission for three gamma-ray bursts detected by Fermi, Kumar, P., & Barniol Duran, R., MNRAS 409, 226 (2010)

3.2 節

GRB 970228 and GRB 980329 and the nature of their host galaxies, Lamb, D. Q., et al., A&A Supplement Series 138, 479 (1999)

Fundamental physical parameters of collimated gamma-ray burst afterglows, Panaitescu, A., & Kumar, P., ApJ 560, L49 (2001)

On the kinetic energy and radiative efficiency of gamma-ray bursts, Lloyd-Ronning, N. M., & Zhang, B., ApJ 613, 477 (2004)

Testing the standard fireball model of gamma-ray bursts using late X-ray afterglows measured by Swift, Willingale, R., et al., ApJ 662, 1093 (2007)

An external-shock model for gamma-ray burst afterglow 130427A, Panaitescu, A., et al., MNRAS 436, 3106 (2013)

3.3 節

Detection of polarization in the afterglow of GRB 990510 with the ESO very large telescope, Wijers, R. A. M. J., et al., ApJ 523, L33 (1999)

Evolution of the polarization of the optical afterglow of the γ-ray burst GRB030329, Greiner, J., et al., Nature 426, 157 (2003)

Early optical polarization of a gamma-ray burst afterglow, Mundell, C. G., et al., Science 315, 1822 (2007)

Highly polarized light from stable ordered magnetic fields in GRB 120308A, Mundell, C. G., et al., Nature 504, 119 (2013)

Circular polarization in the optical afterglow of GRB 121024A, Wiersema, K., et al., Nature 509, 201 (2014)

3.4 節

Discovery of a tight correlation for gamma-ray burst afterglows with "canonical" light curves, Dainotti, M. G., et al., *ApJ* 722, L215（2010）

● 第 4 章

The physics of gamma-ray bursts, Piran, T., *Review of Modern Physics* 76, 1143（2005）

Gamma-ray bursts, Mészáros, P., *Reports on Progress in Physics* 69, 2259（2006）

4.1 節

天体物理学の基礎 I（シリーズ現代の天文学 第 11 巻），観山正見，野本憲一，二間瀬敏史編，日本評論社（2009）

天体物理学の基礎 II（シリーズ現代の天文学 第 12 巻），観山正見，野本憲一，二間瀬敏史編，日本評論社（2008）

ブラックホールと高エネルギー現象，小山勝二，嶺重慎編，日本評論社（2007）

天体高エネルギー現象，高原文郎，岩波書店（2002）

場の古典論，Landau, L. D., & Lifshitz, E. M., 東京図書（1978）

流体力学 1&2, Landau, L. D., & Lifshitz, E. M., 東京図書（1970, 1971）

Gas dynamics, Shu, F. H., University Science Books（1992）

宇宙流体力学の基礎（シリーズ宇宙物理学の基礎 第 1 巻），福江純，梅村雅之，和田桂一，日本評論社（2014）

MHD flows in compact astrophysical objects: Accretion, winds and jets, Beskin, V. S., Springer（2010）

高温プラズマの物理学，田中基彦，西川恭治，丸善（1991）

Plasma astrophysics, Kirk, J. G., et al., Springer-Verlag（1994）

Radiative processes in astrophysics, Rybicki, G. B., & Lightman, A. P., Wiley-Interscience（1979）

Radiation, Shu, F. H., University Science Books（1991）

The quantum theory of radiation, Heitler, W., Oxford University Press（1954）

The theory of photons and electrons, Jauch, J. M., & Rohrlich, F., Springer-Verlag（1976）

Quantum field theory, Itzykson, C., & Zuber, J.-B., Mcgraw-hill Education（1986）

Neutrinos in physics and astrophysics, Kim, C. W., & Pevsner, A., Harwood Academic Publishers（1993）

特殊相対論，高原文郎，培風館（2012）

相対性理論，冨田憲二，丸善（1990）

一般相対論，佐々木節，産業図書（1996）

The mathematical theory of black holes, Chandrasekhar, S., Oxford University Press（1992）

4.2 節

Gamma-ray bursters at cosmological distances, Paczyński, B , *ApJ* 308, L43（1986）

4.3 節

Presupernova evolution of rotating massive stars. I. Numerical method and evolution of the internal stellar structure, Heger, A., et al., *ApJ* 528, 368（2000）

How massive single stars end their life, Heger, A., et al., ApJ 591, 288 (2003)
Black-hole accretion disks, Kato, S., et al., Kyoto University Press (1998)
ブラックホール天文学（新天文学ライブラリー 第3巻），嶺重慎，日本評論社（2016）
Collapsars: gamma-ray bursts and explosions in "failed supernovae", MacFadyen, A. I. & Woosley, S. E., ApJ 524, 262 (1999)
Formation of black hole and accretion disk in a massive high-entropy stellar core collapse, Sekiguchi, Y. & Shibata, M., ApJ 737, 6 (2011)
Relativistic effects on neutrino pair annihilation above a Kerr black hole with the accretion disk, Asano, K. & Fukuyama, T., ApJ 546, 1019 (2001)
Electromagnetic extraction of energy from Kerr black holes, Blandford, R. D., & Znajek, R. L., MNRAS 179, 433 (1977)
Electrodynamics of black hole magnetospheres, Komissarov, S. S., MNRAS 350, 427 (2004)
General relativistic magnetohydrodynamic simulations of the jet formation and large-scale propagation from black hole accretion systems, McKinney, J. C., MNRAS 368, 1561 (2006)
Electromotive force in the Blandford–Znajek process, Toma, K., & Takahara, F., MNRAS 442, 2855 (2014)

4.4節

The appearance of cosmic fireballs, Shemi, A. & Piran, T., ApJ 365, L55 (1990)
Hydrodynamics of relativistic fireballs, Piran, T., et al., MNRAS 263, 861 (1993)
Gasdynamics of relativistically expanding gamma-ray burst sources - Kinematics, energetics, magnetic fields, and efficiency, Mészáros, P., et al., ApJ 415, 181 (1993)
Magnetic acceleration of ultrarelativistic jets in gamma-ray burst sources, Komissarov, S. S., et al., MNRAS 394, 1182 (2009)
Acceleration of GRB outflows by Poynting flux dissipation, Drenkhahn, G., A&A 387, 714 (2002)
Impulsive acceleration of strongly magnetized relativistic flows, Granot, J., et al., MNRAS 411, 1323 (2011)

4.5節

Can internal shocks produce the variability in gamma-ray bursts?, Kobayashi, S., et al., ApJ 490, 92 (1997)
Gamma-ray bursts from internal shocks in a relativistic wind: temporal and spectral properties, Daigne, F., & Mochkovitch, R., MNRAS 296, 275 (1998)
Particle acceleration at astrophysical shocks: a theory of cosmic ray origin, Blandford, R., & Eichler, D., Physics Reports 154, 1 (1987)
Relativistic collisionless shocks in unmagnetized electron-positron plasmas, Kato, T. N., ApJ 668, 974 (2007)
Particle acceleration in relativistic collisionless shocks: Fermi process at last?, Spitkovsky, A., ApJ 682, L5 (2008)
On the structure of relativistic collisionless shocks in electron-ion plasmas, Spitkovsky,

A., *ApJ* 673, L39（2008）

Generation of magnetic fields in the relativistic shock of gamma-ray burst sources, Medvedev, M. V., & Loeb, A., *ApJ* 526, 697（1999）

Turbulent amplification of magnetic field and diffusive shock acceleration of cosmic rays, Bell, A. R., *MNRAS* 353, 550（2004）

Three-dimensional simulations of magnetohydrodynamic turbulence behind relativistic shock waves and their implications for gamma-ray bursts, Inoue, T., et al., *ApJ* 734, 77（2011）

Slow heating model of gamma-ray burst: photon spectrum and delayed emission, Asano, K., & Terasawa, T., *ApJ* 705, 1714（2009）

Stochastic acceleration model of gamma-ray burst with decaying turbulence, Asano, K., & Terasawa, T., *MNRAS* 454, 2242（2015）

Theory of "jitter" radiation from small-scale random magnetic fields and prompt emission from gamma-ray burst shocks, Medvedev, M. V., *ApJ* 540, 704（2000）

4.6 節

Gamma-ray bursts from synchrotron self-Compton emission, Stern, B. E., & Poutanen, J., *MNRAS* 352, L35（2004）

Towards a complete theory of gamma-ray bursts, Dar, A., & de Rújula, A., Physics Reports 405, 203（2004）

Dissipative photosphere models of gamma-ray bursts and X-ray flashes, Rees, M. J., & Mészáros, P., *ApJ* 628, 847（2005）

Collisional mechanism for gamma-ray burst emission, Belobcrodov, A. M., *MNRAS* 407, 1033（2010）

Photon and neutrino spectra of time-dependent photospheric models of gamma-ray bursts, Asano, K., & Mészáros, P., *JCAP* 09, 008（2013）

Confinement of the Crab pulsar's wind by its supernova remnant, Kennel, C. F., & Coroniti, F. V., *ApJ* 283, 694（1984）

Numerical tests of fast reconnection in weakly stochastic magnetic fields, Kowal, G., et al., *ApJ* 700, 63（2009）

Acceleration of particles at the termination shock of a relativistic striped wind, Sironi, L. & Spitkovsky, A., *ApJ* 741, 39（2011）

太陽［第 2 版］（シリーズ現代の天文学 第 10 巻），桜井隆，小島正宜，柴田一成編，日本評論社（2018）

A reconnection switch to trigger gamma-ray burst jet dissipation, McKinney, J. C., & Uzdensky, D. A., *MNRAS* 419, 573（2012）

Prompt GRB emission from gradual energy dissipation, Giannios, D., *A&A* 480, 305（2008）

4.7 節

Lower limits on Lorentz factors in gamma-ray bursts, Lithwick, Y., & Sari, R., *ApJ* 555, 540（2001）

Prompt high-energy emission from gamma-ray bursts in the internal shock model, Bošnjak, Ž., et al., *A&A* 498, 677（2009）

An up-scattered cocoon emission model of gamma-ray burst high-energy lags, Toma, K., et al., ApJ 707, 1404 (2009)

The energy spectrum of cosmic rays above $10^{17.2}$ eV measured by the fluorescence detectors of the Telescope Array experiment in seven years, Abbasi, R. U., et al., APh 80, 131 (2016)

Cosmological gamma-ray bursts and the highest energy cosmic rays, Waxman, E., PRL 75, 386 (1995)

High-energy gamma rays from ultra-high-energy cosmic-ray protons in gamma-ray bursts, Böttcher, M., & Dermer, C. D., ApJ 499, L131 (1998)

Prompt GeV-TeV emission of gamma-ray bursts due to high-energy protons, muons, and electron-positron pairs, Asano, K., & Inoue, S., ApJ 671, 645 (2007)

Delayed onset of high-energy emissions in leptonic and hadronic models of gamma-ray bursts, Asano, K., & Mészáros, P., ApJ 757, 115 (2012)

High energy neutrinos from cosmological gamma-ray burst fireballs, Waxman, E., & Bahcall, J., PRL 78, 2292 (1997)

High energy neutrino emission and neutrino background from gamma-ray bursts in the internal shock model, Murase, K., & Nagataki, S., PRD 73, 063002 (2006)

4.8 節

Fluid dynamics of relativistic blast waves, Blandford, R. D., & McKee, C. F., Physics of Fluids 19, 1130 (1976)

Spectra and light curves of gamma-ray burst afterglows, Sari, R., et al., ApJ 497, L17 (1998)

Temporal evolution of the gamma-ray burst afterglow spectrum for an observer: GeV–TeV synchrotron self-Compton light curve, Fukushima, T., et al., ApJ 844, 92 (2017)

The dynamics and light curves of beamed gamma-ray burst afterglows, Rhoads, J. E., ApJ 525, 737 (1999)

The dynamics and afterglow radiation of gamma-ray bursts. I. constant density medium, Zhang, W. & MacFadyen, A., ApJ 698, 1261 (2009)

Hydrodynamic timescales and temporal structure of gamma-ray bursts, Sari, R., & Piran, T., ApJ 455, L143 (1995)

Predictions for the very early afterglow and the optical flash, Sari, R., & Piran, T., ApJ 520, 641 (1999)

Light curves of gamma-ray burst optical flashes, Kobayashi, S., ApJ 545, 807 (2000)

Rayleigh–Taylor instability in a relativistic fireball on a moving computational grid, Duffell, P. C. & MacFadyen, A. I., ApJ 775, 87 (2013)

Physical processes shaping gamma-ray burst X-ray afterglow light curves: theoretical implications from the *Swift* X-ray telescope observations, Zhang, B., ApJ 642, 354 (2006)

Tail emission of prompt gamma-ray burst jets, Yamazaki, R., et al., MNRAS 369, 311 (2006)

Gamma-ray burst afterglow with continuous energy injection: signature of a highly

magnetized millisecond pulsar, Zhang, B., & Mészáros, P., *ApJ* 552, L35（2001）
Broadband observations of the naked-eye γ-ray burst GRB080319B, Racusin, J. L., *et al.*, *Nature* 455, 183（2008）
Efficiency crisis of *Swift* gamma-ray bursts with shallow X-ray afterglows: prior activity or time-dependent microphysics?, Ioka, K., *et al.*, *A&A* 458, 7（2006）
Variabilities of gamma-ray burst afterglows: long-acting engine, anisotropic jet, or many fluctuating regions?, Ioka, K., *et al.*, *ApJ* 631, 429（2005）
On the synchrotron self-Compton emission from relativistic shocks and its implications for gamma-ray burst afterglows, Sari, R., & Esin, A. A., *ApJ* 548, 787（2001）
External forward shock origin of high-energy emission for three gamma-ray bursts detected by *Fermi*, Kumar, P., & Barniol Duran, R., *MNRAS* 409, 226（2010）
Fermi-LAT observations of the gamma-ray burst GRB 130427A, Ackermann, M., *et al.*, *Science* 343, 42（2014）

● 第 5 章

恒星（シリーズ現代の天文学 第 7 巻），野本憲一，定金晃三，佐藤勝彦編，日本評論社（2009）
銀河 I（シリーズ現代の天文学 第 4 巻［第 2 版］），谷口義明，岡村定矩，祖父江義明編，日本評論社（2018）
Observation of gravitational waves from a binary black hole merger, Abbott, B. P., *et al.*, *PRL* 116, 061102（2016）

5.1 節

The afterglow, redshift and extreme energetics of the gamma-ray burst of 23 January 1999, Kulkarni, S. R., *et al.*, *Nature* 398, 389（1999）
The host galaxy of GRB 031203: implications of its low metallicity, low redshift, and starburst nature, Prochaska, J. X., *et al.*, *ApJ* 611, 200（2004）
The redshift and afterglow of the extremely energetic gamma-ray burst GRB 080916C, Greiner, J., *et al.*, *A&A* 498, 89（2009）

5.2 節

An unusual supernova in the error box of the γ-ray burst of 25 April 1998, Galama, T. J., *et al.*, *Nature* 395, 670（1998）
A hypernova model for the supernova associated with the γ-ray burst of 25 April 1998, Iwamoto, K., *et al.*, *Nature* 395, 672（1998）
Detection of a supernova signature associated with GRB 011121, Bloom, J. S., *et al.*, *ApJ* 572, L45（2002）
Discovery of the low-redshift optical afterglow of GRB 011121 and its progenitor supernova SN 2001ke, Garnavich, P. M., *et al.*, *ApJ* 582, 924（2003）
A very energetic supernova associated with the γ-ray burst of 29 March 2003, Hjorth, J., *et al.*, *Nature* 423, 847（2003）
Diversity of gamma-ray burst energetics vs. supernova homogeneity: SN 2013cq

associated with GRB 130427A, Melandri, A., et al., A&A 567, A29 (2014)

The connection between gamma-ray bursts and extremely metal-poor stars: black hole–forming supernovae with relativistic jets, Tominaga, N., et al., ApJ 657, L77 (2007)

5.3 節

UV star-formation rates of GRB host galaxies, Christensen, L., et al., A&A 425, 913 (2004)

The *Swift* GRB host galaxy legacy survey. II. rest-frame near-IR luminosity distribution and evidence for a near-solar metallicity threshold, Perley, D. A., et al., ApJ 817, 8 (2016)

The origin of the mass-metallicity relation: insights from 53,000 star-forming galaxies in the sloan digital sky survey, Tremonti, C. A., et al., ApJ 613, 898 (2004)

The metallicity of the long GRB hosts and the fundamental metallicity relation of low-mass galaxies, Mannucci, F., et al., MNRAS 414, 1263 (2011)

Long γ-ray bursts and core-collapse supernovae have different environments, Fruchter, A. S., et al., Nature 441, 463 (2006)

Detection of Wolf–Rayet stars in host galaxies of gamma-ray bursts (GRBs): are GRBs produced by runaway massive stars ejected from high stellar density regions?, Hammer, F., et al., A&A 454, 103 (2006)

5.4 節

The evolution and explosion of massive stars, Woosley, S. E., et al., Review of Modern Physics 74, 1015 (2002)

The progenitor stars of gamma-ray bursts, Woosley, S. E., & Heger, A., ApJ 637, 914 (2006)

Single star progenitors of long gamma-ray bursts. I. model grids and redshift dependent GRB rate, Yoon, S.-C., et al., A&A 460, 199 (2006)

Relativistic jets in collapsars, Zhang, W., et al., ApJ 586, 356 (2003)

Collimated jet or expanding outflow: possible origins of gamma-ray bursts and X-ray flashes, Mizuta, A., et al., ApJ 651, 960 (2006)

Jet propagations, breakouts, and photospheric emissions in collapsing massive progenitors of long-duration gamma-ray bursts, Nagakura, H., et al., ApJ 731, 80 (2011)

Supernova hosts for gamma-ray burst jets: dynamical constraints, Matzner, C. D., MNRAS 345, 575 (2003)

Long-duration X-ray flash and X-ray-rich gamma-ray bursts from low-mass population III stars, Nakauchi, D., et al., ApJ 759, 128 (2012)

The ultra-long gamma-ray burst 111209A: the collapse of a blue supergiant?, Gendre, B., et al., ApJ 766, 30 (2013)

Blue supergiant model for ultra-long gamma-ray burst with superluminous-supernova-like bump, Nakauchi, D., et al., ApJ 778, 67 (2013)

5.5 節

Short-duration gamma-ray bursts, Berger, E., Annual Review of Astronomy and

Astrophysics 52, 43（2014）

5.6 節

The rate of neutron star binary mergers in the universe - minimal predictions for gravity wave detectors, Phinney, E. S., *ApJ* 380, L17（1991）

Prospects for observing and localizing gravitational-wave transients with advanced LIGO and advanced Virgo Abbott, B. P., *et al.*, *Living Reviews in Relativity*, 19, 1（2016）

Transient events from neutron star mergers, Li, L.-X., & Paczyński, B., *ApJ* 507, L59（1998）

Electromagnetic counterparts of compact object mergers powered by the radioactive decay of r-process nuclei, Metzger, B. D., *et al.*, *MNRAS* 406, 2650（2010）

Mass ejection from the merger of binary neutron stars, Hotokezaka, K., *et al.*, *PRD* 87, 024001（2013）

Radiative transfer simulations of neutron star merger ejecta, Tanaka, M., & Hotokezaka, K., *ApJ* 775, 113（2013）

Progenitor models of the electromagnetic transient associated with the short gamma ray burst 130603B, Hotokezaka, K., *et al.*, *ApJ* 778, L16（2013）

Production of all the r-process nuclides in the dynamical ejecta of neutron star mergers, Wanajo, S., *et al.*, *ApJ* 789, L39（2014）

A 'kilonova' associated with the short-duration γ-ray burst GRB 130603B, Tanvir, N. R., *et al.*, *Nature* 500, 547（2013）

Detectable radio flares following gravitational waves from mergers of binary neutron stars, Nakar, E., & Piran, T., *Nature* 478, 82（2011）

GW170817: observation of gravitational waves from a binary neutron star inspiral, Abbott, B. P., *et al.*, *PRL* 119, 161101（2017）

Multi-messenger Observations of a Binary Neutron Star Merger, Abbott *et al.*, *ApJ*, 848, L12（2017）

Kilonova from post-merger ejecta as an optical and near-infrared counterpart of GW170817, Tanaka, M. *et al.*, *PASJ*, 69, 102（2017）

Gravitational waves and gamma-rays from a binary neutron star merger: GW170817 and GRB 170817A, Abbott, B. P., *et al.*, *ApJ* 848, L13（2017）

The electromagnetic counterpart of the binary neutron star merger LIGO/Virgo GW170817. II. UV, optical, and near-infrared light curves and comparison to kilonova models, Cowperthwaite, P. S., *et al.*, *ApJ* 848, L17（2017）

The X-ray counterpart to the gravitational-wave event GW170817, Troja, E., *et al.*, *Nature* 551, 71（2017）

Can an off-axis gamma-ray burst jet in GW170817 explain all the electromagnetic counterparts?, Ioka, K., & Nakamura, T., *Prog. Theo. Exp. Phys.* 2018, 043E02（2018）

A cocoon shock breakout as the origin of the γ-ray emission in GW170817, Gottlieb, O., *et al.*, *MNRAS* 479, 588（2018）

● 第 6 章

宇宙論 II（シリーズ現代の天文学 第 3 巻），二間瀬敏史，池内了，千葉柾司編，日本評論社（2007）

銀河 I（シリーズ現代の天文学 第 4 巻 [第 2 版]），谷口義明，岡村定矩，祖父江義明編，日本評論社（2018）

6.1 節

The afterglow, redshift and extreme energetics of the gamma-ray burst of 23 January 1999, Kulkarni, S. R., et al., *Nature* 398, 389（1999）

VLT identification of the optical afterglow of the gamma-ray burst GRB 000131 at $z = 4.50$, Andersen, M. I., et al., *A&A* 364, L54（2000）

Gamma-ray bursts, Gehrels N., & Mészáros, P., *Science* 337, 932（2012）

Gamma-ray bursts in the *Swift* era, Gehrels, N., et al., *Annual Review of Astronomy and Astrophysics* 47, 567（2009）

An optical spectrum of the afterglow of a gamma-ray burst at a redshift of $z = 6.295$, Kawai, N., et al., *Nature* 440, 184（2006）

A gamma-ray burst at a redshift of $z \approx 8.2$, Tanvir, N. R., et al., *Nature* 461, 1254（2009）

GRB 090423 at a redshift of $z \approx 8.1$, Salvaterra, R., et al., *Nature* 461, 1258（2009）

The luminosity function and the rate of *Swift's* gamma-ray bursts, Wanderman, D., & Piran, T., *MNRAS* 406, 1944（2010）

Probing the cosmic gamma-ray burst rate with trigger simulations of the *Swift* Burst Alert Telescope, Lien, A., et al., *ApJ* 783, 24（2014）

Long gamma-ray burst rate in the binary merger progenitor model, Kinugawa, T., & Asano, K., *ApJL* 849, L29（2017）

High-z gamma-ray bursts for unraveling the dark ages mission HiZ-GUNDAM, Yonetoku, D., et al., *Proceedings of the SPIE* 9144, 91442S（2014）

6.2 節

Reionization of the intergalactic medium and the damping wing of the Gunn–Peterson trough, Miralda-Escude, J., *ApJ* 501, 15（1998）

Implications for cosmic reionization from the optical afterglow spectrum of the gamma-ray burst 050904 at $z = 6.3$, Totani, T., et al., *PASJ* 58, 485（2006）

Simulating cosmic reionization at large scales - I. the geometry of reionization, Iliev, I. T., et al., *MNRAS* 369, 1625（2006）

6.3 節

GRB 021004: a massive progenitor star surrounded by shells, Schaefer, B. E., et al., *ApJ* 588, 387（2003）

GRB 021004: a possible shell nebula around a Wolf–Rayet star gamma-ray burst progenitor, Mirabal, N., et al., *ApJ* 595, 935（2003）

A flash in the dark: UVES Very Large Telescope high-resolution spectroscopy of gamma-ray burst afterglows, Fiore, F., et al., *ApJ* 624, 853（2005）

Very high column density and small reddening toward GRB 020124 at $z = 3.20$,

Hjorth, J., *et al.*, *ApJ* 597, 699 (2003)

Spectroscopy of GRB 050505 at $z=4.275$: a logN (HI) $=22.1$ DLA host galaxy and the nature of the progenitor, Berger, E., *et al.*, *ApJ* 642, 979 (2006)

6.4 節

UV-continuum slopes at $z \sim 4$–7 from the HUDF09+ERS+CANDELS observations: discovery of a well-defined UV color-magnitude relationship for $z \geqq 4$ star-forming galaxies, Bouwens, R. J., *et al.*, *ApJ* 754, 83 (2012)

The global Schmidt law in star-forming galaxies, Kennicutt, R. C., *ApJ* 498, 541 (1998)

Connecting the gamma ray burst rate and the cosmic star formation history: implications for reionization and galaxy evolution, Robertson, B. E., & Ellis, R. S., *ApJ* 744, 95 (2012)

Probing the cosmic star formation history by the brightness distribution of gamma-ray bursts, Totani, T., *ApJ* 511, 41 (1999)

The expected redshift distribution of gamma-ray bursts, Bromm, V., & Loeb, A., *ApJ* 575, 111 (2002)

GRBs as cosmological probes–cosmic chemical evolution, Savaglio, S., *New Journal of Physics* 8, 195 (2006)

The Gemini Deep Deep Survey. VII. the redshift evolution of the mass-metallicity relation, Savaglio, S., *et al.*, *ApJ* 635, 260 (2005)

Studying the warm hot intergalactic medium with gamma-ray bursts, Branchini, E., *et al.*, *ApJ* 697, 328 (2009)

Cosmic star-formation history, Madau, P., & Dickinson, M., *Annual Review of Astronomy and Astrophysics* 52, 415 (2014)

6.5 節

Thermal and fragmentation properties of star-forming clouds in low-metallicity environments, Omukai, K., *et al.*, *ApJ* 626, 627 (2005)

星間物質と星形成（シリーズ現代の天文学 第6巻），福井康雄，犬塚修一郎，大西利和，中井直正，舞原俊憲，水野亮編，日本評論社（2008）

Populations III.1 and III.2 gamma-ray bursts: constraints on the event rate for future radio and X-ray surveys, de Souza, R. S., *et al.*, *A&A* 533, 32 (2011)

Protostellar feedback halts the growth of the first stars in the universe, Hosokawa, T., *et al.*, *Science* 334, 1250 (2011)

Can gamma-ray burst jets break out the first stars?, Suwa, Y., & Ioka, K., *ApJ* 726, 107 (2011)

6.6 節

Improved cosmological constraints from new, old, and combined supernova data sets, Kowalski, M., *et al.*, *ApJ* 686, 749 (2008)

6.7 節

Implications of cosmological gamma-ray absorption. II. modification of gamma-ray spectra, Kneiske, T. M., *et al.*, *A&A* 413, 807 (2004)

A low level of extragalactic background light as revealed by γ-rays from blazars, Aharonian, F., et al., Nature 440, 1018 (2006)

MAGIC discovery of very high energy emission from the FSRQ PKS 1222+21, Aleksić, J., et al., ApJ 730, L8 (2011)

Fermi Large Area Telescope constraints on the gamma-ray opacity of the universe, Abdo, A. A., et al., ApJ 723, 1082 (2010)

Detecting intergalactic magnetic fields using time delays in pulses of γ-rays, Plaga, R., Nature 374, 430 (1995)

Effects of the cosmic infrared background on delayed high-energy emission from gamma-ray bursts, Murase, K., et al., ApJ 671, 1886 (2007)

Evidence for strong extragalactic magnetic fields from Fermi observations of TeV blazars, Neronov, A., & Vovk, I., Science 328, 73 (2010)

An absence of neutrinos associated with cosmic-ray acceleration in γ-ray bursts, Abbasi, R., et al., Nature 484, 351 (2012)

Extending the search for muon neutrinos coincident with gamma-ray bursts in IceCube data, Aartsen, M. G., et al., ApJ 843, 112 (2017)

Neutrino and cosmic-ray release from gamma-ray bursts: time-dependent simulations, Asano, K., & Mészáros, P., ApJ 785, 54 (2014)

Choked jets and low-luminosity gamma-ray bursts as hidden neutrino sources, Senno, N., et al., PRD 93, I083003 (2016)

6.8 節

A limit on the variation of the speed of light arising from quantum gravity effects, Abdo, A. A., et al., Nature 462, 331 (2009)

Strict limit on CPT violation from polarization of gamma-ray burst, Toma, K., et al., PRL 109, 241104 (2012)

Signatures of axionlike particles in the spectra of TeV gamma-ray sources, Mirizzi, A., PRD 76, 023001 (2007)

Constraints on axionlike particles with H.E.S.S. from the irregularity of the PKS 2155–304 energy spectrum, Abrabowski, A., et al., PRD 88, 102003 (2013)

索引

記号

η	107
ΛCDM	229
Δ 共鳴	142
$\varepsilon_{\rm a}$	154
$\varepsilon_{\rm c}$	152
$\varepsilon_{\rm m}$	152
$\varepsilon_{\rm pk}$	41, 129
$E_{\gamma,{\rm iso}}$	26
$E_{\rm iso}$	70, 149
$L_{\gamma,{\rm iso}}$	25
$R_{\rm ph}$	113
$t_{\rm obs}$	150
T_{90}	34

A

achromatic break	76
afterglow	63
ALPs	240
Amati 関係	46
angular timescale	96

B

Band 関数	41
BATSE	8, 32, 35, 42
BeppoSAX	11, 65, 180, 183, 211
Bethe–Heitler 過程	142
Blandford–McKee 解	149
Blandford–Znajek (BZ) 過程	105, 259

C

cannon ball model	133
chromatic break	74
closure relation	68

CMB	232
coasting phase	147

D

damping wing	215
dark GRB	188
DLA	217

E

EBL	232
EIC	133
ergosphere	104
extended emission	37, 71
external shock	63, 147

F

fall-back	173
fast cooling	152
Fermi	18, 25, 35, 51, 79, 176, 182
Fermi acceleration	123
fireball	106
forward shock	122, 165
FRED	10

G

GCN	16
GRB	1, 25
GRB 000131	211
GRB 021004	218
GRB 021206	56
GRB 030329	16, 78, 85, 185
GRB 041219A	59
GRB 050502B	69
GRB 050709	17, 37
GRB 050724	17, 36, 71, 197
GRB 050904	66, 212, 217, 219
GRB 051221A	66, 72, 197
GRB 060614	186

GRB 080319B (naked-eye)	61, 73, 145
GRB 080916C	54, 182
GRB 090423	212
GRB 090429	212
GRB 090510	79, 239
GRB 090902B	44
GRB 090926A	53
GRB 101225A	187
GRB 111209A	38, 187
GRB 120308A	86
GRB 121024A	86
GRB 130427A	70, 83, 177, 186
GRB 130603B	206
GRB 141121A	79
GRB 141207A	54, 145
GRB 170817A	20, 207
GRB 970228	11
GRB 970508	211
GRB 980425	14, 30, 183, 191
GRB 990123	14, 40, 58, 77, 180
GRB 990510	84
GROND	76, 182
GW170817	20, 206

H

hard-to-soft	43
HETE-2	16, 45, 211, 218
HiZ-GUNDAM	214
hypernova	30, 184

I

IIn 型超新星	185
Ia 型超新星	230
IceCube	147, 236
Ic 型超新星	30, 183
IGM	212, 215
IKAROS	57
impulsive 加速	117
INTEGRAL	57, 180
internal shock	41, 118
inverse Compton scattering	132
IPN	3

J

jitter radiation	132

K

KAGRA	202
Keck II 望遠鏡	180
Kerr parameter	104
kilonova	203
Klein–Nishina 効果	140

L

late internal shock	176
LIGO	19, 201
LIV	239
long GRB	35
Lorentz profile	215
low-luminosity GRB (LLGRB)	31
LTE	227
Lyα 雲	182, 217

M

macronova	203
magnetic reconnection	116
marginally bound orbit	100
MHD	115
mildly relativistic	124

N

non-thermal	123
normal decay phase	68

O

off-axis jet	31, 163, 207
optical flash	59, 168
orphan afterglow	163

P

photosphere model	134
Pi of the Sky	61
prompt emission	23, 118

R

radial timescale	94
radiative shock	150
RAPTOR	59
relativistic beaming	95
reverse shock	122, 166
RHESSI	56
ROTSE	14, 59

S

Salpeter IMF	221
shallow decay phase	67, 172
shock breakout	31, 208
short GRB	35
slow cooling	153
SN 1998bw	30, 183
SN 2001ke	185
SN 2003dh	85, 185
SN 2006aj	31
SN 2013cq	186
SSC	133
steep decay phase	67, 170
superluminous supernova	187
Swift	17, 25, 35, 43, 65, 182, 212
synchrotron self-absorption	129

T

tidal disruption	39
TORTORA	61

U

UHECR	141
ultra-long GRB	38

V

Vela	1
Virgo	201
VLA	77, 180
VLT	84, 211

W

WHIM	224
wind case	151

X

X-ray flash (XRF)	16, 44
X-ray plateau	71
X-ray rich GRB (XRR)	45
XRF 020903	31, 45, 191
XRF 031203	31, 46, 180
XRF 050416A	46, 73
XRF 060218	31, 45
X線過剰GRB	6, 45
X線残光	65
X線フラッシュ	16, 44
X線フレア	69, 176

Y

Yonetoku 関係	47

あ

アクシオン	240
アマティ関係	46
暗黒エネルギー	229
ウォルフ–ライエ星	192
エルゴ層	104
親星	183, 191, 219

か

カー・パラメータ	104, 255
回転エネルギー（ブラックホール）	104
回転エネルギー（マグネター）	174
外部慣性系	93
外部コンプトン	133
外部衝撃波	63, 147
角時間スケール	96
可視光閃光	59, 168
可視残光	72
カスケード放射	54, 145
加速電子	126
慣性走行期	147, 164
慣性モーメント	174
完全熱平衡	102, 107
ガンマ線残光	79, 176
ガンマ線ハロー	236
緩慢減衰期	67, 172
逆コンプトン放射	132, 139
逆行衝撃波	59, 86, 166
キャノンボール・モデル	133
急激減衰期	67, 170
吸収係数	129, 153
急速冷却	152
共通外層	193, 220
共動体積	214
局所熱平衡状態	227
キロノバ	203
ぎんが	4
銀河間磁場	234
金属量	188, 223, 226
クライン–仁科効果	140
系外背景放射	232
継続時間	33, 94
撃力加速	117
結束関係	68, 82
限界角運動量	100
限界束縛軌道	100
減衰翼	215
高エネルギーニュートリノ	145
光学的深さ（散乱）	107, 110
光学的深さ（対生成）	92, 96, 139, 232
光球モデル	42, 134
降着円盤	100
光度曲線（即時放射）	31
光度曲線（残光）	64
光度曲線（超新星）	183
光度距離	213, 229
光度分布	28
コクーン	53, 196
極超新星	30, 184
孤児残光	163
コラプサー	34, 98, 191
コンパクトネス問題	93

さ

最高エネルギー宇宙線	141
再電離	215
再落下モデル	173
残光	63, 147
残光ピーク時刻	76, 164
ジェット加速	106
ジェットブレーク	69, 160
シェル	93, 118
シェル静止系	94
磁気再結合	116, 136
磁気双極子	174
シグマ・パラメータ	115
質量降着率	193
磁場増幅	123, 151
磁場優勢ジェット	114
弱相対論的	124
重力波	199

重力崩壊	99	電波フレア	77
シュヴァルツシルト半径	100	動径時間スケール	94
順行衝撃波	165	等色ブレーク	76
衝撃波ジャンプ条件	121	ドップラー因子	95
初期開口角	70, 159		
初期質量関数	221	**な**	
初期磁場	234		
初代天体	225	内部衝撃波	41, 69, 118
シンクロトロン関数	128	長い種族の GRB	35
シンクロトロン自己吸収	129	軟ガンマ線リピーター	4
シンクロトロン自己コンプトン	133	二次ガンマ線	234
シンクロトロン放射	126	二成分モデル	78, 175
スペクトル（残光）	81, 155	ニュートリノ対消滅	101
スペクトル（即時放射）	39, 128	ニュートリノ背景放射	236
スペクトル（ニュートリノ）	146	熱的放射	113
青色超巨星	38, 187		
星風	101	**は**	
星風モデル	151, 159		
赤方偏移	180, 233	発生率（長い GRB）	30, 213
接触不連続面	122	発生率（短い GRB）	36, 197
セドフ長	166	ハドロン・モデル	142
即時放射	23, 118	バリオン優勢期	112
		パルス遅延	49
た		晴れ上がり半径	111
		反応断面積	92
チェレンコフ望遠鏡	55	ピークエネルギー	41
遅緩冷却	153	ビーミング	95
窒息 GRB	238	光中間子生成	142
中心エンジン	98	非弾性率（光中間子生成）	142
中性子星連星	37, 201	非熱的	40, 123
超高輝度超新星	187	火の玉	106
超新星	99, 183	ファンネル	101
超新星キック	199	フェルミ加速	123
潮汐破壊	39	フェルミ定数	101
超長継続ガンマ線バースト	38	輻射優勢期	111
通常減衰期	68	プラズマ振動数	123
低光度 GRB	31	プラズマ不安定性	123
電子加速時間	138	ブラックホール	98
電子・陽電子対消滅	111	プランクエネルギー	240
電子・陽電子対生成	92	ブランドフォード–ズナジェック過程	105
電波残光	77	ブランドフォード–マッキー解	149
電波シンチレーション	77	フルエンス	26

分布関数	91, 102
ベーテ–ハイトラー過程	142
偏光（可視残光）	84
偏光（ガンマ線）	55, 138
変色ブレーク	74
ペンローズ過程	104
放射半径	96
放射優勢衝撃波	150, 158
放射冷却	127
母銀河	187, 197, 218
星形成率	187, 220

ま

マイクロ波背景放射	232
マグネター	24, 38, 106, 174
マクロノバ	203
短い種族のGRB	35

や

陽子加速時間	141
米徳関係	47
四元速度	108

ら

裸眼GRB	61, 73, 145
理想磁気流体	115
リヴァプール望遠鏡	86
冷却時間	127
連星	193, 220
ローレンツ因子	93

わ

ワインバーグ角	101

河合誠之（かわい・のぶゆき）
1958年，栃木県生まれ．
1985年，東京大学大学院理学研究科物理学専門課程修了．
ロスアラモス国立研究所研究員，理化学研究所研究員，先任研究員，
副主任研究員を経て2001年より東京工業大学教授．理学博士．
専門は宇宙物理学，特に人工衛星によるX線・ガンマ線観測および
地上光学赤外線観測にもとづく，ガンマ線バースト，中性子星，ブラッ
クホールなどの高エネルギー天体の研究・観測装置の開発．
文部科学大臣表彰科学技術賞，日本天文学会林忠四郎賞を受賞．

浅野勝晃（あさの・かつあき）
1971年，函館市生まれ．
1995年，立命館大学理工学部数学物理学科卒業．
大阪大学，国立天文台，東京工業大学を経て，
現在，東京大学宇宙線研究所准教授．博士（理学）．
専門は高エネルギー宇宙物理学の理論的研究．

ガンマ線バースト

新天文学ライブラリー　第5巻

発行日	2019年1月15日　第1版第1刷発行
著　者	河合誠之＋浅野勝晃
発行者	串崎　浩
発行所	株式会社 日本評論社
	170-8474 東京都豊島区南大塚 3-12-4
	電話　03-3987-8621[販売]　03-3987-8599[編集]
印　刷	三美印刷株式会社
製　本	牧製本印刷株式会社
装　幀	妹尾浩也

JCOPY〈(社)出版者著作権管理機構委託出版物〉
本書の無断複写は著作権法上での例外を除き禁じられています．複写される
場合は，そのつど事前に，(社)出版者著作権管理機構（電話03-5244-5088，
FAX03-5244-5089, e-mail: info@jcopy.or.jp）の許諾を得てください．
また，本書を代行業者等の第三者に依頼してスキャニング等の行為によりデジ
タル化することは，個人の家庭内の利用であっても，一切認められておりません．

© Nobuyuki Kawai, Katsuaki Asano 2019 Printed in Japan
ISBN978-4-535-60740-6

シリーズ 現代の天文学 全17巻 [第2版]

圧倒的な支持を得た旧版に、重力波の直接観測、太陽系外惑星など、この10年のトピックスを盛り込んだ[第2版]刊行開始！

＊表示本体価格

- 第1巻 **人類の住む宇宙** [第2版] 岡村定矩／他編 ◆第1回配本／2,700円＋税
- 第2巻 **宇宙論Ⅰ**──宇宙のはじまり [第2版増補版] 佐藤勝彦＋二間瀬敏史／編 ◆続刊
- 第3巻 **宇宙論Ⅱ**──宇宙の進化 [第2版] 二間瀬敏史／他編 ◆第7回配本（2019年4月予定）
- 第4巻 **銀河Ⅰ**──銀河と宇宙の階層構造 [第2版] 谷口義明／他編 ◆第5回配本 2,800円＋税
- 第5巻 **銀河Ⅱ**──銀河系 [第2版] 祖父江義明／他編 ◆第4回配本／2,800円＋税
- 第6巻 **星間物質と星形成** [第2版] 福井康雄／他編 ◆続刊
- 第7巻 **恒星** [第2版] 野本憲一／他編 ◆続刊
- 第8巻 **ブラックホールと高エネルギー現象** [第2版] 小山勝二＋嶺重慎／編 ◆続刊
- 第9巻 **太陽系と惑星** [第2版] 渡部潤一／他編 ◆続刊
- 第10巻 **太陽** [第2版] 桜井隆／他編 ◆第6回配本／2,800円＋税
- 第11巻 **天体物理学の基礎Ⅰ** [第2版] 観山正見／他編 ◆続刊
- 第12巻 **天体物理学の基礎Ⅱ** [第2版] 観山正見／他編 ◆続刊
- 第13巻 **天体の位置と運動** [第2版] 福島登志夫／編 ◆第2回配本／2,500円＋税
- 第14巻 **シミュレーション天文学** [第2版] 富阪幸治／他編 ◆続刊
- 第15巻 **宇宙の観測Ⅰ**──光・赤外天文学 [第2版] 家正則／他編 ◆第3回配本 2,700円＋税
- 第16巻 **宇宙の観測Ⅱ**──電波天文学 [第2版] 中井直正／他編 ◆続刊
- 第17巻 **宇宙の観測Ⅲ**──高エネルギー天文学 [第2版] 井上一／他編 ◆続刊
- 別巻 **天文学辞典** 岡村定矩／代表編者 ◆既刊／6,500円＋税

日本評論社